21世纪全国高校应用人才培养信息技术类规划教材

路由与交换技术

斯桃枝　主　编

姚驰甫　副主编

刘　琰　参　编

北京大学出版社
PEKING UNIVERSITY PRESS

内 容 简 介

本书覆盖了交换技术、路由技术、远程访问技术、VoIP技术、WLAN技术、设备管理等技术，共14章，主要内容有：交换机配置基础、路由器配置基础、虚拟局域网、静态路由和默认路由、RIP、OSPF路由协议技术、广域网连接配置技术、NAT技术、ACL访问控制技术、VoIP技术、WLAN技术、网络设备管理等。

本书以实际网络应用为出发点，提供了大量网络配置实例，每个实例都包括网络拓扑结构、实验环境说明、实验目的和要求、配置步骤、测试结果等。

本书可作为计算机网络专业本专科教材，也可作为网络专业从业人员的自学教材。

图书在版编目（CIP）数据

路由与交换技术 / 斯桃枝主编. —北京：北京大学出版社，2008.5
（21世纪全国高校应用人才培养信息技术类规划教材）
ISBN 978-7-301-13057-5
I. 路… II. 斯… III. 计算机网络－路由选择－高等学校：技术学校－教材 IV. TN915.05

中国版本图书馆CIP数据核字（2007）第192174号

书　　　名：	**路由与交换技术**
著作责任者：	斯桃枝　主　编
策 划 编 辑：	温丹丹
责 任 编 辑：	温丹丹　　卢英华
标 准 书 号：	ISBN 978-7-301-13057-5/TP · 0926
出 版 者：	北京大学出版社
地　　　址：	北京市海淀区成府路205号 100871
电　　　话：	邮购部 62752015　发行部 62750672　编辑部 62765126　出版部 62754962
网　　　址：	http://www.pup.cn
电 子 信 箱：	zyjy@pup.cn
印 刷 者：	北京大学印刷厂
发 行 者：	北京大学出版社
经 销 者：	新华书店
	787毫米×1092毫米　16开本　15.25印张　333千字
	2008年5月第1版　2016年7月第5次印刷
定　　　价：	32.00元

前　言

随着网络的迅速普及，硬件成本的不断下降，交换机、路由器、防火墙等网络设备不仅作为各大中小企事业单位网络中的主要设备在使用，而且也以极快的速度进入到各类院校的实验室。

对网络专业的从业人员及学生来说，不仅要学习计算机网络方面的理论知识，更重要的是学习掌握网络方面的实用技术。交换技术、路由技术、远程访问技术作为网络互联中的主要支撑技术，它们几乎涵盖了各种类型网络的方方面面。为成为一个合格的网络工程师，不仅要学习交换机、路由器、防火墙等网络设备的配置，还要学习这些技术在网络中的综合应用。

本书以目前市场上较为实惠的网络互联设备——锐捷网络产品为基线，介绍了锐捷交换机、路由器等网络设备的配置（与 Cisco 的交换机、路由器的配置基本相似），内容覆盖了组建局域网、广域网所需的从低级到高级的知识和技术。本书以技术为基础，实战网络配置为辅，将网络知识和技术融于网络配置实例中，配有用于巩固所讲授内容的思考与练习题和上机实验题，提供教学所需的教案和 PPT 资料。可作为计算机网络专业应用本科的教材，也可作为网络专业从业人员的自学教材。

本书共有 14 章，主要内容包括：交换技术（第 1、3、10、13 章），路由技术（第 2、4、5、6、9 章），远程访问技术（第 7、8 章），VoIP 技术（第 11 章），WLAN 技术（第 12 章），设备管理技术（第 14 章）。

本书重点突出，结构层次清晰，语言通俗易懂。网络配置的实例很多，每个实例针对性很强，叙述和分析透彻，它包括网络拓扑结构、实验环境说明、实验目的和要求、配置步骤、测试结果等，具有可读性、可操作性和实用性强的特点。

本书由上海第二工业大学计算机与信息学院的斯桃枝任主编、统稿和审稿，姚驰甫任副主编，刘琰任参编。其中，第 1、2、3、4、5、13 章由斯桃枝编写，第 6、7、8、9、10、11、12 章由姚驰甫编写，第 14 章和书中的练习与思考题由刘琰编写。书中大多数的网络配置实例都由在上海第二工业大学计算机与信息学院就读的 04 级网络专业本科学生张斌同学验证。

在本书的编写过程中，参考了大量的锐捷网络的技术资料和培训教材，汲取了很多网络同仁的宝贵经验，在此表示诚挚的谢意。由于作者水平有限，书中的不妥和错误在所难免，诚请各位专家、读者批评指正，来信请寄：tzsi@it.sspu.cn。

编　者

2008 年 1 月

目　　录

第1章 交换机配置基础

1.1 交换机硬件

1.1.1 交换机的面板

这里以锐捷 S2126G 交换机为例，图 1-1 显示了 S2126G 交换机前面板，包括 Console 端口、24 个 10Base-T/100Base-TX RJ45 端口、LED 指示灯。

图 1-1 S2126G 交换机前面板

1. 交换机的以太网端口

交换机的以太网端口：在一排交换机的端口中，从左到右、从下到上依次命名为：Fast Ethernet0/1、Fast Ethernet0/2、……、Fast Ethernet0/24。端口编号规则为"插槽号/端口在插槽上的编号"，Fast Ethernet0/1 端口表明"0 号插槽上的 1 号端口"。

2. 交换机前面板指示灯

交换机前面板指示灯描述如表 1-1 所示。

表 1-1 交换机前面板指示灯描述

LED 指示每个端口的状态		功能	指示灯状态		
			亮	暗	闪烁
电源指示	LED 电源指示（POWER）	指示交换机是否已上电	已上电	没上电	
端口指示灯	Link/ACT	链接活动指示	表明此端口和所连网络设备之间建立了有效连接	1）未插入网线 2）未开电源 3）网线错误 4）远端无设备连接或网线超长	此端口正在传输或接收数据
	100 Mbps	工作速率指示	表明此端口工作速率为 100Mbps	表明此端口工作速率为 10Mbps	
扩展模块指示灯	Module	指示插槽上是否有模块	有	无	
	Link/ACT	插槽上模块活动指示	表明此模块和所连网络设备之间建立了有效连接	没正常连接	此模块正在传输或接收数据
	1000 Mbps	插槽上端口工作速率指示	表明此模块端口工作速率为 1000Mbps	表明此模块端口工作速率为 100Mbps 或 10Mbps	
	100 Mbps	插槽上端口工作速率指示	表明此模块端口工作速率为 100Mbps	表明此模块端口工作速率为 1000Mbps 或 10Mbps	

3.　交换机后面板指示灯

如图 1-2 所示，S2126G 交换机后面板、S2150G 千兆以太网交换机的后面板包括 2 个千兆模块插槽和交流电源开关等。

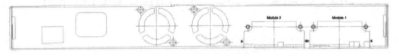

图 1-2　S2126G 交换机后面板

1.1.2　交换机的组成

交换机相当于是一台特殊的计算机，同样有 CPU、存储介质和操作系统，只不过这些都与 PC 有些差别而已。交换机也由硬件和软件两部分组成。

软件部分主要是 IOS 操作系统，硬件主要包含 CPU、端口和存储介质。交换机的端口主要有以太网端口（Ethernet）、快速以太网端口（Fast Ethernet）、吉比特以太网端口（Gigabit Ethernet）和控制台端口。存储介质主要有 ROM（Read-Only Memory，只读存储器）、FLASH（闪存）、NVRAM（Non-Volatile RAM，非易失性随机存储器）和 DRAM（Dynamic RAM，动态随机存储器）。

- ROM 相当于 PC 的 BIOS，交换机加电启动时，将首先运行 ROM 中的程序，以实现对交换机硬件的自检并引导启动 IOS。该存储器在系统掉电时程序不会丢失。
- FLASH 是一种可擦写、可编程的 ROM，FLASH 包含 IOS 及微代码。FLASH 相当于 PC 的硬盘，但速度要快得多，可通过写入新版本的 IOS 来实现对交换机的升级。FLASH 中的程序，在掉电时不会丢失。
- NVRAM 用于存储交换机的配置文件，该存储器中的内容在系统掉电时也不会丢失。
- DRAM 是一种可读写存储器，相当于 PC 的内存，其内容在系统掉电时将完全丢失。

1.1.3　交换机的加电启动

交换机加电后，即开始了启动过程，首先运行 ROM 中的自检程序，对系统进行自检，然后引导运行 FLASH 中的 IOS，并在 NVRAM 中寻找交换机的配置，然后将其装入 DRAM 中运行，其启动过程将在终端屏幕上显示。

对于尚未配置的交换机，在启动时会询问是否进行配置，若键入"yes"进行配置，并在任何时刻，可按 Ctrl+c 组合键，终止配置。若不想配置，可键入"no"，这里先不配置。

若在第一次启动时配置交换机，需设置交换机的管理 IP 地址，以便使用 Telnet 会话配置交换机，在默认设置时，交换机的管理 IP 地址是 VLAN 1 的 IP 地址；需设置默认网关，以指定连接到第三层交换机的接口地址（VLAN 的 IP 地址）；需指定交换机的名称和 enable 特权模式的密码，设置 Telnet 密码。只有设置了 telnet 密码，才允许利用 Telnet 登录到交换机。

1.2　交换机配置基础

1.2.1　进入交换机配置环境

要对交换进行配置，首先应登录连接到交换机，通常有远程终端登录配置、Console 本地登录配置、Telnet 登录配置，利用 TFTP 服务器进行配置和备份等。如图 1-3 所示。

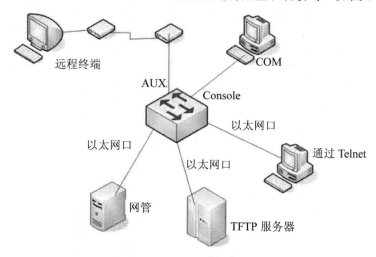

图 1-3　交换机配置方式

通常，对于交换机的首次配置（在启动过程中不配置），必须通过 Console 口连接到交换机。若要想通过 Telnet 进行配置，必须通过 Console 口方式先设置好交换机的管理 IP 地址及 Telnet 密码后，才可使用。而通过 MODEN 方式远程终端登录配置基本不再使用。Telnet 及 TFTP 的使用后面再详细介绍。

交换机一般都随机配送了一根控制线，它的一端是 RJ-45 水晶头，用于连接交换机的 Console 控制台端口，另一端提供了 DB-9（针）和 DB-25（针）串行接口插头，用于连接 PC 的 COM1 或 COM2 串行接口。

通过该控制线将交换机与 PC 相连，并在 PC 上运行超级终端仿真程序，即可实现将 PC 仿真成交换机的一个终端，从而实现对交换机的访问和配置。

Windows 系统都默认安装了超级终端程序，该程序位于"开始"菜单/"程序"/"附件"/"通信"下，单击"超级终端"，即可启动超级终端。

首次启动超级终端时，要求输入所在地区的电话区号，输入后出现如图 1-4 所示的"创建连接"对话框，在"名称"输入框中输入该连接的名称，并选择所使用的示意图标，然后单击"确定"按钮。

图 1-4　超级终端"创建连接"对话框

　　此时将弹出如图 1-5 所示的对话框，要求选择连接使用的 COM 端口，根据实际连接使用的端口进行选择，比如 COM1，然后单击"确定"按钮。

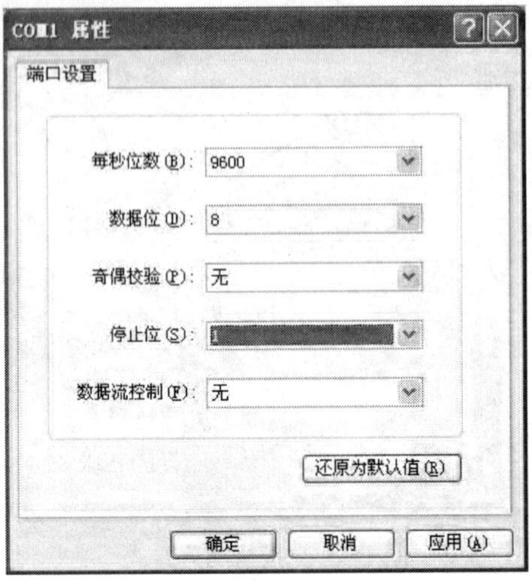

图 1-5　设置 COM1 端口的属性

　　交换机控制台端口默认的通信波特率为 9600 bps，数据流控制选择"无"等，如图 1-5 所示。也可直接单击"还原为默认值"按钮来进行自动设置。

　　设置完成后，单击"确定"按钮，此时就可通过命令来操控和配置交换机。

1.2.2　交换机的命令模式

　　通常所有交换机都提供用户 EXEC 模式、特权 EXEC 模式、全局配置、接口配置、Line 配置模式、vlan 数据库配置模式等多种级别的配置模式。

1. 用户 EXEC 模式

　　当用户通过交换机的控制台端口或 Telnet 会话连接并登录到交换机时，此时所处的命令执行模式就是用户 EXEC 模式。在该模式下，只能执行有限的一组命令，这些命令通常用于查看显示系统信息、改变终端设置和执行一些最基本的测试命令，如 ping、traceroute 等。

　　用户 EXEC 模式的命令状态行是：Switch>

　　其中，Switch 是交换机的主机名，对于未配置的交换机默认的主机名是 Switch。在用户 EXEC 模式下，直接输入"？"并回车，可获得在该模式下允许执行的命令帮助。

2. 特权 EXEC 模式

　　在用户 EXEC 模式下，执行 enable 命令，将进入到特权 EXEC 模式。在该模式下，用户能够执行 IOS 提供的所有命令。

　　特权 EXEC 模式的命令状态行为：Switch #

Switch >enable

Password:

Switch #

　　若设置了登录特权 EXEC 模式的密码,输入时不回显,回车确认后进入特权 EXEC 模式。若进入特权 EXEC 模式的密码未设置或要修改,可在全局配置模式下,利用 enable secret 命令进行设置。

　　在该模式下键入"?",可获得允许执行的全部命令的提示。执行 exit 或 disable 命令可离开特权模式,返回用户模式。若要重新启动交换机,可执行 reload 命令。

　　3.　全局配置模式

　　在特权模式下,执行 configure terminal 命令,即可进入全局配置模式。在该模式下,只要输入一条有效的配置命令并回车,内存中正在运行的配置就会立即改变生效。该模式下的配置命令的作用域是全局性的,是对整个交换机起作用。

　　全局配置模式的命令状态行为:　Switch (config)#

Switch #config terminal

Switch (config)#

　　在全局配置模式,就可进入接口配置、line 配置等子模式。从子模式返回全局配置模式,执行 exit 命令;从全局配置模式返回特权模式,执行 exit 命令;若要退出任何配置模式,直接返回特权模式,则直接用 end 命令或按 Ctrl+Z 组合键。

　　4.　接口配置模式

　　在全局配置模式下,执行 interface 命令,即进入接口配置模式。在该模式下,可对选定的接口(端口)进行配置,并且只能执行配置交换机端口的命令。

　　接口配置模式的命令行提示符为:Switch (config-if)#

　　5.　Line 配置模式

　　在全局配置模式下,执行 line vty 或 line console 命令,将进入 Line 配置模式。该模式主要用于对虚拟终端(vty)和控制台端口进行配置,其配置主要是设置虚拟终端和控制台的用户级登录密码。

　　Line 配置模式的命令行提示符为:Switch (config-line)#

　　交换机有一个控制端口(Console),其编号为 0,通常利用该端口进行本地登录,当用超级终端登录后要求输入口令才能进入对交换机的配置和管理。

　　6.　vlan 数据库配置模式

　　在特权 EXEC 模式下执行 vlan database 配置命令,即可进入 vlan 数据库配置模式,此时的命令行提示符为:Switch (vlan)#

　　在该模式下,可实现对 VLAN(虚拟局域网)的创建、修改或删除等配置操作。退出 vlan 配置模式,返回到特权 EXEC 模式,可执行 exit 命令。

1.2.3　交换机的基本配置实验

【网络拓扑】

　　网络拓扑结构如图 1-6 所示。

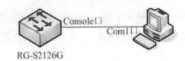

图 1-6　交换机的基本配置拓扑图

【实验环境】

（1）将 RG-S2126G 的 Console 口与一台计算机的 Com1 口用控制线连接，以便进行交换机的配置。

（2）用一根 RJ-45 网线将计算机的一个以太网口连接到 RG-S2126G 的一个以太网端口上，用于进行配置检测。

【实验目的】

（1）熟悉控制线连接方法。

（2）熟悉用 RJ-45 网线将计算机连接到交换机上。

（3）掌握各种模式的转换方法。

（4）熟悉命令的简写（用 TAB 键补全）。

（5）了解每种模式下有哪些命令。

（6）掌握交换机管理 IP 地址的作用。

【实验配置】

（1）几种模式的转换

```
Switch>                          //用户模式
Switch> enable                   //进入特权模式
Switch#  ?                       //查看特权模式下有哪些命令
Switch# configure terminal       //进入全局模式
Switch(config)#  ?               //查看全局模式下有哪些命令
Switch(config)# interface fa0/1  //进入接口模式
Switch(config-if)#  ?            //查看接口模式下有哪些命令
Switch(config-if)# exit          //退出接口模式
Switch(config)#                  //从接口模式回到全局模式
Switch(config)#exit              //从全局模式回到特权模式
Switch# disable                  //从特权模式回到用户模式
Switch> enable
Switch# configure terminal
Switch(config)# interface fa 0/2
Switch(config-if)# end           //从接口模式回到特权模式
```

（2）修改交换机名称

```
Switch> enable 14                //锐捷实验室用
Password: 输入密码
Switch#
```

Switch# conf　t

Switch(config)#

Switch(config)# hostname　S2126

S2126 (config)#

（3）设置交换机管理 IP 地址和默认网关

S2126 (config)# int　vlan　1

S2126 (config-if)# ip address 192.168.1.10　255.255.255.0

S2126 (config-if)# no　shutdown　　　//启用端口

S2126 (config-if)# exit

注意：为 VLAN 1 的管理接口分配 IP 地址（表示通过 VLAN 1 来管理交换机），设置交换机的 IP 地址为 192.168.1.10，对应的子网掩码为 255.255.255.0。

S2126 (config)# ip default-gateway 192.168.1.254　//设置默认网关

S2126 (config)# exit

（4）交换机的常用查看命令

S2126# show version　　　　//查看交换机版本信息

S2126# show run　　　　　　//查看交换机正运行的配置信息

S2126# show int vlan 1　　　//查看交换机 vlan 接口配置信息

S2126# show ip int vlan 1　　//查看交换机接口 ip 配置信息

S2126# show vlan　　　　　//查看 vlan 信息

S2126# show flash　　　　　//查看 flash 信息

（5）命令简写

全写：S2126# configure terminal

简写：S2126# conf　t

（6）使用历史命令

S2126#　　（向上键）

S2126#　　（向下键）

（7）配置远程登录密码

S2126(config)# enable secret level 1 0　ruijie

（8）配置进入特权模式密码

S2126(config)# enable secret level 15 0　ruijie

（9）保存配置

将当前运行的参数保存到 flash 中，用于系统初始化时初始化参数

S2126# copy running-config startup-config

S2126# write memory

S2126# write

（10）删除配置

删除 flash 中的配置文件，使用命令

S2126# delete flash:config.text

删除当前的配置，只需在配置命令前加 no

S2126(config-if)# no ip address

【测试结果】

设置计算机连接到交换机端口的那块网卡的 IP 地址为 192.168.1.20,使其与交换机管理 IP 地址在同一网段内,在 PC 上开一命令行窗口,运行命令:c:\>ping 192.168.1.10,能 ping 通。

【验证命令】

Switch# show int f0/1
Switch# show ip int
Switch# show run
Switch# ping

1.3 交换机端口配置

1.3.1 交换机的端口类型

交换机的接口类型可分为两大类
● 二层接口(L2 interface),对二层交换机,如 RG-S2126G。
● 三层接口(L3 interface),对三层交换机,如 RG-S3760-24。
(1)二层接口又分为以下三种类型
① 交换口(Switch Port)
② Trunk 口(Trunk Port)
③ 二层聚合口(L2 Aggregate Port)
(2)三层接口又分为以下三种类型
① 交换机虚拟接口 SVI(Switch Virtual Interface)
② 路由接口(Routed Port)
③ 三层聚合口(L3 Aggregate Port)

1. 交换口(Switch Port)

Switch Port,又分为 Access Port 和 Trunk Port 两种接口,它只有二层交换功能,用于管理物理接口和与之相关的第二层协议,并不处理路由和桥接。用命令 switchport mode access 或 switchport mode trunk 来定义。

每个 Access Port 只能属于一个 VLAN,Access Port 只传输属于这个 VLAN 的帧。Trunk Port 传输属于多个 VLAN 的帧,默认情况下 Trunk Port 将传输所有 VLAN 的帧。

2. Trunk 口(Trunk Port)

一个 Trunk 是连接将一个或多个以太网交换接口和其他的网络设备(如路由器或交换机)的点对点链路,一个 Trunk 可以在一条链路上传输多个 VLAN 的流量。锐捷交换机的 Trunk 采用 802.1Q 标准进行封装。

作为 Trunk 口,应属于某个 native VLAN。所谓 native VLAN,就是指在这个接口上收发的未标记报文,都被认为是属于这个 VLAN 的。显然,这个接口的默认 VLAN ID 就是 native VLAN 的 VLAN ID。同时,在 Trunk 上发送属于 native VLAN 的帧,必须采用未标记方式。默认时,每个 Trunk 口的 native VLAN 是 VLAN 1。

在配置 Trunk 链路时,请确认连接链路两端的 Trunk 口属于相同的 native VLAN。

3. 二层聚合口(L2 Aggregate Port)

把多个物理链接捆绑在一起形成一个简单的逻辑链接,这个逻辑链接称为一个 Aggregate Port。它可以把多个端口的带宽叠加起来使用。对锐捷 S2126G、S2150G 交换机来说,最大支持 6 个 AP,每个 AP 最多能包含 8 个端口。比如全双工快速以太网端口形成的 Aggregate Port 最大可以达到 800 Mbsp,千兆以太网接口形成的 Aggregate Port 最大可以达到 8 Gbsp。

通过 Aggregate Port 发送的帧将在 Aggregate Port 的成员端口上进行流量平衡,当一个成员端口链路失效后,Aggregate Port 会自动将这个成员端口上的流量转移到别的端口上。同样,Aggregate Port 可以为 Access Port 或 Trunk Port,但 Aggregate Port 成员端口必须属于同一个类型。可通过 interface aggregate port 命令来创建 Aggregate Port。

4. 交换机虚拟接口 SVI(Switch Virtual Interface)

SVI 是和某个 VLAN 关联的 IP 接口。每个 SVI 只能和一个 VLAN 关联,可分为以下两种类型。

(1)SVI 可作为二层交换机的管理接口,通过该管理接口,配置其 IP 地址,管理员可通过此管理接口管理二层交换机。二层交换机中只能有一个 SVI 管理接口,可定义在 Native Vlan 1 上,也可定义在其他已划分的 VLAN 上。

(2)SVI 可作为三层交换机的一个网关接口,用于三层交换机中跨 VLAN 之间的路由。

可通过 interface vlan 接口配置命令来创建 SVI,然后给 SVI 分配 IP 地址(IP Address)。对锐捷 S2126G 与 S2150G 交换机可以支持多个 SVI,但只允许一个 SVI 的 OperStatus 处于 UP 状态。SVI 的 OpenStatus 可以通过 shutdown 与 no shutdown 命令进行切换。

5. 路由接口(Routed Port)

在三层交换机上,可以使用单个物理端口作为三层交换的网关接口,这个接口称为 Routed Port。Routed Port 不具备二层交换的功能。通过 no switchport 命令将一个三层交换机上的二层接口 Switch Port 转变为 Routed Port,然后给 Routed Port 分配 IP 地址来建立路由。

注意: 当一个接口是 L2 Aggregate Port 成员口时,就不能用 switchport/ no switchport 命令进行层次切换。

6. 三层聚合口(L3 Aggregate Port)

L3 Aggregate Port 使用一个 Aggregate Port 作为三层交换的网关接口。L3 Aggregate Port 不具备两层交换的功能。可通过 no switchport 将一个无成员二层接口 L2 Aggregate Port 转变为 L3 Aggregate Port,接着将多个路由接口 Routed Port 加入此 L3 Aggregate Port 中,然后给 L3 Aggregate Port 分配 IP 地址来建立路由。对锐捷 S3550-12G、S3550-24G12APAP8 系列交换机来说,最大支持 12 个,每个最多能包含 8 个端口。

1.3.2　交换机的端口配置

【网络拓扑】

结构图同图 1-6。

【实验环境】

实验环境同 1.2.3 节。

【实验目的】

（1）熟悉各种接口配置方法。
（2）了解各种接口的作用。

【实验配置】

（1）配置接口基本基本信息
Switch# config terminal
Switch(config)# interface fastethernet0/2
Switch(config-if)# description Port_A　　　//配置接口的描述
Switch(config-if)# shutdown　　　//关闭此接口
Switch(config-if)# no shutdown　　　//启动此接口
Switch(config-if)# switchport port-security
Switch(config-if)# speed {10 | 100 | 1000 | auto }　　//配置接口的速度
Switch(config-if)# duplex {auto | full | half}　　　//配置双工否
Switch(config-if)# flowcontrol {auto | on | off}　　　//配置接口的流控模式
Switch(config-if)# end
Switch#
在接口配置模式下使用 no speed ，no duplex 和 no flowcontrol 命令，将接口的速率，双工和流控配置恢复为默认值。使用 default interface interface-id 命令将接口的所有设置恢复为默认值。
（2）配置二层接口
Switch# configure terminal
Switch(config)# interface　　FastEthernet0/2
Switch(config-if)# switchport mode access　　// 配置 Switch Port
Switch(config-if)# switchport access vlan 10　　// 配置 Access Port 所属的 VLAN
Switch(config-if)# end
Switch#
（3）配置 Trunk 口
Switch# configure terminal
Switch(config)# interface　　fastethernet0/24
Switch(config-if)# switchport mode trunk　　//定义该接口的类型为二层 Trunk 口
Switch(config-if)# switchport trunk native vlan 10　　// 为这个口指定一个 native VLAN

当把一个接口的 native VLAN 设置为一个不存在的 VLAN 时，交换机不会自动创建此 VLAN。

如果想把 Trunk 的 Native VLAN 列表改回默认的 VLAN 1，使用 no switchport trunk native vlan 接口配置命令。

Switch(config-if)# no switchport trunk native vlan

如果想把一个 Trunk 口的所有 Trunk 相关属性都复位成默认值，使用 no switchport trunk 接口配置命令。

Switch(config-if)# end

Switch# show interfaces　FastEthernet0/24　switchport　//检查接口的完整信息

Switch# show interfaces　FastEthernet0/24　trunk　//显示这个接口的 trunk 设置

Switch(config-if)# Switchport trunk allowed vlan { all | [add| remove |except]} *vlan-list*

配置这个 Trunk 口的许可 VLAN 列表。参数 vlan-list 可以是一个 VLAN，也可以是一系列 ID 开头，以大的 VLAN ID 结尾，中间用 "-" 号连接，如: 10-20。all 的含义是许可 VLAN 列表包含所有支持的 VLAN；add 表示将指定 VLAN 列表加入许可 VLAN 列表；remove 表示将指定 VLAN 列表从许可 VLAN 列表中删除；except 表示将除列出的 VLAN 列表外的所有 VLAN 加入许可 VLAN 列表；不能将 VLAN 1 从许可 VLAN 列表中移出。

Switch(config-if)# Switchport trunk allowed vlan all

配置这个 Trunk 口的允许所有 VLAN 一个接口的 native VLAN 可以不在接口的许可 VLAN 列表中。此时，native VLAN 的流量不能通过该接口。

（4）配置 L2 Aggregate Port

将二层的以太网接口 0/1 和 0/5 配置成二层 aggregate port 5 成员。

Switch# configure terminal

Switch(config)# interface range fastethernet 0/1-5

Switch(config-if-range)# port-group 5　//将接口加入 aggregate port 5（如果不存在，则同时创建它）

Switch(config-if-range)# exit

Switch(config)# interface fastethernet 0/3

Switch(config-if)# no port-group　//删除 aggregate port 5 成员接口 fastethernet 0/3

Switch(config-if)# end

Switch# show aggregateport

用 show aggregateport　[*port-number*]{load-balance | summary} 显示 AP 设置。

（5）配置 L3 Aggregate Port

默认情况下，一个 Aggregate Port 是二层的，如果要配置一个三层的，则对三层交换机的端口设置为三层端口（用 no switchport 变为三层端口，用 switchport 变为二层端口）

Switch# configure termininal

Switch(config)# interface range fastethernet 0/20-23

Switch(config-if-range)# no switchport //将该接口设置为三层模式

Switch(config-if-range)# port-group 2　//将接口加入 aggregate port 2（如果不存在，则同时创建它）

Switch(config-if-range)# exit

Switch(config)# interface aggregate-port 2 //进入接口配置模式，如果这个 Aggregate Port 不存在则创建它
Switch(config-if)# no switchport 　　//将该接口设置为三层模式
Switch(config-if)# ip address 192.168.1.1 255.255.255.0 　　//给接口配置地址和子网掩码
Switch(config-if)# no shutdown
Switch(config-if)# end 　　//回到特权模式
Switch# show aggregateport 2 detail 　　//验证 aggregate port 的配置
（6）配置 SVI
通过 interface vlan vlan-id 创建一个 SVI 或修改一个已经存在的 SVI。
Switch# configure terminal
Switch(config)# interface vlan 100
Switch(config-if)# ip address 192.168.1.1 255.255.255.0
Switch(config-if)# end
Switch#

【验证命令】

Switch# show interfaces fastethernet 0/1 //显示指定接口的全部状态和配置信息
Switch# show interfaces aggregateport 3 　//显示 aggregateport 3 的配置信息
Switch# show interfaces vlan 5 　//显示 VLAN 5 的配置信息
Switch# show interfaces fastethernet 0/1 discription //显示指定接口的描述
Switch# show interfaces fastEthernet0/2 counters //显示指定端口的统计值信息
Switch# sh running-config interface //显示所有接口的配置信息

1.4　交换机的工作机制

交换机的工作机制按图 1-7 的示例进行说明。假设网上有 1 台交换机和 5 台主机，各主机的主机名、MAC 地址以及与交换机连接的端口号如图中所标注。

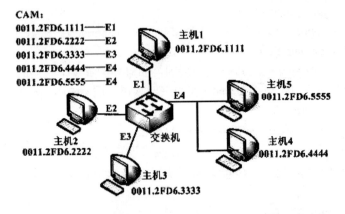

图 1-7　数据帧交换过程

交换机在数据通信中完成两个基本的操作。

（1）构造和维护 MAC 地址表。

（2）交换数据帧：打开源端口与目标端口之间的数据通道，把数据帧转发到目标端口上。

1.4.1　构造和维护交换地址表

在交换机中，有一个交换地址表（思科交换机中称为 CAM 表），记录着主机 MAC 地址和该主机所连接的交换机端口号之间的对应关系，由交换机采用动态自学习的方法构造和维护。

（1）交换机在重新启动或手工清除 MAC 地址表后，MAC 地址表没有任何 MAC 地址的记录，如图 1-8 所示。

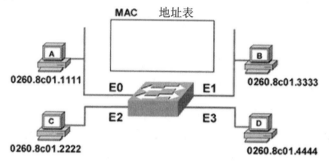

图 1-8　MAC 地址空表

（2）假设主机 A 向主机 C 发送数据包，因为现在 MAC 地址表为空，所以端口 E0 将从数据包中提取源 MAC 地址，将此 MAC 地址记录到 MAC 地址表中，同时向其他所有的端口发送此数据包，如果某一主机在接收到此数据包后，将提取目标 MAC 地址，并与自己网卡的 MAC 地址进行比较，如果相等，则接收此数据包；否则丢弃此数据包。如图 1-9 所示。

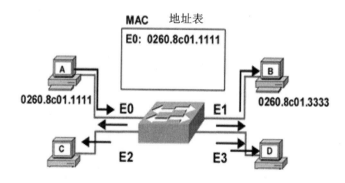

图 1-9　向接收到的数据帧自学习源 MAC 地址

（3）如果主机 A、B、C、D 都已经向其他主机发送数据包，则 MAC 地址表将会有 4 条记录。如图 1-10 所示。

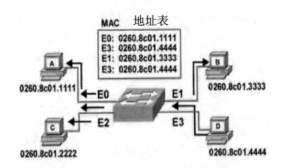

图 1-10　MAC 地址表学习完毕

（4）现在假设主机 A 向主机 C 发送数据包，交换机会提取数据包的目的 MAC 地址，通过查找 MAC 地址表，有一条记录的 MAC 地址与目的 MAC 地址相等，而且知道此目的 MAC 所对应的端口为 E2，此时 E0 端口会将数据包直接转发到 E2 端口，如图 1-11 所示。

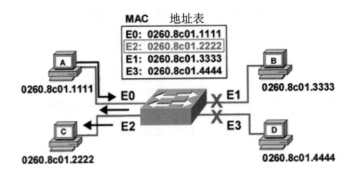

图 1-11　查已有的 MAC 地址表项

在交换地址表项中有一个时间标记，用以指示该表项存储的时间周期。当地址表项被使用或被查找时，表项的时间标记就会被更新。如果在一定的时间范围内地址表项仍然没有被引用，此地址表项就会被移走。因此，交换地址表中所维护的是最有效和最精确的 MAC 地址与端口之间的对应关系。

1.4.2　交换数据帧

交换机在转发数据帧时，遵循以下规则：

（1）如果数据帧的目的 MAC 地址是广播地址或者组播地址，则向交换机所有端口（除源端口）转发；

（2）如果数据帧的目的 MAC 地址是单播地址，但这个 MAC 地址并不在交换机的地址表中，则向所有端口（除源端口）转发；

（3）如果数据帧的目的 MAC 地址在交换机的地址表中，则打开源端口与目标端口之间的数据通道，把数据帧转发到目标端口上；

（4）如果数据帧的目的 MAC 地址与数据帧的源 MAC 地址在一个网段（同一个端口）上，则丢弃此数据帧，不发生交换。

以图 1-7 为例介绍具体的数据帧交换过程。

（1）当主机 1 发送广播帧时，交换机从 E1 端口接收到目的 MAC 地址为 ffff.ffff.ffff 的数据帧，则向 E2、E3 和 E4 端口转发该数据帧。

（2）当主机 1 与主机 3 通信时，交换机从 E1 端口接收到目的 MAC 地址为 0011.2FD6.3333 的数据帧，查找交换地址表后发现 0011.2FD6.3333 不在表中，因此交换机向 E2、E3 和 E4 端口转发该数据帧。

（3）当主机 4 与主机 5 通信时，交换机从 E4 端口接收到目的 MAC 地址为 0011.2FD6.5555 的数据帧，查找地址表后发现 0011.2FD6.5555 位于 E4 端口，即源端口与目的端口相同（E4）即主机 4、主机 5 处于同一个网段内，则交换机直接丢弃该数据帧，不进行转发。

（4）当主机 1 再次与主机 3 通信时，交换机从 E1 端口接收到目的 MAC 地址为 0011.2FD6.3333 的数据帧，查找交换地址表后发现 0011.2FD6.3333 位于 E3 端口，交换机打开源端口 E1 与目标端口 E3 之间的数据通道，把数据帧转发到目标端口 E3 上，这样主机 3 即可收到该数据帧。

（5）当主机 1 与主机 3 通信时，主机 2 也向主机 4 发送数据，交换机同时打开 E1 与 E3、E2 与 E4 之间的数据通道，建立两条互不影响链路，同时转发数据帧，只不过到 E4 时，要向此网段所有主机广播，主机 5 也侦听到，但不接受。

一旦传输完毕，相应的链路也随之被拆除。

【课后练习及实验】

1. 交换机在数据通信中是如何完成数据帧交换的？
2. 交换机的存储介质有哪几种？
3. 交换机的端口类型有几种？
4. 简述交换机加电后的启动过程。
5. 交换机的配置模式有几种？
6. 将锐捷 S2126G 交换机的 Console 口与一台计算机的 Com1 口用控制线连接，进行交换机的基本配置和端口配置。

第2章 路由器配置基础

2.1 路由器基础知识

2.1.1 路由器的面板

与交换机的接口都是在前面板不同,路由器的接口大都是在后面板上,路由器的前面板仅有一些指示灯,锐捷的路由器将 Console 配置口(控制台端口)和 Aux 配置口(辅助端口)放在前面板上,因此在实验室常常将路由器反过来安装,以便于接线。有些路由器带 2 个同步串口,有些路由器有多个网络接口卡插槽,及模块插槽,如图 2-1 所示。

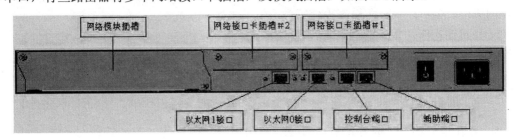

图 2-1　路由器后面板

2.1.2 路由器的组成

路由器由硬件和软件组成。硬件由中央处理单元(Central Processor Unit,CPU),只读存储器(Read Only Memory,ROM)、内存(Random Access Memory,RAM)、闪存(Flash Memory)、非易失性内存(Nonvolatile RAM,NVRAM)、接口、控制台端口(Console Port)、辅助端口(Auxiliary Port)、线缆(Cable)等物理硬件和电路组成;软件由路由器的 IOS 操作系统和运行配置文件组成。

1. 处理器

路由器实质上是一种专用的计算机主机,它包含一个中央处理单元(CPU),不同系列和型号的路由器,其 CPU 也不尽相同。CPU 的主要任务是负责路由器的配置管理、维护路由表,选择最佳路由,转发数据包。

2. 存储器

路由器主要采用 4 种类型的存储器:ROM、RAM、Flash RAM、NVRAM。

(1)ROM(只读存储器)

ROM 保存着加电自测试诊断所需的指令、自举程序、路由器 IOS(Internetwork Operating System)操作系统的引导部分,负责路由器的引导和诊断(系统初始化功能)。它是路由器的启动软件，负责使路由器进入正常的工作状态。ROM 通常存放在一个或多个芯片上，或插接在路由器的主板上。ROM 中软件的升级需要替换 CPU 中的可插拔芯片。

ROM 中主要包含以下内容。

① 系统加电自检代码（Power On Self Test，POST）：用于检测路由器中各硬件部分是否完好。

② 系统引导区代码（Boot Strap）：用于启动路由器并载入 IOS 操作系统。

（2）（Flash）

Flash RAM 是可读可写的存储器，保存 IOS 操作系统（IOS 映像和微代码），当 IOS 升级时，无需更换处理器的芯片，只要改写 Flash RAM 中的内容即可，其作用相当于硬盘。在系统重新启动或关机之后仍能保存数据，维持路由器的正常工作。事实上，如果 Flash 容量足够大，甚至可以存放多个操作系统，这在进行 IOS 升级时十分有用。当不知道新版 IOS 是否稳定时，可在升级后仍保留旧版 IOS，当出现问题时可迅速退回到旧版操作系统，从而避免长时间的网络故障。闪存要么安装在主机的 SIMM 槽上，要么做成一块 PCMCIA 卡。

（3）非易失性 RAM（NVRAM）

NVRAM 是可读可写的存储器，保存 IOS 在路由器启动时读入的启动配置数据（配置文件 Startup-Config）。当路由器启动时，首先寻找并执行该配置。路由器启动后，该配置就成了"运行配置"，修改运行配置并保存后，运行配置就被复制到 NVRAM 中变为启动配置，在下次路由器启动时将调入修改后的新配置。NVRAM 容量较小，通常在路由器上只配置 32KB~128KB 大小的 NVRAM。同时，NVRAM 的速度较快，成本也比较高。

（4）随机存储器（RAM）

RAM 可读可写的存储器，只有 RAM 在路由器启动或断电时，丢失内容，和计算机中的 RAM 一样。RAM 的作用有：

① 存放路由表；

② 作为高速缓存（地址解析协议 ARP 的高速缓存、快速交换的高速缓存、临时的和运行的配置文件）；

③ 数据的存储器（作为数据包的缓冲、数据包保持队列）；

④ 命令（程序代码）。

RAM 的存取速度优于前面所提到的三种存储器的存取速度，使得路由器的 CPU 能迅速访问这些信息。

3.　路由器的接口

路由器能够进行网络互联是通过接口完成的，它可以与各种各样的网络进行物理连接，路由器的接口技术很复杂，接口类型也很多。路由器的接口主要分局域网接口、广域网接口和配置接口三类。每个接口都有自己的名字和编号，在路由器上均有标注。根据路由器产品的不同，其接口数目和类型也不相同。

（1）局域网接口

● RJ45 接口：双绞线以太网接口，标注"FastEthernet 1/1"等，有 10Mbps、100Mbps、1000Mbps 之分，目前用的最多的是 100Mbps。

● SC 接口：光纤接口，连接快速以太网或千兆以太网交换机，只有高级路由器才有。

（2）广域网接口

● 高速同步串口：可连接 DDN、帧中继、X.25、E1 等。

- 同步/异步串口：用于 Modem 或 Modem 池的连接，实现远程计算机通过公用电话网拨入网络。
- ISDN　BRI 接口：用于 ISDN 线路，通过路由器实现与 Internet 或其他远程网络的连接，可实现 128 kbps 的通信速率。
- xDSL 接口：用于 xDSL 线路的连接。

（3）配置接口

- Aux 接口：该接口为异步接口，主要用于远程配置、拨号备份、Modem 连接。支持硬件流控制，但很少使用。
- Console 接口：该接口为异步接口，主要连接终端或支持终端仿真程序计算机，在本地配置路由器。不支持硬件流控制，这是最常用的配置接口。

4．路由器操作系统

IOS 配置通常是通过基于文本的命令行接口（Command Line Interface，CLI）进行的。

5．配置文件

配置文件有以下两种类型。

（1）启动配置文件（Startup-Config)：也称为备份配置文件，被保存在 NVRAM 中。

（2）运行配置文件（Running-Config）：也称为活动配置文件，驻留在内存中。

2.1.3　路由器的启动过程

（1）打开路由器电源后，系统硬件执行加电自检。运行 ROM 中的硬件检测程序，检测各组件能否正常工作。完成硬件检测后，开始软件初始化工作。

（2）软件初始化过程。加载并运行 ROM 中的 BootStrap 启动程序，进行初步引导工作。

（3）定位并加载 IOS 系统文件（通常在闪存中，如果没有，就必须定位 TFTP 服务器，在 TFTP 服务器中加载 IOS 系统文件）。IOS 系统文件可以存放在闪存或 TFTP 服务器的多个位置处，至于到底采用哪个 IOS，可通过命令设置指定。

（4）IOS 装载完毕，系统就在 NVRAM 中搜索保存的 Startup-Config 配置文件，若存在，则将该文件调入 RAM 中并逐条执行。否则，当在 NVRAM 中找不到 Startup-Config 配置文件时，系统要求采用对话方式询问路由器的初始配置，如果在启动时不想进行这些配置，就放弃对话方式，进入 Setup 模式，以便以后用命令行方式进行路由器的配置。

路由器的初始配置包括：

① 设置路由器名；

② 设置进入特权模式的密文；

③ 设置进入特权模式的密码；

④ 设置虚拟终端访问的密码；

⑤ 询问是否要设置路由器支持的各种网络协议；

⑥ 配置 FastEthernet0/0 接口；

⑦ 配置 serial0 接口；

⑧ 显示结束后，系统会问是否使用这个设置；

⑨ NAT、ACL 与默认路由的配置。

（5）运行经过配置的 IOS 软件。

2.2 路由器配置基础

2.2.1 路由器的配置模式

与交换机配置模式类似，路由器的配置模式有以下几种。

（1）用户模式（User Mode），提示符为>

（2）特权模式（Privileged Mode），提示符为#

（3）全局模式（Global Config Mode），提示符为 router(config)#

（4）子模式（Sub-Mode）

① 接口模式（Interface Mode），提示符为 router(config-if)#

② 线路模式（Line Mode），提示符为 router(config-line)#

③ 路由模式（router mode），提示符为 router(config-router)#

模式之间的转换图如图 2-2 所示。

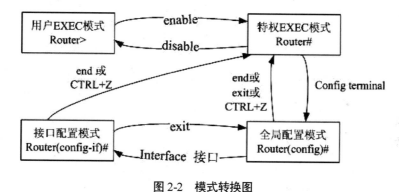

图 2-2 模式转换图

2.2.2 路由器的基本配置

1. 模式转换

连接到路由器后，默认进入用户模式（User Mode），系统提示 ">"。按图 2-2，键入相应的命令进入特权模式、全局模式、子模式，并在这些模式中切换，熟练掌握不同模式下的常用命令。

```
Router>                              //用户模式
Router> enable
Router#                              //特权模式
Router# configure terminal
Router(config)#                      //全局模式
Router(config)# interface fa0/0
Router(config-if)#
```

方法 1：直接退出到全局模式

Router(config-if)# exit   //子模式，接口模式

方法 2：退出到特权模式，再进行全局模式

Router(config-if)# end   (Ctrl+Z)

Router# config t

Router(config)# router rip

Router(config-router)#

方法 1：直接退出到全局模式

Router(config-router)# end   (Ctrl+Z)   //子模式，路由器模式

方法 2：退出到特权模式，再进行全局模式

Router(config-router)# exit

Router(config)# exit (end，Ctrl+Z)

Router# disable   //特权模式

Router>   //用户模式

2. 命名路由器（Name the Router）

Router> enable

Router# configure terminal

Router(config)#Router(config)# hostname Lab-A   //命名路由器，Lab-A

3. 配置进入特权模式的密码，即 enable 密码（Configuring Enable Passwords）

Lab-A (config)#

Lab-A (config)# enable password cisco   //名文密码

Lab-A (config)# show run

Lab-A (config)# enable password   cisco   //明文，未加密

Lab-A (config)# enable secret cisco   //密文密码

Lab-A (config)# show run

enable secret 5 1emBK$WxqLahy7YO   //密码被加密

4. 配置 Telnet 登录密码（Configuring Console Passwords ）

Lab-A (config)# line vty 0 4   //进入控制线路配置模式

Lab-A (config-line)# login   //开启登录密码保护

Lab-A (config-line)# password cisco

Lab-A(config-line)# exit

Lab-A(config)#

5. 配置串行口（Configuring a Serial Interface）

Lab-A # config t   //键入 TAB，可能补全命令

Lab-A (config)# interface s0/0//进入串行口模式（Enter Serial Interface Mode ）

Lab-A (config-if)# clock rate 64000

//DCE 端配置时钟（Set clock rate if a DCE cable is connected ）
Lab-A (config-if)# ip address 192.168.100.1 255.255.255.0
//配置接口 IP 地址和网络掩码（Specify the Interface Address and Subnet Mask ）
Lab-A (config-if)# no shut　　　　　　　//开启接口（Turn on the Interface ）
Lab-A (config-if)# exit
Lab-A(config)#

6. 配置以太口（Configuring an Ethernet Interface ）

Lab-A(config)#
Lab-A (config)# interface fa 0/0　　　　//进入以太口模式（Enter Ethernet Interface Mode ）
Lab-A (config-if)# ip address 10.1.1.1 255.255.255.0
//配置接口 IP 地址和网络掩码（Specify the Interface Address and Subnet Mask ）
Lab-A (config-if)# no shut　　　　　　　//开启接口（Turn on the Interface ）

7. 配置登录提示信息（Configuring Login Banners ）

Lab-A# config t
Lab-A (config)# banner motd #Welcome to MyRouter#　　　// "#"：特定的分隔符号

8. 路由器 show 命令解释（Show Command）

show 命令可以同时在用户模式和特权模式下运行，用 "show ？" 命令来提供一个可利用的 show 命令列表。
Lab-A# show 　interfaces
//显示所有路由器端口状态，如果想要显示特定端口的状态，我们可以键入 "show interfaces" 后面跟上特定的网络接口和端口号即可。
Lab-A# show controllers serial　　//显示特定接口的硬件信息。
Lab-A# show clock　//显示路由器的时间设置。
Lab-A# show hosts　//显示主机名和地址信息。
Lab-A# show users //显示所有连接到路由器的用户。
Lab-A# show history //显示键入过的命令历史列表。
Lab-A# show flash　//显示 flash 存储器信息以及存储器中的 IOS 映象文件。
Lab-A# show version //显示路由器信息和 IOS 信息。
Lab-A# show arp //显示路由器的地址解析协议列表。
Lab-A# show protocol　//显示全局和接口的第三层协议的特定状态。
Lab-A# show startup-configuration //显示存储在非易失性存储器（NVRAM）的配置文件。
Lab-A# show running-configuration　//显示存储在内存中的当前正确配置文件。
Lab-A# show 　interfaces 　s 1/2　　//查看端口状态
Lab-A# show ip interface brief　// 显示端口的主要信息

9. 使用 "?" (use "?")

Lab-A# clock
Lab-A# clock ?   //使用 "？" 进行逐级命令提示
Lab-A# clock set ?
Lab-A# clock set 10:30:30 ?
Lab-A# clock set 10:30:30 20 oct ?
Lab-A# clock set 10:30:30 20 oct 2002?
Lab-A# show clock

2.3 路由器的工作原理

IP 地址是与硬件地址无关的"逻辑"地址。IP 地址由两部分组成：网络号和主机号。并用子网掩码来确定 IP 地址中网络号和主机号。子网掩码中数字"1"所对应的 IP 地址部分为网络号，为"0"所对应的是主机号。同一网络中的计算机，其 IP 地址所对应的网络号是相同的，这种网络称为 IP 子网。

路由器用于连接多个逻辑上分开的网络，所谓逻辑网络是代表一个单独的网络或子网。路由器上有多个端口，用于连接多个 IP 子网。每个端口对应一个 IP 地址，并与所连接的 IP 子网属同一个网络。各子网中的主机通过自己的网络把数据送到所连接的路由器上，再由路由器根据路由表选择到达目标子网所对应的端口，将数据转发到此端口所对应的子网上。

下面用图解的方式介绍路由器的工作原理。路由器 R1、R2、R3 连接 10.1.0.0、10.2.0.0、10.3.0.0、10.4.0.0 四个子网，路由器的各端口配置、主机 A、主机 B 的配置及网络拓扑结构如图 2-3 所示。根据路由协议，路由器 R1、R2、R3 的路由表如图 2-4 所示。

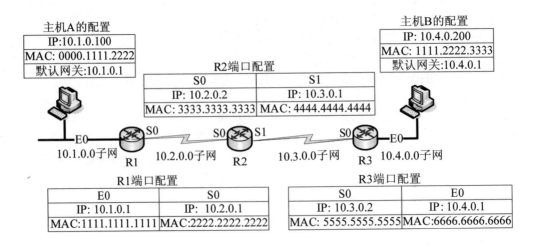

图 2-3 主机、路由器接口的 IP 地址和 MAC 地址

图 2-4　路由器 R1、R2、R3 中的路由表

当 10.1.0.0 网络中的主机 A 向 10.4.0.0 网络中的主机 B 发送数据时各路由器的工作情况如下。

（1）主机 A 在应用层向主机 B 发出"数据流"，"数据流"在主机 A 的传输层上被分成"数据段"，这些"数据段"从传输层向下进入到网络层。

（2）在网络层，主机 A 将"数据段"封装为"数据包"，将源 IP 地址 10.1.0.100（主机 A 的 IP 地址）和目的 IP 地址 10.4.0.200（主机 B 的 IP 地址）都封装在 IP 包头内。主机 A 将数据包下传到数据链路层上进行帧的封装产生的"数据帧"，其帧头中源 MAC 地址 0000.1111.2222（主机 A 的物理地址），目的 MAC 地址 1111.1111.1111（默认网关路由器 R1 的 E0 的物理地址）。"数据帧"下传到物理层，通过线缆发送到路由器 R1 上。

（3）"数据帧"到达路由器 R1 的 E0 接口后，校验并拆封，取出其中的"数据包"，路由器 R1 根据"数据包"头的目的 IP 地址 10.4.0.200，查找自己的路由表（见图 2-4），得知子网 10.4.0.0 要经过路由器 R1 的 S0 接口，再跳过 2 个路由器才能到达目标网络，从而得到转发该数据包的路径。路由器 R1 对"数据包"进行封装形成"数据帧"，其帧头中源 MAC 地址 2222.2222.2222（路由器 R1 的 S0 接口的物理地址），目的 MAC 地址 3333.3333.3333（默认网关路由器 R2 的 S0 的物理地址）。将"数据帧"从路由器 R1 的 S0 接口发出去。

（4）在路由器 R2 和路由器 R3 中的处理与路由器 R1 相同。路由器 R3 接到从自己的 S0 接口得到的"数据帧"后，校验并拆封，取出其中的"数据包"，路由器 R3 根据"数据包"头的目的 IP 地址 10.4.0.200，查找自己的路由表（见图 2-4），得知子网 10.4.0.0 就在自己直接相连的接口 E0 上。路由器 R3 对"数据包"进行封装形成"数据帧"，其帧头中源 MAC 地址 6666.6666.6666（路由器 R3 的 E0 接口的物理地址），目的 MAC 地址是主机 B 的 MAC 地址 1111.2222.3333，这个地址是路由器 R3 发出一个 ARP 解析广播，查找主机 B 的 MAC 地址后，保存在缓存里的。

（5）主机 B 收到"数据帧"后，首先核对帧中 MAC 地址是否是自己的 MAC 地址，并进行"数据帧"校验，拆卸帧，得到"数据包"，交网络层处理。网络层拆卸 IP 包头，将"数据段"向上送给传输层处理。在传输层按顺序将"数据段"重组成"数据流"。

【课后练习及实验】

1．简述路由器的启动过程？

2．路由器由哪些硬件和软件组成？

3．路由器的接口主要分哪三类？

4．路由器的配置模式有哪几类？

5．将路由器的 Console 口与一台计算机的 COM1 口用控制线连接，练习路由器的基本配置。

第 3 章 虚拟局域网

3.1 虚拟局域网概述

3.1.1 虚拟局域网的产生

用中继器连接的两个网段共同构成一个冲突域和一个广播域；用集线器连接的所有接口上的主机共同构成一个冲突域和一个广播域；网桥连接的两个网段构成不同的冲突域，但属同一个广播域；交换机上的每个接口属于一个冲突域，不同的接口属于不同的冲突域，交换机上所有的接口属于同一个广播域；路由器上的每个接口属于一个广播域，不同的接口属于不同的广播域。

在交换机构成的网络中，所有设备都会转发广播帧，因此任何一个广播帧或多播帧（Multicast Frame）都将被广播到整个局域网中的每一台主机。如图 3-1 所示，主机 A 向主机 B 通信，它首先广播一个 ARP 请求，以获取主机 B 的 MAC 地址。此时主机 A 上连的二层交换机收到 ARP 广播后，会将它转发给除接收端口外的其他所有端口，也就是 Flooding 泛洪。接着，其他的收到这个广播帧的交换机（包括三层交换机）也会作同样的处理，最终 ARP 请求会被转发到同一网络中的所有主机上。如果此时网络中的其他主机也要和别的主机进行通信，必然产生大量的广播。

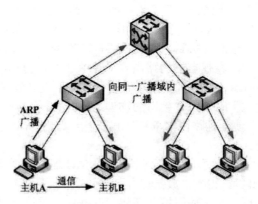

图 3-1　ARP 广播扩散

在网络通信中，广播信息是普遍存在的 ，这些广播帧将占用大量的网络带宽，导致网络速度和通信效率的下降，并额外增加了网络主机为处理广播信息所产生的负荷。

路由器能实现对广播域的分割和隔离。但路由器所带的以太网接口数量很少，一般为 1~4 个，远远不能满足对网络分段的需要，而交换机配备有较多的以太网端口，为在交换机中实现不同网段的广播隔离产生了 VLAN 交换技术。

一个 VLAN 就是一个网段，通过在交换机上划分 VLAN（同一交换机上可划分不同的 VLAN，不同的交换机上可属于同一个 VLAN），可将一个大的局域网划分成若干个网段，每个网段内所有主机间的通信和广播仅限于该 VLAN 内，广播帧不会被转发到其他网段。即一个 VLAN 就是一个广播域，VLAN 间不能直接通信，从而实现了对广播域的分割和隔离，如图 3-2 所示。

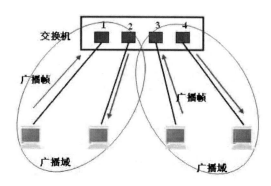

图 3-2　VLAN 的广播域

3.1.2　VLAN 的工作机制

在引入 VLAN 后，交换机的端口按用途分为访问连接（Access Link）端口和汇聚连接（Trunk Link）端口两种。

基于端口的 VLAN 分为两类：Port-VLAN 和 Tag-VLAN。

（1）访问连接端口通常用于连接客户的 PC，以提供网络接入服务。该端口只属于某一个 VLAN，并且仅向该 VLAN 发送或接收数据帧。端口所属的 VLAN 通常也称作 Port-VLAN。

Port-VLAN 有以下特点：

① VLAN 是划分出来的逻辑网络，是第二层网络；

② VLAN 端口不受物理位置的限制；

③ VLAN 隔离广播域。

Port-VLAN 的工作机制是：通过查找 MAC 地址表，交换机只对同一 VLAN 中的数据进行转发，对发往不同 VLAN 的数据不转发。

（2）汇聚连接端口属于所有 VLAN 共有，承载所有 VLAN 在交换机间的通信流量。此端口所属的 VLAN 通常也称作 Tag-VLAN。

Tag-VLAN 有以下特点：

① 传输多个 VLAN 的信息；

② 实现同一 VLAN 跨越不同的交换机；

③ 要求 Trunk 至少要 100Mbps。

汇聚链路承载了所有 VLAN 的通信流量，为了标识各数据帧属于哪一个 VLAN，需要对流经汇聚连接的数据帧进行打标（Tag）封装，以附加上 VLAN 信息，使交换机通过 VLAN 标识，将数据帧转发到对应的 VLAN 中。

目前交换机支持的打标封装协议有 IEEE 802.1Q 和 ISL。其中 IEEE 802.1Q 是经过 IEEE 认证的对数据帧附加 VLAN 识别信息的协议，属于国际标准协议，适用于各个厂商生产的交换机，该协议简称为 dot1Q。而 ISL 协议仅适用于 Cisco。

IEEE 802.1Q 中附加的 VLAN 识别信息，是位于原数据帧中"源 MAC 地址"和"类型（Type）"之间，添加了 2 个字节的标记协议标识（TPID）和 2 个字节的标记控制信息（TCI），如图 3-3 所示。

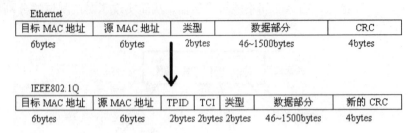

图 3-3　IEEE 802.1Q

IEEE 802.1Q 的各项说明如下。

- 标记协议标识（TPID）：固定值 0x8100，表示该帧载有 802.1Q 标记信息
- 标记控制信息（TCI）
  - Priority：优先级，3 比特。
  - Canonical Format Indicator：1 比特，表示总线型以太网、FDDI、令牌环网。
  - VlanID：12 比特，表示 VID，范围 1~4094。

IEEE 802.1Q 工作特点如下：

（1）802.1Q 数据帧传输对于用户是完全透明的；

（2）Trunk 上默认会转发交换机上存在的所有 VLAN 的数据。

　　VLAN 的工作原理如图 3-4 所示。当 HOST　B 把数据发送到 HOST Y 时，在进入交换机端口前，数据帧的头部并没有被加上 VLAN　Tag 标记，当数据进入交换机 Switch A 端口后，根据端口所属的 VLAN 2，在数据帧的头部加上 VLAN　2 的 Tag 标记，在交换机中查找此 VLAN 2 的 MAC 地址表，没有找到对应的端口后，在 VLAN 2 中广播，当数据通过交换机 Switch A 的级联端口 24 时，由于该端口为 Trunk 口，数据从此端口转出时仍带有 VLAN 2 的 Tag 标记，到交换机 Switch B 的级联端口 24，根据 VLAN　2 的 Tag 标记，在 Switch B 的 VLAN 2 中广播，HOST　Y 响应，得到对应的目标端口 2，Switch B 剥去 VLAN　2 的 Tag 标记后，将数据帧从端口 2 转发给 HOST　Y。

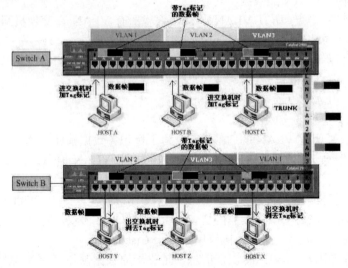

图 3-4　VLAN 的工作机制

3.2 虚拟局域网的划分

3.2.1 划分方法

在实际应用中，通常需要跨越多台交换机的多个端口划分 VLAN，比如，同一个部门的员工，可能会分布在不同的建筑物或不同的楼层中，此时的 VLAN，将跨越多台交换机，VLAN 的划分不受网络端口的实际物理位置的限制，如图 3-5 所示。

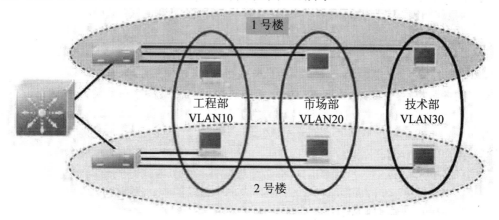

图 3-5 跨交换机划分 VLAN

虚拟局域网的实现有两种：静态和动态。

（1）在静态实现方式中，网络管理员将交换机端口分配给某一个 VLAN。这种配置简单、安全、易于实现和监视。

（2）在动态实现方式中，管理员必须先建立一个较复杂的数据库，例如输入要连接的网络设备的 MAC 地址及相应的 VLAN 号，这样，当网络设备接到交换机端口时交换机自动把这个网络设备所连接的端口分配给相应的 VLAN。动态 VLAN 的配置可以基于网络设备的 MAC 地址、IP 地址、应用或者所使用的协议。实现动态 VLAN 时必须利用管理软件来进行管理。在 CISCO 交换机上可以使用 VLAN 管理策略服务器（VMPS）实现基于 MAC 地址的动态 VLAN 配置，它建立 MAC 地址与 VLAN 的映射表。

（3）在基于 IP 地址的动态配置中，交换机通过查阅网络层的地址自动将用户分配到不同的虚拟局域网。

划分虚拟局域网有以下几种方法：

● 基于端口的 VLAN；
● 基于协议的 VLAN；
● 基于 MAC 地址的 VLAN；
● 基于 IP 子网的 VLAN。

其中按端口号划分属于静态方式，其客观存在的属于动态方式。

1. 基于端口的 VLAN

针对交换机的端口进行 VLAN 的划分，它不随在交换机端口上的主机的变化而变化，是目前最常用的一种 VLAN 划分方法。此种方法比较简单并且非常有效，VLAN 从逻辑上把交换机端口划分为不同的逻辑子网，各虚拟子网相对独立。

但仅靠端口分组而定义 VLAN 将无法使得同一个物理分段（或交换端口）同时参与到多个 VLAN 中，当一个客户站从一个端口移到另一个端口时，网管人员将不得不对 VLAN 成员进行重新配置。

2. 基于协议的 VLAN

在一个多类型的协议环境中，通过区分传输数据所用的三层协议来划分 VLAN 的成员。但在一个主要以 IP 协议为主的网络环境中，这种方法不太实用。

3. 基于 MAC 地址的 VLAN

针对基于主机的 MAC 地址进行 VLAN 划分，这种方式由管理人员指定属于同一个 VLAN 中的各客户机的 MAC 地址。新站点入网时根据需要将其划归至某一个 VLAN。

优点：无论该站点在网络中怎样移动，由于其 MAC 地址保持不变，因此用户不需要进行网络地址的重新配置，不需要重新划分 VLAN。因此，用 MAC 地址定义的 VLAN 可能看成是基于用户的 VLAN。

缺点：在站点入网时，所有的用户都必须被配置（手工方式）到至少一个 VLAN 中，只有在此种手工配置之后方可实现对 VLAN 成员的自动跟踪。因此在大型网络中采用此方法，初始配置工作会很大。

常仅用此方法将服务器的 MAC 地址、端口、VLAN 一起绑定，以提高安全性。

4. 按第三层协议

第三层是指 OSI 模型的网络层。基于第三层协议的 VLAN 实现，在决定 VLAN 成员身份时，主要是考虑协议类型或网络层地址。根据每个主机的网络层地址或协议类型来划分 VLAN，此种类型的 VLAN 划分需要将子网地址映射到 VLAN，交换设备则根据子网地址而将各机器的 MAC 地址同一个 VLAN 联系起来。

优点：新站点在入网时无需进行太多配置，交换机则根据各站点网络地址自动将其划分成不同的 VLAN，并且在第三层上定义的 VLAN 将不再需要报文标识，从而可以消除在交换设备之间传递 VLAN 成员信息而花费的开销。

在三种 VLAN 的实现技术中，基于网络地址的 VLAN 智能化程度最高，实现起来也最复杂。一个客户可以属于多个 VLAN。目前按端口号划分虚拟局域网应用较广泛。

5. 基于组播的 VLAN

基于组播应用进行用户的划分，即将同一个组播组划分在同一 VLAN 中，这种划分方法可以将 VLAN 扩大到广域网，能通过路由器进行扩展，但不太适合于局域网，效率不高。

3.2.2　Native VLAN

所谓 Native VLAN，也叫默认 VLAN，在这个接口上收发未标记的报文，都被认为是属于这个 VLAN 的。通常 VLAN 1 作为默认的 Native VLAN，最好不要删除。

当一个未标记的帧经过 Trunk 口时，会打上 Native VLAN 的标记；一个已标记的帧经过 Trunk 口时，如果其标记的 VLAN 与 Trunk 口的 Native VLAN 相同，则会剥去标记。

　　一个交换机的端口若定义为 Access Port，在未将此端口分给任何 VLAN 时，默认情况下属于 VALN 1，此时其 Native VLAN 也就是 VALN 1。若将此端口划分给某个 VLAN（如 VLAN 10），则此 VLAN 即为本端口的 Native VLAN，它只能传输属于这个 VLAN 的帧，其他帧不能传输。

　　一个交换机的端口若定义为 Trunk Port，它能传输多个 VLAN 的数据帧，在没有特别指定的情况下，此 Trunk Port 的 Native VLAN 为 VLAN 1。如果此 Trunk Port 的 Native VLAN 不是 VLAN 1，则必须用 switchport trunk native vlan 10 来指定 Native VLAN 为 VLAN 10。在配置 Trunk 链路时，必须保证连接链路的两个端口的 Trunk 口属于相同的 Native VLAN。

3.3　虚拟局域网的基本配置

3.3.1　基本配置步骤和常规命令

下面先给出配置 Port VLAN 和 Tag VLAN 的基本步骤。

1．配置 Port VLAN 的基本步骤

交换机端口与 VLAN 之间的对应关系如表 3-1 所示。

表 3-1　交换机端口与 VLAN 间的对应关系

交换机端口	MAC 地址	VLAN ID
F0/1	AAA.AAA.AAA	10
F0/2	BBB.BBB.BBB	20
F0/3	CCC.CCC.CCC	10

（1）创建 VLAN 10，将它命名为 test 的例子
Switch# configure terminal
Switch(config)# vlan 10
Switch(config-vlan)# name test
Switch(config-vlan)# end
（2）把接口 0/10 加入 VLAN 10
Switch# configure terminal
Switch(config)# interface fastethernet 0/10
Switch(config-if)# switchport mode access
Switch(config-if)# switchport access vlan 10
Switch(config-if)# end
（3）将一组接口加入某一个 VLAN
Switch(config)#interface range fastethernet 0/1-8，0/15，0/20
Switch(config-if-range)# switchport access vlan 20
注意：连续接口 0/1-8，不连续接口用逗号隔开，但一定要写明模块编号。

2. 配置 Tag VLAN-Trunk 的常用命令

（1）把 Fa0/1 配成 Trunk 口

Switch# configure terminal

Switch(config)# interface fastethernet0/1

Switch(config-if)# switchport mode trunk

（2）把端口 Fa0/20 配置为 Trunk 端口，但是不包含 VLAN 2：

Switch(config)# interface fastethernet 0/20

Switch(config-if)# switchport trunk allowed vlan remove 2

Switch(config-if)# end

3. 配置 Native VLAN

将 VLAN 20 指定为 Native Vlan

Switch(config-if)# switchport   trunk native vlan 20

Switch(config-if)# end

注意：

● 每个 Trunk 口的默认 Native VLAN 是 VLAN 1;

● 在配置 Trunk 链路时，要确保连接链路两端的 Trunk 口属于相同的 Native VLAN。

4. 其他 VLAN 配置命令

（1）显示所有的 VLAN

Switch#show vlan

（2）显示某一端口的相关信息包括 VLAN，Trunk 等

Switch# show interface fastethernet0/20 swithchport

上面两个命令的结果如图 3-6 所示。

```
Switch# show interfaces fastethernet0/20 switchport

  Interface Switchport Mode Access Native Protected VLAN lists
  _____  _____   ____ _____ _____ _____ _____

  Fa0/20    Enabled    Trunk   1      1     Enabled   1,3-4094

Switch# show vlan

        VLAN Name      Status    Ports
        ____ _____  _____   _____

          1  default   active    Fa0/1, Fa0/2, Fa0/3, Fa0/4,
                                  Fa0/5, Fa0/6, Fa0/7, Fa0/8,
                                  Fa0/9,Fa0/10, Fa0/11, Fa0/12,
                                  Fa0/13,Fa0/18, Fa0/19, Fa0/20,
                                  Fa0/21, Fa0/22

          4  VLAN0004  active    Fa0/14, Fa0/15, Fa0/16, Fa0/17,Fa0/20

          5  VLAN0005  active    Fa0/20,Fa0/23,Fa0/24
```

图 3-6　VLAN 显示信息

（3）将 VLAN 信息保存到 flash 中

Switch# write memory

（4）从 flash 中只清除 VLAN 信息

Switch# delete flash:vlan.dat

（5）从 RAM 中删除 VLAN

Switch(config)# no vlan VLAN-id

3.3.2 实例

【网络拓扑】

结构图见图 3-7。

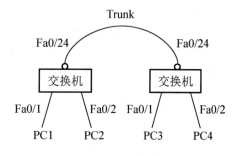

图 3-7 网络拓扑结构图

【实验环境】

（1）在交换机 1 端口 1 上接 PC1，端口 2 上接 PC2。

（2）配置 PC1 和 PC2 两台主机的 IP 地址。

PC1 为：192.168.10.1

PC2 为：192.168.20.1

（3）同理在交换机 2 的端口 1 上接 PC3，端口 2 上接 PC4。

（4）配置 PC3 和 PC4 两台主机的 IP 地址。

PC3 为：192.168.10.3

PC4 为：192.168.20.4

（5）将交换机 1 和交换机 2 的 24 号端口连接起来（用反绞线，若能自识别，也可用平行线）。

【实验目的】

（1）在同一台交换机上创建不同的 VLAN，验证相互不能 PING 通。

（2）在不同的交换机上创建相同的 VLAN。

（3）配置 TRUNK 链路，验证不同的交换机相同的 VLAN 能 PING 通。

【实验配置】

（1）配置第一台二层交换机创建 VLAN。

S2126G# conf t

S2126G(config)# vlan 2   //创建 VLAN 2

S2126G(config-vlan)# name test2

S2126G(config-vlan)# exit

S2126G(config)# vlan 3   //创建 VLAN 3

S2126G(config-vlan)# name test3

S2126G(config-vlan) exit

S2126G(config)# int fa 0/1

S2126G(config-if)# switch access vlan 2   //将端口 1 分配给 VLAN 2

S2126G(config-if)# exit

S2126G(config)# int fa 0/2

S2126G(config-if)# switch access vlan 3　　//将端口 2 分配给 VLAN 3

S2126G(config-if)# end

S2126G# show vlan

同理配置第二台二层交换机。

（2）验证 PC1 与 PC2 互 PING，但 PING 不通。

（3）在第一台二层交换机上配置 Trunk 口。

S2126G(config)# int fa 0/24

S2126G(config-if)# switchport mode trunk

S2126G(config-if)# exit

同理配置第二台二层交换机。

（4）验证 PC1 能 PING 通 PC3，PC2 能 PING 通 PC4，但 VLAN 2 中的 PC1 和 PC3 不能 PING 通 VLAN 3 中的 PC2 和 PC4。

【测试结果】

（1）同一交换机中划分不同的 VLAN，相互不通。

（2）不同交换机中属于同一 VLAN，通过 Trunk 链路，相互能通。

【验证命令】

S2126G# ping 192.168.10.1

S2126G# show vlan

S2126G# show interfaces　　FastEthernet 0/24

S2126G#show interface vlan

S2126G#show interface switchport

S2126G#show interface trunk

3.4　虚拟局域网中数据的转发

下面讲述交换机中 VLAN 数据的转发过程。

交换机通过 MAC 地址表进行数据帧的转发，而引入 VLAN 后，交换机在 MAC 地址表中增加 VLAN 信息，也就是说交换机对每一个 VLAN 都维护一个本 VLAN 的 MAC 地址表。

在数据转发时，先在同一 VLAN 的 MAC 地址表中，根据数据帧中的目的 MAC 地址进行查找，若找到的话，就进行转发；若找不到，就向此 VLAN 的网关发送，由此 VLAN 网关向其他网段（不同的 VLAN）进行路由表的查询。

3.4.1　同一 VLAN 不同交换机之间的数据转发

VLAN 内的主机彼此间可以自由通信，当 VLAN 成员分布在多台交换机的端口上时，使用 Trunk 进行通信。如图 3-8 所示，PC1 与 PC3 之间、PC2 与 PC4 之间的数据转发经过 Trunk Link。

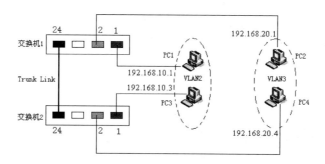

图 3-8　同一 VLAN 不同交换机之间的数据转发

用于实现各 VLAN 在交换机间通信的链路，称为交换机的汇聚链路或主干链路（Trunk Link）。用于提供汇聚链路的端口，称为汇聚端口。汇聚端口的速率应在 100 Mbps 以上。

引入 VLAN 后，交换机的端口按用途分为访问连接端口和汇聚链路端口。访问连接端口连接 PC，它只属于某一个 VLAN，并仅向该 VLAN 发送或接收数据帧。汇聚链路端口属于所有 VLAN 共有，承载所有 VLAN 在交换机间的通信流量。

3.4.2　不同的 VLAN 之间的数据转发

若要实现 VLAN 间的通信，就必须为 VLAN 设置路由，可使用路由器或三层交换机来实现。

1.　使用单臂路由实现不同 VLAN 之间的数据转发

对于没有路由功能的二层交换机，若要实现 VLAN 间的相互通信，就要借助外部的路由器（单臂路由）来为 VLAN 指定默认路由，此时路由器的快速以太网接口与交换机的快速以太网端口，应以汇聚链路的方式相连，并在路由器的快速以太网接口上，为每一个 VLAN 创建一个对应的虚拟子接口，并设置虚拟子接口的 IP 地址，该 IP 地址以后就成为该 VLAN 的默认网关（路由）。由于这些虚拟子接口是直接连接在路由器上的，一旦每个虚拟子接口设置了 IP 地址后，路由器就会自动在路由表中为各 VLAN 添加路由，从而实现 VLAN 间的路由转发。如图 3-9 所示。

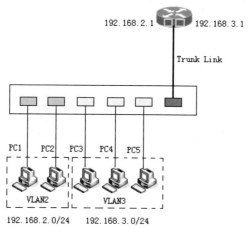

图 3-9　同一 VLAN 不同交换机之间的数据转发

2. 使用三层交换机实现不同 VLAN 之间的数据转发

和物理网络一样，一个 VLAN 通常和一个 IP 子网联系在一起。所有在同一个 IP 子网中的主机属于同一个 VLAN。VLAN 之间的通信可以通过三层设备（路由器或者三层交换机）。使用三层交换机来配置 VLAN 和提供 VLAN 间的通信，比使用路由器更好，配置和使用也更方便。

三层交换机可以定义网络接口，网络接口为一个 IP 子网提供的网关接口，可以定义三种网络接口。

（1）路由口（Routed Port）：它是一个物理端口，它把一个二层接口通过 no switchport 命令设为三层端口。在三层交换机上，可以使用单个物理端口作为三层交换的网关接口。

（2）虚拟交换接口（SVI）：它是一个虚拟接口，一个通过全局配置命令 interface vlan vlan_id 创建的关联 VLAN 的网络接口地址。

锐捷的三层交换机可以通过 SVI 接口（Switch Virtual Interfaces）来进行 VLAN 之间的 IP 路由。通过 interface vlan 接口配置命令来创建一个 SVI 接口，然后给 SVI 接口分配一个 IP 地址，此 IP 地址就是这个 VLAN 中所有主机的默认网关，从而建立 VLAN 之间的路由。

（3）三层模式下的聚合链路（L3 Aggregate Link）：它是一个逻辑接口，它把几个接口聚合成一个逻辑接口。

3.5　三层交换技术

3.5.1　三层交换技术的基本原理

VLAN 的默认设置是 VLAN 之间不允许通信，要实现 VLAN 之间的通信，必须使用路由器。但是路由器要把每一个数据包的目的地址与自己的路由表项对比以决定数据包的去向，处理速度相对缓慢，如果在大型网络核心中使用路由器来进行 VLAN 间的数据交换将降低整个网络的效率。更重要的是，路由器的端口数有限，从而限制了子网的连接个数。于是产生了将交换机的快速交换能力和路由器的路由寻址能力结合起来的三层交换技术。

简单地说，三层交换技术就是：二层交换技术＋三层转发技术。它解决了局域网中网段划分之后，网段中子网必须依赖路由器进行管理的局面，解决了传统路由器低速、复杂所造成的网络瓶颈问题。

三层交换（也称多层交换技术，或 IP 交换技术）是相对于传统交换概念而提出来的。传统的交换技术是在 OSI 网络标准模型中的第二层——数据链路层进行操作的，而三层交换技术是在网络模型中的第三层实现了数据包的高速转发。

一个具有三层交换功能的交换机，是一个带有第三层路由功能的交换机，是交换技术和路由技术的有机结合，并不是简单地把路由器设备的硬件及软件叠加在局域网交换机上。

硬件上，三层交换机的接口模块同二层交换机的接口模块一样，是通过高速背板/总线（速率在几十 Gbps 以上）交换数据的，而第三层路由硬件模块也是插接在高速背板/总线上。这就使得路由模块可以与需要路由的其他模块间高速地交换数据，从而突破了传统路由器接口速率的限制，实现高速路由交换。对数据包的转发，如 IP/IPX 的转发，可通过硬件完成。

软件上，路由信息的更新、路由表的维护、路由的计算、路由的确定等，都是由软件完成。

三层交换机可分为纯硬件和纯软件两大类。

纯硬件的三层技术相对来说技术复杂、成本高，但是速度快、性能好、负载能力强。其原理是，采用 ASIC 芯片，采用硬件的方式进行路由表的查找和刷新。

基于软件的三层交换机技术较简单，但速度较慢，不适合做主干。主要通过软件方式查找路由表。

下面简述两个使用 IP 协议的两台主机通过第三层交换机进行通信的过程。

如图 3-10 所示，有 4 台主机与三层交换机互联。

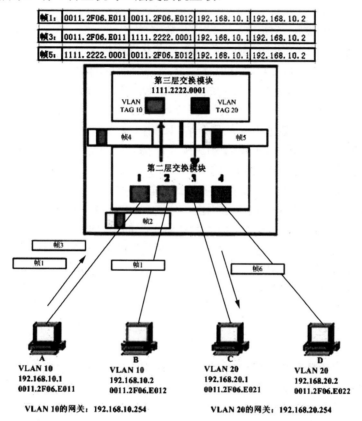

图 3-10　三层交换机通信过程

假设两个使用 IP 协议的站点 A、B 通过第三层交换机进行通信，发送站点 A 在开始发送时，将自己的 IP 地址 192.168.10.1 与 B 站的 IP 地址 192.168.10.2 进行比较，判断 B 站是否与自己在同一子网内。若目的站 B 与发送站 A 在同一子网内（VLAN 10），则进行二层的转发。

具体步骤如下。

（1）必须得到站点 B 的 MAC 地址

为了得到站点 B 的 MAC 地址，站点 A 首先发一个 ARP 广播报文，请求站点 B 的 MAC 地址。该 ARP 请求报文进入交换机后，首先进行源 MAC 地址学习，二层芯片自动把站点 A 的 MAC 地址 0011.2F06.E011 以及进入交换机的端口号 1 等信息填入到二层芯片的 MAC 地址表中。由于此时是一个 ARP 广播报文，交换机把这个广播报文从进入交换机端口所属的 VLAN 10 中进行广播。站点 B 收到这个 ARP 请求报文之后，会立刻发送一个 ARP 回复报文，这个报文是一个单播报文，源 MAC 地址为站点 B 的 MAC 地址 0011.2F06.E012，目的 MAC 地址为站点 A 的 MAC 地址 0011.2F06.E011。该报文进入交换机后，交换机同样进行源 MAC 地址学习，二层芯片同样把站点 B 的 MAC 地址 0011.2F06.E012 以及站点 B 进入交换机的端口号 2 等信息填入到二层芯片的 MAC 地址表中，此时二层芯片就完成了站点 A 和 B 与端口之间的对应关系（MAC 地址与端口之间的对应表）。根据此 MAC 地址表中，交换机就能把此单播报文从站点 A 对应的端口中转发给站点 A。

一旦站点 A 知道站点 B 的 MAC 地址后，就在自己的 ARP 缓存中记录站点 B 的 IP 地址和 MAC 地址之间的对应关系。

（2）站点 A 产生数据帧（帧 1），并发送此数据帧。

（3）交换机收到站点 A 发来的帧 1 后，首先在此数据帧上加上 VLAN 10 的标记，变成帧 2，然后通过查找 MAC 地址表，发现站点 B 连在交换机的端口 2 上；因此第二层交换模块将数据帧去除 VLAN 10 标记后，又变成了帧 1，从端口 2 发送给站点 B。

（4）以后 A、B 之间进行通信或者同一网段的其他站点想要与 A 或与 B 通信，交换机通过查找 MAC 地址表就知道该把报文从哪个端口送出。如果在查找 MAC 地址表时找不到匹配表项，交换机就会在进入端口所属的 VLAN 中广播，从而得到目标 MAC 地址与端口的对应关系。这些都是由二层交换模块完成的。

下面看一下两个站点通过三层交换机实现跨网段通信是怎样一个过程。

（1）若站点 A 和站点 C 不在同一子网内（分属 VLAN 10，VLAN 20），发送站 A 首先要向其"默认网关"出 ARP 请求报文，而"默认网关"的 IP 地址其实就是三层交换机上站点 A 所属 VLAN 的 IP 地址。当发送站 A 对"默认网关"的 IP 地址广播出一个 ARP 请求时，交换机就向发送站 A 回一个 ARP 回复报文，告诉站点 A 交换机此 VLAN 10 的 MAC 地址，同时通过软件把站点 A 的 IP 地址、MAC 地址、与交换机直接相连的端口号等信息记录到三层模块相关表项中。

（2）站点 A 收到这个 ARP 回复报文之后，产生数据帧（帧 3），并向交换机发送此数据帧。

（3）交换机收到此数据帧 3 后，加上 VLAN 10 的标记，形成数据帧 4，交给交换机的第三层模块，第三层模块打开此数据帧 4，取出其中的 IP 包，查找路由表，此表是以 IP 地址（网络）为索引的，里面存放目的 IP 地址、下一跳 MAC 地址、端口号等信息。若找到站点 C 的 IP 地址所匹配的表项，就将此 IP 包封装成数据帧 5（含有 VLAN 20 的标记，其目标 MAC 地址为对应表项中的下一跳 MAC 地址），交换机的第二层模块收到数据帧 5 后，去除 VLAN 20 标记，产生数据帧 6 从指定的端口转发出去。

（4）如果路由表中没有找到匹配的表项，则三层模块会把 IP 包送给 CPU 处理，进行软路由。由于站点 C 属于交换机的直连网段之一（VLAN 20），交换机中会自动产生直连路由，VLAN 20 的 IP 地址表项（VLAN 20 所在的网络，），但可能没有记录对应的下一跳 MAC 地址、端口号等。

CPU 收到这个 IP 包后，会直接以站点 C 的 IP 为索引检查 ARP 缓存，若没有站点 C 的 MAC 地址，则根据 VLAN 信息，向 VLAN 20 中所有的端口广播一个 ARP 请求，站点 C 得到此 ARP 请求后向交换机回复其 MAC 地址，CPU 在收到这个 ARP 回复报文时，把站点 C 的 IP 地址、MAC 地址、进入交换机的端口号等信息记录到路由表中。

（5）由于三层模块中已经保存站点 A、C 的路由信息，以后站点 A、C 之间进行通信或其他网段的站点想要与 A、C 进行通信，交换机会直接把包从三层模块的路由表项中指定的端口转发出去，而不必再把包交给 CPU 处理。这就是所谓的"一次路由，多次交换"的工作模式，大大提高了转发速度。

（6）三层模块中的路由表项大都是通过软件设置的，因此，何时设置、如何设置均根据软件的不同而不同，并不存在固定的标准。

3.5.2　三层交换技术的基本配置

【网络拓扑】

结构图如图 3-10 所示。

【实验环境】

实验环境同 3.5.1 节中的图 3-10。

【实验目的】

（1）在一台三层交换机上创建不同的 VLAN。
（2）验证不同的 VLAN 相互 PING 通。

【实验配置】

交换机 S3550-24
Switch# configure terminal
注意：进入交换机全局配置模式。
Switch(config)# vlan 10
Switch(config)# vlan 20
注意：创建 VLAN 20，30，VLAN 1 总是存在，不要创建。
Switch(config) int　fa 0/1
Switch(config-if) switch access vlan 10
Switch(config) int　fa 0/2
Switch(config-if)switch access vlan 10
注意：将端口 0/1, 0/2 分配到 VLAN 10。
Switch(config) int vlan 10
注意：创建虚拟接口 VLAN 10。
Switch(config-if)#ip address 192.168.10.254 255.255.255.0
注意：配置虚拟接口 VLAN 10 的地址为 192.168.10.254。
Switch(config-if)# no shutdown
注意：手工打开虚拟接口 VLAN 10。
Switch(config-if)#exit
注意：返回到全局配置模式。
Switch(config) int　fa 0/3
Switch(config-if) switch access vlan 20

Switch(config) int　　fa 0/4

Switch(config-if)switch access vlan 20

注意：将端口 0/3, 0/4 分配到 VLAN 20。

Switch(config)# int vlan 20

注意：创建虚拟接口 VLAN 20。

Switch(config-if)#ip address 192.168.20.254　　255.255.255.0

注意：配置虚拟接口 vlan 20 的地址为 192.168.20.254。

Switch(config-if)#no shutdown

注意：手工打开虚拟接口 VLAN 20。

Switch(config-if)#exit

注意：返回到全局配置模式。

【验证命令】

Switch# show ip int

【测试结果】

将 PC A、PC B、PC C、PC D 分别插到端口 1、端口 2、端口 3、端口 4 上，将 PC A、PC B、PC C、PC D 的地址分别为 192.168.10.1、192.168.10.2、192.168.20.1、192.168.20.2；PC A 和 PC B 的默认网关设置为 192.168.10.254，PC C 和 PC D 的默认网关设置为 192.168.20.254。在 PC A 上 ping192.168.10.2、192.168.20.1、192.168.20.2，都能 ping 通。

3.6　虚拟局域网的综合配置

【网络拓扑】

网络拓扑结构如图 3-11 所示。

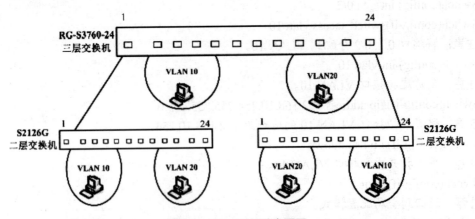

图 3-11　VLAN 的综合配置

【实验环境】

（1）在三层交换机端口 1 上接一台二层交换机，端口 24 上接另一台二层交换机，作为 Trunk 链路。

（2）在二个二层交换机上分别划分两个不同的虚拟局域网。

（3）在三层交换机上其他的端口划分两个不同的虚拟局域网。

（4）在 VLAN 10 的虚拟局域网中的计算机在 IP 地址在 192.168.10.0/24 网段，网关为 192.168.10.254；在 VLAN 20 的虚拟局域网中的计算机在 IP 地址在 192.168.20.0/24 网段，网关为 192.168.20.254。

【实验目的】

（1）熟悉二层交换机和三层交换机 VLAN 的配置方法。

（2）掌握不同的 VLAN 之间通信的方法。

【实验配置】

这里只给出主要的参考步骤。

（1）三层交换机的配置

//创建两个 VLAN

```
S3760# conf    t
S3760 (config)# vlan 10
S3760 (config-vlan)# exit
S3760 (config)# vlan 20
S3760 (config-vlan)# exit
```

//创建两个 TRUNK 链路，分别连接两个二层交换机

```
S3760 (config)# interface fastethernet 0/1
S3760 (config-if)# switchport mode trunk
```

//只允许 VLAN 1，10，20 三个 VLAN 通过此 Trunk

```
S3760 (config-if)# switchport trunk allowed vlan remove 2-9,11-19,21-4094
S3760 (config)# exit
S3760 (config)# interface fastethernet 0/24
S3760 (config-if)# switchport mode trunk
S3760 (config-if)# switchport trunk allowed vlan remove 2-9,11-19,21-4094
```

//在三层交换机上增加一些端口分别到 VLAN 10 和 VLAN 20

```
S3760 (config)# interface fastethernet 0/2
S3760 (config-if)# switchport access vlan 10
……
S3760 (config)# interface fastethernet 0/10
S3760 (config-if)#    switchport access vlan 10
……
S3760 (config)# interface fastethernet 0/11
```

S3760 (config-if)# switchport access vlan 20

……

S3760 (config)# interface fastethernet 0/23

S3760 (config-if)# switchport access vlan 20

//在三层交换机上创建两个虚拟接口 SVI

S3760 (config)# interface Vlan 10

S3760 (config-if)# ip address 192.168.10.254 255.255.255.0

S3760 (config)# interface Vlan 20

S3760 (config-if)# ip address 192.168.20.254 255.255.255.0

S3760 (config-if)# end

（2）第一台二层交换机的配置

//创建二个 VLAN

S2126G #　　conf　t

S2126G (config)#　　vlan 10

S2126G (config-valn)#　　exit

S2126G (config)#　　vlan 20

//创建一个 Trunk 链路，连接三层交换机

S2126G (config)# interface fastethernet 0/1

S2126G (config-if)# switchport mode trunk

//只允许 VLAN 1，10，20 三个 VLAN 通过此 Trunk

S2126G (config-if)#　　switchport trunk allowed vlan remove 2-9,11-19,21-4094

//在二层交换机上增加一些端口分别到 VLAN 10 和 VLAN 20

S2126G (config)# interface fastethernet 0/2

S2126G (config-if)# switchport mode access

S2126G (config-if)#　　switchport access vlan 10

……

S2126G (config)# interface fastethernet 0/10

S2126G (config-if)# switchport mode access

S2126G (config-if)# switchport access vlan 10

！

S2126G (config)# interface fastethernet 0/11

S2126G (config-if)# switchport mode access

S2126G (config-if)# switchport access vlan 20

……

S2126G (config)#interface fastethernet 0/24

S2126G (config-if)# switchport mode access

S2126G (config-if)# switchport access vlan 20

（3）同理可配第二台二层交换机

【测试结果】

（1）不仅同在一个 VLAN 中的计算机能 ping 通，而且属不同 VLAN 的计算机也能 ping 通。

（2）要想不同 VLAN 之间能相互通信，其中一种方法是在三层交换机上创建 VLAN 的虚拟接口 SVI，并设置对应 VLAN 中的计算机的网关为 VLAN 的虚拟接口 IP 地址。

【验证命令】

S2126G#　ping 192.168.10.254
S2126G#　show vlan
S2126G# show interfaces　fastethernet 0/24
S2126G#show interface vlan
S2126G#show interface switchport
S2126G#show interface trunk

3.7　单臂路由在虚拟局域网中的应用

【网络拓扑】

网络拓扑结构同于图 3-8。

【实验环境】

（1）把几台主机与一台二层交换机相连，建立两个 VLAN：2 和 3。
（2）将二层交换机的 24 号端口与一台路由器相连。

【实验目的】

掌握单臂路由的配置方法，使不同 VLAN 的两台主机能够 ping 通对方。

【实验配置】

（1）二层交换机的配置
S2126G#
S2126G# conf　t
//划分 VLAN
S2126G(config)# vlan 2
S2126G(config-vlan)# exit
S2126G(config)# vlan 3
S2126G(config-vlan)# exit
//端口划分进 VLAN
S2126G(config)# int fa0/1

S2126G(config-if)# switchp acc vlan 2

S2126G(config-if)# no shut

S2126G(config-if)# exit

S2126G(config)# int fa0/3

S2126G(config-if)# switchp acc vlan 3

S2126G(config-if)# no shut

S2126G(config-if)# exit

//配置 Trunk

S2126G(config)# int fa0/24

S2126G(config-if)# switchp mode trunk

S2126G(config-if)# switchp trunk allow vlan all

S2126G(config-if)# no shut

S2126G(config-if)# exit

（2）路由器的配置

//启动端口，并清除 IP 地址

R2632# conf　t

R2632(config)# int f1/0

R2632(config-if)# no shut

R2632(config-if)# no ip add

R2632(config-if)# exit

//配置子端口，子端口号 10 自定，但不能与 VLAN 号相同

R2632(config)# int f1/0.10

// 封装命令为 enc dot1q VLAN 号 ，2 为 VLAN 号

R2632(config-subif)# enc dot1q 2

//设置子端口的 IP 地址为 192.168.2.1

R2632(config-subif)# ip add 192.168.2.1 255.255.255.0

R2632(config-subif)# no shut

R2632(config-subif)# exit

//配置子端口，子端口号这 20 自定

R2632(config)# int f1/0.20

// 封装命令为 enc dot1Q VLAN 号 ，3 为 VLAN 号

R2632(config-subif)# enc dot1q 3

R2632(config-subif)# ip add 192.168.3.1 255.255.255.0

R2632(config-subif)# no shut

R2632(config-subif)# exit

【测试结果】

将 VLAN 2 中的计算机 PC1 和 PC2 的 IP 地址设置在 192.168.2.0/24 的网段，网关为为 192.168.2.1，将 VLAN 3 中的计算机 PC3 等的 IP 地址设置在 192.168.3.0/24 的网段，网关为 192.168.3.1，VLAN 2 中的计算机 ping VLAN 3 中的计算机，能通。

【验证命令】

（1）在 PC 1 上
ping 192.168.2.1
ping 192.168.2.10
ping 192.168.3.1
ping 192.168.3.10
（2）在二层交换机上
S2126G# show vlan
S2126G# show interfaces   fastethernet 0/24
S2126G#show interface vlan
S2126G#show interface switchport
S2126G#show interface trunk

【课后练习及实验】

1. 简述什么是 Native VLAN，有什么特点？
2. 基于端口的 VLAN 分哪两类？
3. 简述 Port VLAN 和 Tag VLAN 的特点及应用环境。
4. 简述虚拟局域网的划分方法。
5. 两个站点如何通过三层交换机实现跨网段通信？
6. 实验：下面的拓扑图 3-12 中有 4 台计算机（PC1~PC4），其中 PC2 和 PC3 属于 VLAN 3，PC1 属于 VLAN 2，PC4 属于 VLAN 4 使用两台二层交换机和一台三层交换机，使得计算机之间可以相互通信。

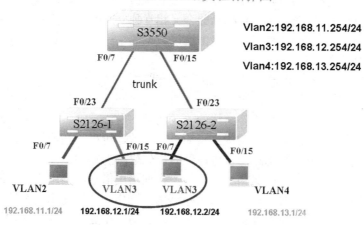

图 3-12   VLAN 实验

第 4 章　静态路由和默认路由

4.1　IP 路由原理

4.1.1　路由协议

在 TCP／IP 网络中，大多数是通过路由器互连起来的，Internet 就是成千上万个 IP 子网通过路由器互连起来的国际性网络。这种网络称为以路由器为基础的网络，形成了以路由器为节点的"网间网"。在"网间网"中，路由器不仅负责对 IP 分组进行转发，还负责与其他路由器进行联络，共同确定"网间网"的路由选择和维护路由表。

路由动作包括两项基本内容：寻址和转发。寻址即判定到达目的地的最佳路径，由路由选择算法来实现。为了判定最佳路径，路由选择算法必须启动并维护包含路由信息的路由表，路由表中的路由信息依赖于所用的路由选择算法不同而不同。路由选择算法将收集到的不同信息填入路由表中，根据路由表可将目的网络与下一站（Nexthop）的关系告诉路由器。路由器间互通信息进行路由更新，更新维护路由表使之正确反映网络的拓扑变化，并由路由器根据度量来决定最佳路径。这就是路由选择协议，例如路由信息协议（RIP）、开放式最短路径优先协议（OSPF）和边界网关协议（BGP）等。

转发是按寻址的最佳路径传送数据分组。当路由器从某个接口中收到一个数据包时，路由器根据数据包中的目的网络地址，若不在此接口的同一网络中，则在路由表中查找，找到路由表中最匹配的表项，取出目的网络所对应的接口，并从此接口转达发出去。如果路由器没有相应的表项，它就不知道如何发送分组，只能将该分组丢弃，这就是路由转发协议。

路由转发协议和路由选择协议是相互配合又相互独立的概念，前者使用后者维护的路由表，后者要利用前者提供的功能来发布路由协议数据分组。通常，我们提到的路由协议，大都指路由选择协议。

典型的路由选择方式有两种：静态路由和动态路由。

静态路由是在路由器中设置的固定的路由表。只要网络管理员不改变，静态路由就不会改变。由于静态路由不能对网络拓扑结构的改变而动态做出反映，一般用于网络规模不大、拓扑结构固定的网络中。静态路由的优点是简单、高效、可靠。在所有的路由中，静态路由优先级最高。当动态路由与静态路由发生冲突时，先取静态路由。

动态路由是通过网络中路由器相互间通信，传递路由信息，利用收到的路由信息动态更新路由器表的过程。它能实时地适应网络拓扑结构的变化。如果路由更新信息表明发生了网络变化，路由选择算法就会重新计算路由，并发出新的路由更新信息。这些信息通过各个网络，引起各路由器重新启动其路由算法，并更新各自的路由表以动态地反映网络拓扑变化。动态路由适用于网络规模大、网络拓扑复杂的网络。当然，各种动态路由协议会不同程度地占用网络带宽和 CPU 资源。

静态路由和动态路由有各自的特点和适用范围，通常在网络中动态路由作为静态路由的补充。当一个分组在路由器中进行寻址时，路由器首先查找静态路由，如果查到则根据相应的静态路由转发分组；否则再查找动态路由。

　　根据是否在一个自治域内部使用，动态路由协议分为内部网关协议（IGP）和外部网关协议（EGP）。这里的自治域指一个具有统一管理机构、统一路由策略的网络。自治域内部采用的路由选择协议称为内部网关协议，常用的有 RIP、OSPF、IGRP、EIGRP 、IS-IS；外部网关协议主要用于多个自治域之间的路由选择，常用的是 BGP 和 BGP-4。BGP 是为 TCP／IP 互联网设计的外部网关协议，用于多个自治域之间。BGP 既不是基于纯粹的链路状态算法，也不是基于纯粹的距离向量算法，它的主要功能是与其他自治域的 BGP 交换网络可达信息，各个自治域可以运行不同的内部网关协议。BGP 更新信息包括网络号／自治域路径的成对信息。自治域路径包括到达某个特定网络须经过的自治域串，这些更新信息通过 TCP 传送出去，以保证传输的可靠性。

　　路由协议分为：静态路由协议和动态路由协议

　　（1）静态路由包括：

　　① 直连路由（Connected Route）

　　② 静态路由（Static Route）

　　③ 默认路由

　　（2）动态路由协议包括：

　　① 内部网关协议（IGP）

　　② 外部网关协议（EGP）

　　动态路由协议的分类如图 4-1 所示。

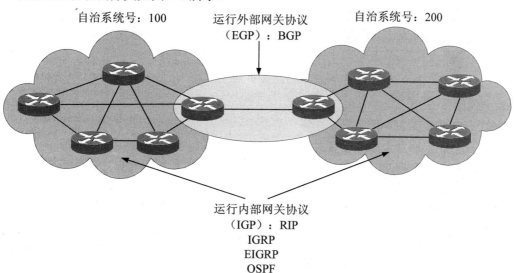

图 4-1　动态路由协议

　　动态路由协议从算法的角度又分为距离矢量路由协议、链路状态路由协议。

　　（1）距离矢量路由协议主要特点有：

　　① 路由器只向邻居发送路由信息报文；

　　② 路由器将更新后完整路由信息报文发送给邻居；

　　③ 路由器根据接收到的信息报文计算产生路由表；

④ 常用的有 RIP、IGRP 、BGP。

（2）链路状态路由协议主要特点有：

① 对网络发生的变化能够快速响应，发送触发式更新（Triggered Update）。

② 当链路状态发生变化以后，检测到变化的设备创建 LSA（链路状态公告），通过使用组播地址传送给所有的邻居，每个邻居拷贝一份 LSA，更新它自己的链路状态数据库 LSDB，随后再把 LSA 转发给其他的邻居。这种 LSA 的洪泛（Flooding）保证了所有的路由设备在更新自己的路由表之前更新它自己的 LSDB。

③ 发送周期性更新（链路状态刷新），间隔时间为 30 分钟。

④ 常用的有 OSPF、IS-IS。

EIGRP 是距离矢量路由协议和链路状态路由协议的综合。

有些路由协议不在路由更新消息中给出与网络相关的子网掩码信息，这说明它将严格按照网络的分类，只按标准的 A、B、C 类网络划分，这种路由协议称为有类路由协议。而另外一些路由协议支持在路由更新消息中附带子网掩码信息，这种路由协议称为无类路由协议。

（1）有类路由协议

① 有类路由协议在路由更新广播中不携带相关网络的子网掩码信息。

② 有类路由协议在网络边界按标准的网络类别（A 类、B 类、C 类）发生自动总结。

③ 有类路由协议自动假设网络中同一个标准网络的各子网总是连续的。

④ 有类路由协议包括：RIP Version 1（RIPv1）、IGRP。

（2）无类路由协议

① 无类路由协议在路由更新广播中含有相关网络的子网掩码信息。

② 无类路由协议还支持变长子网掩码。

③ 无类路由协议可以手动控制是否在一个网络边界进行的总结。

④ 无类路由包括：RIPv2、EIGRP、OSPF、IS-IS。

4.1.2　路由决策原则

路由器根据路由表中的信息，选择一条最佳的路径，将数据转发出去。

如何确定最佳路径，是路由选择的关键。路由决策原则按以下次序：

（1）首先，按最长匹配原则

当有多条路径到达目标时，以其 IP 地址或网络号最长匹配的作为最佳路由。例如，在 10.1.1.1/8，10.1.1.1/16，10.1.1.1/24，10.1.1.1/32IP 地址中，将选 10.1.1.1/32（具体 IP 地址），如图 4-2 所示。

```
R    10.1.1.1/32 [120/1] via 192.168.3.1, 00:00:16, Serial 1/1
R    10.1.1.0/24 [120/1] via 192.168.2.1, 00:00:21, Serial 1/0
R    10.1.0.0/16 [120/1] via 192.168.1.1, 00:00:13, Serial 0/1
R    10.0.0.0/8  [120/1] via 192.168.0.1, 00:00:03, Serial 0/0
S    0.0.0.0/0   [120/1] via 172.167.9.2, 00:00:03, Serial 2/0
```

图 4-2　最长掩码匹配原则

（2）其次，按最小管理距离优先

在相同匹配长度的情况下，按照路由的管理距离：管理距离越小，路由越优先。例如：S 10.1.1.1/8 为静态路由， R 10.1.1.1/8 为 RIP 产生的动态路由，静态路由的默认管理距离值为 1，而 RIP 默认管理距离值为 120，因而选 S 10.1.1.1/8。

常用的路由信息源的默认管理距离值如表 4-1 所示。

表 4-1　默认管理距离值

路由信息源	默认管理距离值
直连路由	0
静态路由（出口为本地接口）	0
静态路由（出口为下一跳）	1
EIGRP	90
IGRP	100
OSPF	110
IS-IS	115
RIPv1，v2	120
边界网关协议 BGP	200
未知	255

（3）最后，按度量值最小优先

当匹配长度、管理距离都相同时，比较路由的度量值（Metric）或称代价，度量值越小越优先。例如：S 10.1.1.1/8 [1/20]，其度量值为 20；S 10.1.1.1/8 [1/40]，其度量值为 40，因而选 S 10.1.1.1/8 [1/20]。

4.1.3　路由表

路由表是路由选择的重要依据，不同的路由协议，其路由表中的路由信息也不尽相同。但大都会包括以下一些字段。

（1）目标网络地址/掩码字段：指出目标主机所在的网络地址和子网掩码信息。

（2）管理距离/度量值字段：指出该路由条目的可信程度及到达目标网络所花的代价。

（3）下一跳地址字段：指出被路由的数据包将被送到的下一跳路由器的入口地址。

（4）路由更新时间字段：指出上一次收到此路由信息所经过的时间。

（5）输出接口字段：指出到目标网络中的数据包从本路由器的哪个接口发出。

在路由表的下半部分是路由信息表，它将列出本路由器中所有已配置的路由条目。图 4-3 显示了路由表的下半部分。

路由表的上半部分是路由来源代码符号表，它给出路由表中每个条目的第一列字母所代表的路由信息来源。通常 C 代表直连路由，S 代表静态路由（Static　Route），S*代表默认路由，R 代表 RIP，O 代表 OSPF 等。如图 4-4 显示了路由表的全部信息。

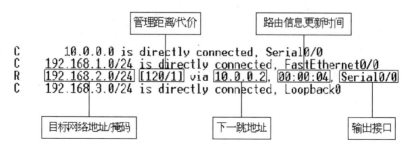

图 4-3　路由表的路由条目

```
 1. C3640#show ip route
 2. Codes: C - connected, S - static, I - IGRP, R - RIP, M - mobile, B - BGP
 3.        D - EIGRP, EX - EIGRP external, O - OSPF, IA - OSPF inter area
 4.        N1 - OSPF NSSA external type 1, N2 - OSPF NSSA external type 2
 5.        E1 - OSPF external type 1, E2 - OSPF external type 2, E - EGP
 6.        i - IS-IS, L1 - IS-IS level-1, L2 - IS-IS level-2, ia - IS-IS inter area
 7.        * - candidate default, U - per-user static route, o - ODR
 8.        P - periodic downloaded static route
 9.
10. Gateway of last resort is 192.168.1.2 to network 0.0.0.0
11.
12.        169.254.0.0/24 is subnetted, 1 subnets
13. C        169.254.0.0 is directly connected, FastEthernet1/0
14. S      192.168.4.0/24 [1/0] via 10.0.0.2
15.        10.0.0.0/24 is subnetted, 1 subnets
16. C        10.0.0.0 is directly connected, Serial0/0
17.        11.0.0.0/24 is subnetted, 1 subnets
18. C        11.0.0.0 is directly connected, Serial0/1
19. C      192.168.1.0/24 is directly connected, FastEthernet0/0
20. R      192.168.2.0/24 [120/1] via 10.0.0.2, 00:00:18, Serial0/0
21. C      192.168.3.0/24 is directly connected, Loopback0
22. S*     0.0.0.0/0 [1/0] via 192.168.1.2
23. C3640#_
```

| 直连路由条目 | 默认路由条目 | 静态路由条目 | 动态路由条目 |

图 4-4　路由表示例

4.2　静　态　路　由

4.2.1　直连路由

1. 直连路由定义

一旦定义了路由器的接口 IP 地址，并激活了此接口，路由器就自动产生激活端口 IP 所在网段的直连路由信息，即直连路由。

路由器的每个接口都必须单独占用一个网段，几个接口不能同属一个网段，对有类别路由协议而言要特别注意这一点，如对有类别路由协议，三个路由端口不能定义为 10.1.1.1，10.2.1.1，10.3.1.1，或三个路由端口不能定义为 172.16.1.1，172.16.2.1，172.16.3.1。

2. 直连路由的配置

图 4-5 显示了路由器各接口的 IP 地址及连接。

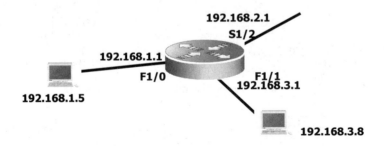

图 4-5　直连路由接口信息

配置命令如下：

```
Router>
Router> enable
Router# configure terminal
Router(config)# interface f1/0
Router(config-if)# ip address 192.168.1.1 255.255.255.0
Router(config-if)# no shutdown
Router(config-if)# exit
Router(config)# interface f1/1
Router(config-if)# ip address 192.168.3.1 255.255.255.0
Router(config-if)# no shutdown
Router(config-if)# exit
Router(config)# interface s1/2
Router(config-if)# ip address 192.168.2.1 255.255.255.0
Router(config-if)# no shutdown
Router(config-if)# exit
```

产生的路由信息如表 4-2 所示。

表 4-2 直连路由表

	目标网段	出口
C	192.168.1.0	FastEthernet 1/0
C	192.168.2.0	Serial 1/2
C	192.168.3.0	FastEthernet 1/1

4.2.2 静态路由

1. 静态路由概述

静态路由是指由网络管理员手工配置的路由信息，静态路由除了具有简单、高效、可靠的优点外，它的另一个好处是网络安全保密性高，其特点如下。

（1）不需要启动动态路由选择协议进程，因而减少了路由器的运行资源开销。

（2）在小型互连网络上很容易配置。

（3）可以控制路由选择。

2. 静态路由的一般配置步骤

（1）为路由器每个接口配置 IP 地址。

（2）确定本路由器有哪些直连网段的路由信息。

（3）确定整个网络中还有哪些属于本路由器的非直连网段。

（4）添加所有本路由器要到达的非直连网段相关的路由信息。

3. 静态路由描述转发路径的方式有两种

（1）指向本地接口（即从本地某接口发出）。

（2）指向下一跳路由器直连接口的 IP 地址（即将数据包交给 X.X.X.X）。

4. 静态路由配置命令

（1）配置静态路由用命令 ip route

router(config)#　ip route [网络编号] [子网掩码] [转发路由器的 IP 地址/本地接口]

（2）删除静态路由命令用[网络编号] [子网掩码]

例：router(config)# ip route 192.168.10.0 255.255.255.0　serial 1/2

　　router(config)# ip route 192.168.10.0 255.255.255.0 172.16.2.1

　　router(config)# no ip route

5. 静态路由的配置举例

【网络拓扑】

网络拓扑结构图如图 4-6 所示。

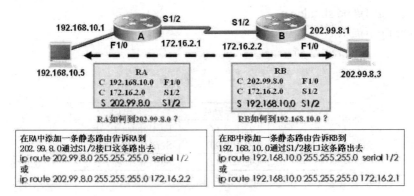

图 4-6　静态路由配置

【实验环境】

（1）在路由器 A 的 F1/0 端口上接 PC1，S1/2 端口上接路由器 B。

（2）在路由器 B 的 F1/0 端口上接 PC2，S1/2 端口上接路由器 A。

（3）配置 PC1 和 PC2 两台主机的 IP 地址：

① PC1 地址为：192.168.10.5

子网掩码为：255.255.255.0

　网关为：192.168.10.1

② PC2 地址为：202.99.8.3

子网掩码为：255.255.255.0

　网关为：202.99.8.1

【实验目的】

（1）熟悉路由器各种接口配置方法。

（2）熟悉路由器静态路由的配置。

【实验配置】

在路由器 A 上配置如下内容。

（1）配置接口基本信息

Router>

Router> enable

Router# configure terminal

Router(config)# hostname RA

RA (config)# interface f1/0

RA (config-if)# ip address 192.168.10.1 255.255.255.0

RA (config-if)# no shutdown

RA (config-if)# exit

RA (config)# interface s1/2

RA (config-if)# ip address 172.16.2.1 255.255.255.0

RA (config-if)# no shutdown

RA (config-if)# exit

（2）配置接口时钟频率（DCE）

RA (config)# interface serial 1/2

RA (config-if) # clock rate 64000

注意：检查接口连线上的 DCE 标记，必须有串行线路上 DCE 标记那头的路由器接口上设置接口物理时钟频率为 64 kbps，而在 DTE 标记那头的路由器接口上不必配置。

（3）配置静态路由

RA (config)# ip route 202.99.8.0　255.255.255.0　172.16.2.2

或 RA (config)# ip route 202.99.8.0　255.255.255.0　s1/2

在路由器 B 上配置如下内容。

（1）配置接口基本信息

Router>

Router> enable

Router# configure terminal

Router(config)# hostname RB

RB (config)# interface f1/0

RB (config-if)# ip address 202.99.8.1　255.255.255.0

RB (config-if)# no shutdown

RB (config-if)# exit

RB (config)# interface s1/2

RB (config-if)# ip address 172.16.2.2　255.255.255.0

RB (config-if)# no shutdown

RB (config-if)# exit

（2）配置静态路由

RA (config)# ip route 192.168.10.0　255.255.255.0　172.16.2.1

或 RA (config)# ip route 192.168.10.0　　255.255.255.0　　s1/2

【测试结果】

（1）在 PC1 上 ping 192.168.10.1，能通
（2）在 PC1 上 ping 172.16.2.2，能通
（3）在 PC1 上 ping 202.99.8.1 ，能通
（4）在 PC1 上 ping 202.99.8.3 ，能通

【验证命令】

RA (config)# show ip route
RA (config)# show ip int brief
RB (config)# show ip route
RB (config)# show ip int brief

4.2.3　默认路由

1. 默认路由概述

（1）0.0.0.0/0 可以匹配所有的 IP 地址，属于最不精确的匹配。
（2）默认路由可以看作是静态路由的一种特殊情况。
（3）当所有已知路由信息都查不到数据包如何转发时，按默认路由信息进行转发。

2. 配置默认路由的命令

router(config)#　ip route 0.0.0.0 0.0.0.0 [下一跳路由器的 IP 地址/本地接口]

3. 默认路由的配置举例

【网络拓扑】

网络拓扑结构图如图 4-7 所示。

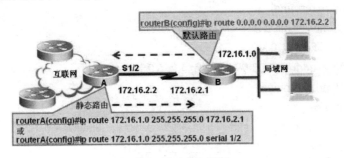

图 4-7　默认路由配置

【实验环境】

（1）在路由器 B 的 F1/0 口上接一台计算机 PC1

PC1 地址为：172.16.1.5

子网掩码为：255.255.255.0

网关为：172.16.1.1

（2）按图 4-7 连接 A 和 B 路由器

【实验目的】

（1）熟悉路由器各种接口配置方法。

（2）熟悉路由器静态路由和默认路由的配置。

【实验配置】

在路由器 A 上配置以下内容。

（1）配置接口基本信息

Router>

Router> enable

Router# configure terminal

Router(config)# hostname RouterA

RouterA (config)# interface s1/2

RouterA (config-if)# ip address 172.16.2.2 255.255.255.0

RouterA (config-if)# no shutdown

（2）配置接口时钟频率（DCE）

RouterA (config)# interface serial 1/2

RouterA (config-if) # clock rate 64000

RouterA (config-if)# exit

注意：检查接口连线上的 DCE 标记，必须有串行线路上 DCE 标记那头的路由器接口上设置接口物理时钟频率为 64 kbps，而在 DTE 标记那头的路由器接口上不必配置。

（3）配置静态路由

RA (config)# ip route 172.16.1.0　255.255.255.0　172.16.2.1

或　RA (config)# ip route 172.16.1.0　255.255.255.0　s1/2

在路由器 B 上配置以下内容。

（1）配置接口基本信息

Router>

Router> enable

Router# configure terminal

Router(config)# hostname RouterB

RouterB (config)# interface s1/2

RouterB (config-if)# ip address 172.16.2.1　255.255.255.0

RouterB(config-if)# no shutdown

RouterB (config-if)# exit

RouterB (config)# interface f1/0

RouterB (config-if)# ip address 172.16.1.1　255.255.255.0

RouterB (config-if)# no shutdown
RouterB (config-if)# exit
（2）配置默认路由
RouterB (config)# ip route 0.0.0.0　　0.0.0.0　　172.16.2.2

【测试结果】

（1）在 PC1 上 ping 172.16.1.1，能通
（2）在 PC1 上 ping 172.16.2.2，能通

【验证命令】

RA (config)# show ip route
RA (config)# show ip int brief
RB (config)# show ip route
RB (config)# show ip int brief

【课后练习及实验】

1．什么是路由？
2．路由动作包括哪两项基本内容，各自的意义是什么？
3．典型的路由选择方式哪两种，含义是什么？
4．简述路由决策的规则及意义。
5．解释路由器表中各字段的含义。
6．简述静态路由的配置方法和过程。
7．实验：下面的拓扑图 4-8 中有 4 台计算机（PC1～PC4），其中 PC1 和 PC3 属于 VLAN2，PC2 和 PC4 属于 VLAN3，PC5 属于 VLAN4，PC6 属于 VLAN5，使用 4 台二层交换机和 2 台三层交换机组织各自区域，使用一台路由器使得计算机之间可以相互通信（采用静态路由和默认路由两种方式配置路由）。

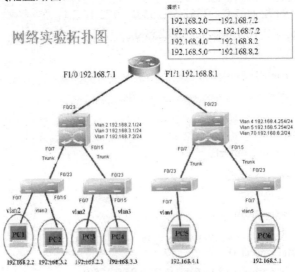

图 4-8　静态路由实验

第 5 章　RIP

5.1　RIP 概 述

5.1.1　RIP 基础

RIP 协议最初是为 Xerox 网络系统 Xeroxparc 通用协议而设计的，是 Internet 中常用的路由协议。RIP 采用距离向量算法，即路由器根据距离选择路由，所以也称为距离向量协议。

路由器收集所有可到达目的地的不同路径，并且保存有关到达每个目的地的最少站点数的路径信息，除到达目的地的最佳路径外，任何其他信息均予以丢弃。同时路由器也把所收集的路由信息用 RIP 协议通知相邻的其他路由器。这样，正确的路由信息逐渐扩散到了全网。

RIP 的度量是基于跳数的，每经过一台路由器，路径的跳数加一。这样，跳数越多，路径就越长，RIP 算法总是优先选择跳数最少的路径，它允许的最大跳数为 15，任何超过 15 跳数（如 16）的目的地均被标记为不可达。另外，RIP 每隔 30 秒钟向 UDP 端口 520 发送一次的路由信息广播，广播自己的全部路由表，每一个 RIP 数据包包含一个指令、一个版本号和一个路由域以及最多 25 条路由信息（一个数据包内）。这也是造成网络广播风暴的重要原因之一，其收敛速度也很慢。所以 RIP 只适用于小型的同构网络。

RIP 目前有两个版本，第一版 RIPv1 和第二版 RIPv2；RIPv1 不支持 CIDR（无类域间路由选择）地址解析，而 RIPv2 支持。RIPv1 使用广播发送路由信息，RIPv2 使用多播技术。

RIP 有以下一些主要特性：

（1）RIP 消息通过广播地址 255.255.255.255 进行发送，使用 UDP 协议的 520 端口；

（2）RIP 以到达目的网络的最小跳数作为路由选择度量标准，而不是以链路带宽和延迟进行选择；

（3）RIP 最大跳数为 15 跳，这限制了网络的规模；

（4）RIPv1 是一种有类别路由协议，不支持不连续子网设计；

（5）RIP 每 30 秒向邻居路由器发送一次广播，广播整个路由表；

（6）RIP 的管理距离为 120。

RIP v2 有以下一些主要特性：

（1）RIPv2（RFC 1723）是 RIPv1 的扩展版本；

（2）在 RIPv2 的消息包中包含了子网掩码信息，是一个无类别路由协议，支持不连续子网设计；

（3）在 RIPv2 中，更新消息发送到多播地址 224.0.0.9；

（4）RIPv2 可以关闭自动总结的特性；

（5）RIPv2 采用跳跃计数作为链路代价值；

（6）RIPv2 采用和 RIPv1 相同的计数器；

（7）RIPv2 的跳跃计数的最大值也是 15 跳。

5.1.2　RIP 的工作机制

下面以图 5-1、图 5-2、图 5-3 为例，来说明距离向量算法的工作过程。

RIP 路由协议刚运行时，路由器之间还没有开始互发路由更新包。每个路由器的路由表里只有自己所直接连接的网络（直连路由），其距离为 0，是绝对的最佳路由，如图 5-1 所示。

R1路由表			R2路由表			R3路由表		
子网	接口	距离	子网	接口	距离	子网	接口	距离
1.0.0.0	E0	0	2.0.0.0	S0	0	3.0.0.0	S0	0
2.0.0.0	S0	0	3.0.0.0	S1	0	4.0.0.0	E0	0

图 5-1　路由表的初始状态

路由器知道了自己直接连接的子网后，就会向相邻的路由器发送路由更新包，这样相邻的路由器就会相互学习，得到对方的路由信息，并保存在自己的路由表中，如图 5-2 所示。路由器 R1 从路由器 R2 处学到 R2 所直接连接的子网 3.0.0.0，因要经过 R2 到 R1，所以距离值为 1。

R1路由表			R2路由表			R3路由表		
子网	接口	距离	子网	接口	距离	子网	接口	距离
1.0.0.0	E0	0	2.0.0.0	S0	0	3.0.0.0	S0	0
2.0.0.0	S0	0	3.0.0.0	S1	0	4.0.0.0	E0	0
3.0.0.0	S0	1	1.0.0.0	S0	1	2.0.0.0	S0	1
			4.0.0.0	S1	1			

图 5-2　路由器开始向邻居发送路由更新包，通告自己直接连接的子网

路由器把从邻居那里学来的路由信息不仅放入路由表，而且放进路由更新包，再向邻居发送，一次一次地，路由器就可以学习到远程子网的路由了。如图 5-3 所示，路由器 R1 从路由器 R2 处学到路由器 R3 所直接连接的子网 4.0.0.0，并经过两跳，其距离值为 2；同时，路由器 R3 从路由器 R2 处学到路由器 R1 所直接连接的子网 1.0.0.0，其距离值也为 2。

R1路由表			R2路由表			R3路由表		
子网	接口	距离	子网	接口	距离	子网	接口	距离
1.0.0.0	E0	0	2.0.0.0	S0	0	3.0.0.0	S0	0
2.0.0.0	S0	0	3.0.0.0	S1	0	4.0.0.0	E0	0
3.0.0.0	S0	1	1.0.0.0	S0	1	2.0.0.0	S0	1
4.0.0.0	S0	2	4.0.0.0	S1	1	1.0.0.0	S0	2

图 5-3　路由器把从邻居那里学到的路由放进路由更新包，通告给其他邻居

5.2　路 由 自 环

5.2.1　路由自环的产生

当路由器 C 的网络拓扑发生变化，4.0.0.0 的网段设为不可达（down），如图 5-4 所示。

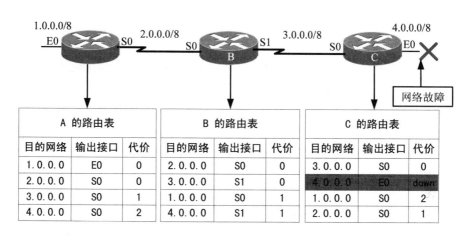

图 5-4　路由自环的产生—1

有一种情况可能会发生，在路由器 C 还没有来得及告诉路由器 B，自己自连的 4.0.0.0 的网段不可达的信息前，路由器 B 先发给自己一个 RIP 更新路由信息。这个路由信息告诉路由器 C，"我能够在 1 跳之内达到 4.0.0.0 的网段"，路由器 C 就相信路由器 B，更新自己的路由表项，由原来的表项"4.0.0.0　E0 16"（自连，出口为 E0）变为"4.0.0.0 S0 2"（从 S0 口经 2 跳到 4.0.0.0），如图 5-5 所示。

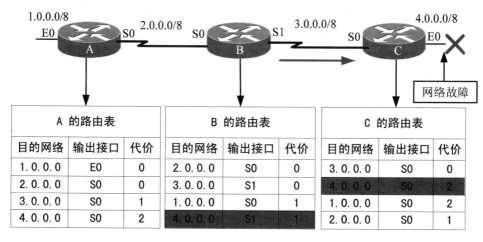

图 5-5　路由自环的产生—2

再过一段时间后，路由器 C 反过来又将自己的路由信息发布给路由器 B，影响路由器 B 和路由器 A 的路由信息更新，使到达 4.0.0.0 的网络跳数各增加了 1，如图 5-6 所示。

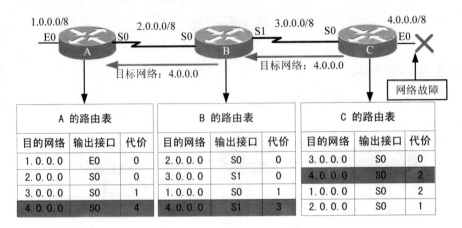

图 5-6　路由自环的产生—3

如此循环反复，互相影响形成路由信息更新环路，如图 5-7 所示。

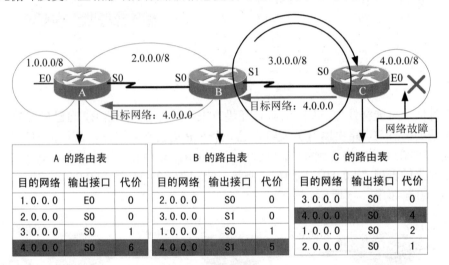

图 5-7　路由自环的产生—4

5.2.2　解决路由自环

有以下 5 种方法可以解决路由环路：

- 计数到无穷
- 水平分割
- 触发更新
- 毒性反转
- Hold-down 倒计时

1. 解决路由自环问题——计数到无穷

在这种方案中，通过定义最大跳数（为 15）来阻止路由无限循环。
路由器在广播 RIP 数据包之前总是把跳数（Metric Field）的值加一，一旦跳数值达到 16

的时候，视为不可到达，从而丢弃 RIP 数据包，如图 5-8 所示。

图中：

A 的路由表		
目的网络	输出接口	代价
1.0.0.0	E0	0
2.0.0.0	S0	0
3.0.0.0	S0	1
4.0.0.0	S0	16

B 的路由表		
目的网络	输出接口	代价
2.0.0.0	S0	0
3.0.0.0	S1	0
1.0.0.0	S0	1
4.0.0.0	S1	16

C 的路由表		
目的网络	输出接口	代价
3.0.0.0	S0	0
4.0.0.0	E0	16
1.0.0.0	S0	2
2.0.0.0	S0	1

图 5-8　解决路由自环问题——计数到无穷

计数到无穷的提出限制了网络的规模，路由器的个数不能超过 15，并且增加了收敛的时间，影响网络的性能。

2. 解决路由自环问题——水平分割

RIP 规定：网络 4.0.0.0 的路由选择更新只能从路由器 C 产生（因为网络 4.0.0.0 是路由器 C 的自连路由），而路由器 A 和 B 不能对 4.0.0.0 的网络进行路由选择更新，即路由信息不能够返回其起源的路由器，这就是水平分割。

如图 5-9 所示，路由器 A 不能向路由器 B 广播 3.0.0.0、4.0.0.0 的网络；路由器 B 不能向路由器 A 广播 1.0.0.0 的网络，也不能向路由器 C 广播 4.0.0.0 的网络；路由器 C 不能向路由器 B 广播 1.0.0.0、2.0.0.0 的网络。

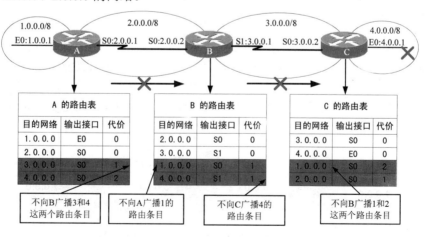

图 5-9　解决路由自环问题——水平分割

3. 解决路由自环问题——触发更新

RIP 规定：当网络发生变化（新网络的加入、原有网络的消失或网络故障）时，立即触发更新，而无需等待路由器更新计时器（30 秒）期满，从而加快了收敛，如图 5-10 所示。

触发更新只是在概率上降低了自环发生的可能性。

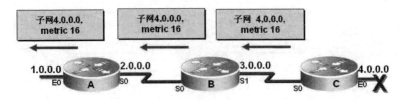

图 5-10　解决路由自环问题——触发更新

4. 解决路由自环问题——路由毒杀和反转毒杀

路由毒化（路由中毒）：网络 4.0.0.0 的路由选择更新只能从路由器 C 产生，如果路由器 C 从其他路由学习到 4.0.0.0 网络的路由选择更新，则路由器 C 将 10.4.0.0 网络改为不可到达（如 16 跳）。

毒性反转（带毒化逆转的水平分割）：当路由器 C 从其他路由学习到 4.0.0.0 网络的路由选择更新时，路由器 C 将 4.0.0.0 网络改为不可到达（如 16 跳），并向其他路由器转发 4.0.0.0 网络是不可达到的路由选择更新，毒化反转和水平分割一起使用，如图 5-11 所示。

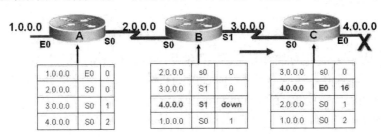

图 5-11　解决路由自环问题——路由毒杀和反转毒杀

5. 解决路由自环问题——抑制定时器

当路由器 B 从 C 处知 4.0.0.0 的网络是不可达到时，启动一个抑制计时器（RIP 默认 180 秒）。在抑制计时器期满前，若再从路由器 C 处得知 4.0.0.0 的网络又能达到时，或者从其他路由器如 A 处得到更好的度量标准时（比不可达更好），删除抑制计时器。否则在该时间内不学习任何与该网络相关的路由信息，并在倒计时期间继续向其他路由器（如 A）发送毒化信息，如图 5-12 所示。

图 5-12　解决路由自环问题——抑制定时器

5.2.3　RIP 中的计时器

RIP 中一共使用了 5 个计时器：Update Timer（更新计时器），Timeout Timer（无效计时器），Garbage Timer（废除计时器），Holddown Timer（抑制计时器），Sleep Timer（触发更新

计时器）。图 5-13 用 show ip protocol 显示了 RIP 中各个计时器的情况。

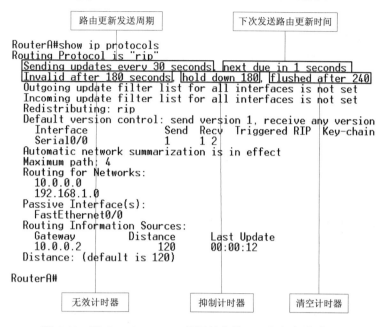

图 5-13　用 show ip protocol 显示的有关 RIP 中 5 个计时器

1．更新计时器（Update Timer）

指运行 RIP 协议的路由器向所有接口广播自己的全部路由表的时间间隔，一般为 30 秒。

2．无效计时器（Timeout Timer）

针对路由表中的特定路由条目的计时器，如果在无效计时器所规定的时间内，路由器还没有收到此路由信息的更新，则路由器标记此路由不可达，并向所有接口广播不可达更新报文。如果在无效计时器所规定的时间内，路由器收到此路由信息的更新，就将该计数器复位（置 0），无效计时器默认是 180 秒。

3．抑制计时器（Holddown Timer）

当标记路由不可达时，启动抑制计时器，默认为 180 秒。

4．废除计时器（Garbage Timer）

指路由条目废除的时间。默认为 240 秒，废除存在两种意思。
（1）如果在废除时间内没有收到更新报文，那么该目的的路由条目将被删掉，也就是直接删除。
（2）如果在废除时间内收到更新报文，那么该目的的路由条目的废除计时器被刷新置 0。

5．触发更新计时器（Sleep Timer）

使用在触发更新中的一种计时器，触发更新计时器使用 1～5 秒的随机值来避免触发更新风暴。

6. 改变计时器的命令格式

Router1(config-router)#　timers　basic　update　timeout　holddown　　garbage

Router1(config-router)#　timers　basic　30　90　100　300

定义路由更新、无效、抑制、废除时间分别为：30、90、100、300。

注意：连接在同一网络中各路由器的 RIP 定时器应该保持一致，可用 no timers　　basic 恢复默认值。

Router1(config-router)# no timers　　basic

5.3　RIP 的 配 置

5.3.1　配置步骤和常用命令

1. 路由配置命令

Router(config)# router　rip

设置路由协议为 RIP。

Router(config-router)# version {1|2}

定义版本号为 1 或 2，通常 1 为默认。

Router(config-router)# network network-number

其中，network-number 网络号必须是路由器直连的网络；如果是第一版本，这里必须是有类别的网络号，严格按 A、B、C 分类网络。

对第一版本，172.16.1.1 与 172.16.2.1 的网络属同一子网，通常在路由器中各接口应在不同的子网内，不准许这样不同的接口地址在同一子网中。对第二版本，172.16.1.1 与 172.16.2.1 的网络不属同一子网，可用：

Router(config-router)# network　172.16.1.0

Router(config-router)# network　172.16.2.0

分别指明两个直连的网络，也可用：

Router(config-router)# network　172.16.0.0

用 172.16.0.0 的主类网络来概括两个子网络。

Router1(config-router)#　timers　basic　update　timeout　holddown　　garbage

定义路由更新、无效、抑制、废除时间。

Router1(config-router)# no　timers　basic

恢复各定时器到默认值。

Router (config-if)# no ip split-horizon

抑制水平分割。

Router (config-router) # passive-interface serial　1/2

定义路由器的 S1/2 口为被动接口。被动接口将抑制动态更新，禁止路由器的路由选择更新信息通过 S1/2 发送到另一个路由器。

Router (config-router) # neighbor network-number

配置向邻居路由器用单播发送路由更新信息，即此路由为单播路由。

注意：单播路由不受被动接口的影响，也不受水平分割的影响。

2. 相关调试命令

Router#　show ip protocol

显示与路由协议有关的信息，如图 5-14 所示。

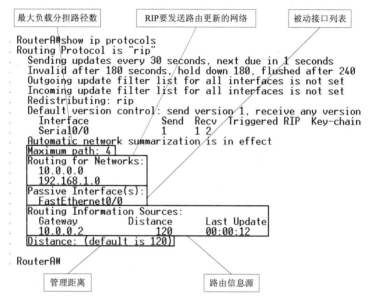

图 5-14　RIP 路由协议相关的信息

Router#　show ip route

显示路由表。

Router# show ip interface brief

验证路由器接口的配置。

Router#　Debug ip RIP

显示本路由器发送和接收的 RIP 路由更新信息，如图 5-15 所示。

图 5-15　RIP 诊断信息

Router#　no Debug all

关闭调试功能，停止显示。

5.3.2　配置举例

例1　如图 5-16 所示，接口的 IP 地址没有配置，主要配置 RIP，且默认时为 RIPv1。

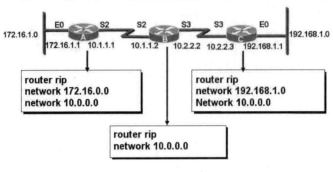

图 5-16　RIP 配置

例2　如图 5-17 所示，用 RIP 进行配置，并用静态路由配置使各局域网能上 Internet。

【网络拓扑】

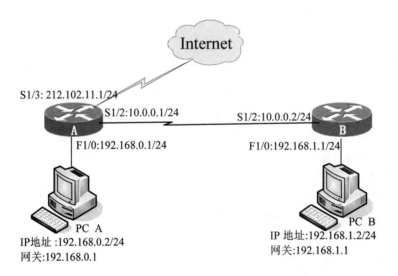

图 5-17　RIP 配置与静态路由混合配置

【实验环境】

（1）在路由器 A 的 F1/0 端口上接 PC A，端口 S1/2 上连路由器 B，S1/3 外接 Internet。

（2）在路由器 B 的 F1/0 端口上接 PC B，端口 S1/2 上连路由器 A。

（3）配置 PC A 和 PC B 两台主机的 IP 地址。

PC A 为：192.168.0.2

PC B 为：192.168.1.2

（4）路由器的各接口地址如图 5-17 所示。

【实验目的】

（1）熟悉 RIP 的配置方法。
（2）熟悉 RIP 的各种验证命令。

【实验配置】

在 A 路由器上配置：
（1）配置接口地址
A# config t
A(config)# interface serial 1/2
A(config-if)# ip address 10.0.0.1 255.255.255.0
A(config-if)# clock rate 64000
A(config-if)# no shutdown
A(config-if)# exit
A(config)# interface fastethernet 1/0
A(config-if)# ip address 192.168.0.1 255.255.255.0
A(config-if)# no shutdown
A(config-if)# exit
A(config)# interface serial 1/3
A(config-if)# ip address 212.102.11.1 255.255.255.0
A(config-if)# no shutdown
A(config-if)# exit
（2）配置 RIP
A(config)# router rip
A(config-router)# version 2
A(config-router)# network 192.168.0.0
A(config-router)# network 10.0.0.0
A(config-router)# network 212.102.11.0
在 B 路由器上配置：
（3）配置接口地址
B(config)# interface serial 1/2
B(config-if)# ip address 10.0.0.2　255.255.255.0
B(config-if)# no shutdown
B(config-if)# exit
B(config)# interface fastethernet 1/0
B(config-if)# ip address 192.168.1.1 255.255.255.0
B(config-if)# no shutdown
B(config-if)# exit

（4）配置 RIP

B(config)# router rip

B(config-router)# version 2

B(config-router)# network　　192.168.1.0

B(config-router)# network　　10.0.0.0

（5）配置静态路由

B(config-router)# ip route　　212.102.11.0　　255.255.255.0　　10.0.0.1

【测试结果】

（1）在 PC B 上能上 Internet，可用 ping 212.102.11.1 测试是否通。

（2）在 PC A 上 ping 192.168.1.1，通过。

【验证命令】

A(config)# show ip int brief

A(config)# show ip route

A(config)# show ip protocols

A(config)# ping 192.168.1.1

【课后练习及实验】

1．RIP 协议的配置步骤及注意事项是什么？

2．如何解决路由环路的产生？

3．RIP 目前有两个版本，第一版 RIPv1 和第二版 RIPv2 的区别是什么？

4．简述 RIP 协议更新的几个计时器作用。

5．简述 RIP 的工作机制。

6．实验：下面的拓扑图 5-18 中有两台计算机，分别通过一个三层交换机（S3550）和二层交换机（S2126）连接路由 R1 和 R2，使用 RIP 协议使得计算机之间可以通信。

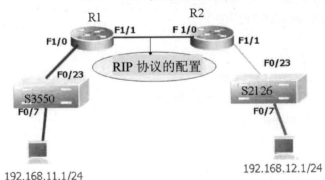

RIP 网络实验拓扑图

图 5-18　RIP 实验

第6章 OSPF 路由协议技术

6.1 概　　述

RIP 协议在小型网络中，能够进行中路由发现与更新，但它只能用于小于 15 跳（路由器直线长度）的网络。对于超过这个规模和范围的网络，它就不能正常运行。再由于其是链路矢量路由协议和慢收敛问题，后来人们开发了基于链路状态的路由协议：OSPF。OSPF 协议是由 Internet 网络工程部（IETF）开发的一种内部网关协议（IGP），即网关和路由器都在一个自治系统内部。OSPF 是一个链路状态协议或最短路径优先（SPF）协议。虽然该协议依赖于 IP 环境以外的一些技术，但该协议专用于 IP，而且还包括子网编址的功能。该协议根据 IP 数据报中的目的 IP 地址来进行路由选择，一旦决定了如何为一个 IP 数据报选择路径，就将数据报发往所选择的路径中，不需要额外的包头，即不存在额外的封装。该方法与许多网络不同，因为他们使用某种类型的内部网络报头对 UDP 进行封装以控制子网中的路由选择协议。另外 OSPF 可以在很短的时间里使路由选择表收敛。OSPF 还能够防止出现回路，这种能力对于网状网络或使用多个网桥连接的不同局域网是非常重要的。在运行 OSPF 的每一个路由器中都维护一个描述自治系统拓扑结构的统一的数据库，该数据库由每一个路由器的局部状态信息（该路由器可用的接口信息、邻居信息）、路由器相连的网络状态信息（该网络所连接的路由器）、外部状态信息（该自治系统的外部路由信息）等组成。每一个路由器在自治系统范围内扩散相应的状态信息。

所有的路由器并行运行同样的算法，根据该路由器的拓扑数据库构造出以它自己为根节点的最短路径树，该最短路径树的叶子节点是自治系统内部的其他路由器。当到达同一目的的路由器存在多条相同代价的路由时，OSPF 能够实现在多条路径上分配流量。

RFC2178 中删除了 OSPF 的 TOS 功能，但是为了保证和以前版本的兼容性，在各个链路状态宣告中还保留了 TOS 项目。

6.2　最短路径优先算法 SPF

与 V—D 算法相对的一组算法叫做"链接—状态"（Link—State）算法，又叫最短路径优先或 SPF（Shortest Path First）算法。

按照 SPF 算法的要求，路由器寻径表依赖于一张表示整个 Internet 网中路由器与网络拓扑结构的图。在这张图中，节点表示路由器，边表示连接路由器的网络（Link），我们称之为 L—S 图。在信息一致的情况下，所有路由器的 L—S 图应该是完全相同的。各路由器的寻径表是根据相同的 L—S 图计算出来的。L—S 算法包括 3 个步骤。

（1）各个路由器主动测试与所有相邻路由器之间的状态。为此，路由器周期性地向相邻路由器发出 Hello 报文，询问相邻路由器是否能够访问。假如相邻路由器做出反应，说明链接为"开"（UP），否则为"关"（DOWN），链接—状态的取名即出于此。

（2）各路由器周期性地广播其 L－S 信息。这里的"广播"是真正意义的广播，不像 V－D 算法那样只向相邻路由器发送 V－D 报文，而是向所有参加 SPF 算法的路由器发送 L－S 报文。比如路由器 A 只和 B、C 相连，路由器 D、E 则分别与 B、C 直接相连，A 与 D、E 之间的通信必须经过路由器 B、C 进行。如果现在路由器 A 发布自己的 L－S 状态表广播，应该只有 B、C 能收到，但 SPF 规定接收到此广播报文的路由器必须无条件地往除了广播的源接口以外的所有路由器转发此广播包。那么路由器 B 和 C 必须分别给路由器 D 和 E 转发路由器 A 的 L－S 广播。换句话说，各个路由器对路由器 A 各接口连接状态的判断，是只听路由器 A 自己广播的消息，绝对不相信其他路由器的传话的。这点与 V－D 算法很不一样，后者是只接收相邻路由器的状态报告，这是它存在慢收敛缺陷的根源。

（3）路由器收到 L－S 报文后，利用它刷新网络拓扑图，将相应链接改为"开"或"关"状态。假如 L－S 发生变化，路由器立即利用最短路径算法，根据 L－S 图重新计算本地路径。

在实际应用中有好几种最短路径选择算法，大多数是以 A 算法（Algorithm A）为基础。该算法已作为互连网络 SPF 协议的模型，并且多年来被用于优化网络设计和网络的拓扑结构。各节点用自己拥有的统一的描述自治系统拓扑结构的数据库，以自己为根，建立一个路径选择的寻径表。在图 6-1 中，节点 A 是源节点，节点 J 是目的节点。其具体的步骤如下。

（1）在图 6-1 中，网络中的每条路径有一个权值，该权值是根据某一标准（如考虑距离、时延、队列长度等）得出的。

（2）为每个节点标上一条已知路径从源端到该节点需要的最小代价。最初不知道任何路径，所以每个节点的标号为无穷大。

（3）为每个节点检测它周围有哪些相邻的节点，源节点是第一个被考虑的节点，并且变为工作节点。

（4）为工作节点的每个相邻的节点分配一个最小代价标号。如果发现一条从该节点到源节点的更短的路径，则修改标号。在 OSPF 中，当链路状态报文广播到所有其他节点时，会发生这种情况（即因发现更短的路径而修改标号）。

（5）在给相邻节点分配了标号以后，检测网络中的其他节点，如果某个已分配了标号的节点拥有较小的标号值，则它的标号变为永久标号，该节点变为工作节点。

（6）如果某节点的标号与到它的某个相邻节点路径上的权值之和小于该相邻节点的标号，再改变该相邻节点的标号，因为发现了一条更短的路径。

（7）选择另一个工作节点，重复上述过程直到穷尽所有的可能。最后的每个节点的标号就给出了源节点和目的节点之间的一条端到端的代价最低的路径。

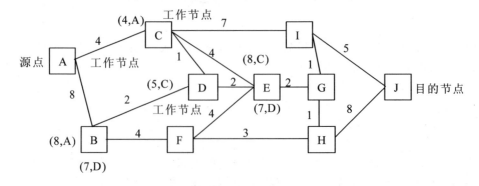

图 6-1 A 算法的应用

经过了上面的计算可以形成图 6-2 所示的路由选择拓扑图(即最短距离树,又称最优树)。

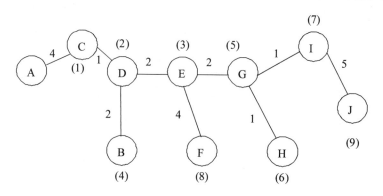

图 6-2　路由器 A 的路由选择拓扑图

6.3　OSPF 协议原理

6.3.1　自治系统的分区

　　OSPF 允许在一个自治系统里划分区域的做法,相邻的网络和它们相连的路由器组成一个区域(Area)。每一个区域有该区域自己拓扑的数据库,该数据库对于外部的区域是不可见的,每个区域内部路由器的链路状态信息数据库实际上只包含着该区域内的链路状态信息,他们也不能详细地知道外部的链接情况,在同一个区域内的路由器拥有同样的拓扑数据库。和多个区域相连的路由器拥有多个区域的链路状态信息库。划分区域的方法减少了链路状态信息数据库的大小,并极大地减少了路由器间交换状态信息的数量。如图 6-3 所示。

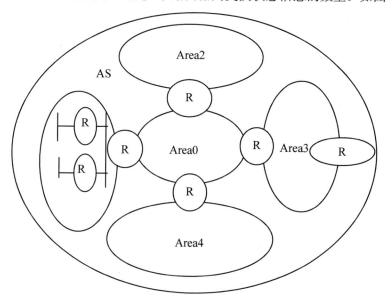

图 6-3　把自治系统分成多个 OSPF 区域

在多于一个区域的自治系统中，OSPF 规定必须有一个骨干区（Backbone）—Area 0，骨干区是 OSPF 的中枢区域，它与其他区域通过区域边界路由器（ABR）相连。区域边界路由器通过骨干区进行区域路由信息的交换。为了达到一个区域的各个路由器保持相同的链路状态信息库，这就要求骨干区是相连的，但是并不要求它们是物理连接的。在实际的环境中，如果它们在物理上是断开的，这时可以通过建立虚链路（Virtual Link）的方法保证骨干区域的连续性。虚链将属于骨干区并且到一个非骨干区都有接口的两个 ABR 连接起来，虚链路本身属于骨干区，OSPF 将通过虚链连接的两个路由器看成是通过未编号的点对点链路（Unnumbered Point-to-Point）连接。

6.3.2　区域间路由

当两个非骨干区域间路由 IP 包的时候，必须通过骨干区。IP 包经过的路径分为三个部分：源区域内路径（从源端到 ABR）、骨干路径（源和目的区域间的骨干区路径）、目的端区域内路径（目的区域的 ABR 到目的路由器的路径）。从另一个观点来看，一个自治系统就像一个以骨干区作为 Hub，各个非骨干区域连到 Hub 上的星型结构图。各个区域边界路由器在骨干区上进行路由信息的交换，发布本区域的路由信息，同时收到其他 ABR 发布的信息，传到本区域进行链路状态的更新以形成最新的路由表。

6.3.3　Stub 区和自治系统外路由

在一个 OSPF 自治系统中有这样一种特殊的区域——存根区域（Stub 区域），在这个区域中只有一个外部出口，该区域不允许外部的非 OSPF 的路由信息进入。到自治系统外的包只能依靠默认路由。存根区域的边界路由器必须在路由概要里向区域宣告这个默认路由，但是不能超过这个存根区域。默认路由的使用可以减少链路状态信息库的大小。对于该自治系统外部路由信息，如 BGP 产生的路由信息，可以通过该自治系统的区域边界路由器（ASBR）透明地扩散到整个自治系统的各个区域中，使得该自治系统内部的每一台路由器都能够获得外部的路由信息，但是该信息不能扩散到存根区域。这样，自治系统内的路由器可以通过 ASBR 路由包到自治系统外的目标。

6.3.4　DR 和 BDR

在自治系统内的每个广播和非广播多点访问（NBMA）网络里，都有一个指定路由器（DR，Designated Router，有许多文献把其称为村长，也就是一个村的代表）和一个备份指定路由器（BDR，Backup Designated Router，可以把其称为村长的指定接班人），它们是通过 Hello 协议选举产生的。DR 的主要功能是如下。

（1）产生代表本网络的网络路由宣告，这个宣告列出了连到该网络有哪些路由器，其中包括 DR 自己。

（2）DR 同本网络的所有其他的路由器建立一种星型的邻接关系，这种邻接关系是用来交换各个路由器的链路状态信息，从而同步链路状态信息库。DR 在路由器的链路状态信息库的同步上起到核心的作用。

另一个比较重要的路由器是 BDR，BDR 也和该网络中的其他路由器建立邻接关系。因此，BDR 的设立是为了保证当 DR 发生故障时尽快接替 DR 的工作，而不至于出现由于需重新选举 DR 和重新构筑拓扑数据库而产生大范围的数据库震荡。当 DR 存在的情况下，BDR 不生成网络链路广播消息。

在 DR、BDR 的选举后，该网络内其他路由器向 DR、BDR 发送链路状态信息，并经 DR 转发到和 DR 建立邻接关系的其他路由器。当链路状态信息交换完毕时，DR 和其他路由器的邻接关系进入了稳定态，区域范围内统一的拓扑（链路状态）数据库也就建立了，每个路由器以该数据库为基础，采用 SPF 算法计算出各个路由器的路由表，这样就可以进行路由转发了。

6.4　OSPF 报文

6.4.1　OSPF 协议报文

OSPF 使用 5 种类型的路由协议包，在各个路由器间进行交换信息，如表 6-1 所示。每种协议包都包含 24 字节的 OSPF 协议包的首部，如图 6-4 所示。

表 6-1　OSPF 路由协议包类型

包类型	目的
Hello 协议包	发现和维护邻居
数据库描述	汇总数据库内容
链路状态请求	数据库下载
链路状态更新	数据库上载
链路状态确认	扩散确认

版本号　　类型	包 长 度
路 由 器 ID	
区 域　ID	
检 验 和	AuType
身 份 验 证	
身 份 验 证	

图 6-4　OSPF 协议包的首部

Hello 协议用于寻找和维护路由器所连网络上的邻居关系。通过周期性地发出 Hello 包，来确定和维护邻居路由器接口是否仍在起作用。Hello 包被发送到网络上的每个活动的路由器接口。在广播和非广播的多点访问的网络上，DR 和 BDR 的选举也是通过 Hello 包来完成的。在不同的物理网络上，Hello 包的目的地址是不同的；在点到点和广播网络上，其目的地址是 AllSPFRouter（224.0.0.5）；在虚链路上是单播，也就是从虚链路的源端直接发送到链路的另一端；而在点到多点的网络上，分离的 Hello 包分别发送到相连的每一个邻居；在非广播的多点访问网络上，Hello 包的发送要看各个路由器的配置信息。

　　数据库描述包是类型号为 2 的 OSPF 包，在形成邻接过程中的路由器之间交换数据库描述包，且它们描述链路状态数据库。根据接口数和网络数，可能不止一个数据库描述包来传输整个链路状态数据库。在交换的过程中所涉及的路由器建立主从关系。主路由器发送包，而从路由器通过使用数据库描述（Database Description，DD）序列号认可接收到的包。接口 MTU 域指示通过该接口可发送的最大 IP 包长度。当通过虚链路发送包时，这个域设置为 0。选项域包含 3 位，用于显示路由器的能力。I 位是 Init 位，对数据库序列中的第一个包，设置为 1。M 位设置为 1，表示在序列中还有更多的数据库描述包。MS 位是主从位，在数据库描述包交换期间，1 表示路由器是主路由器，而 0 表示路由器是从路由器。包的其余部分是一个或多个 LSA，如图 6-5 所示。

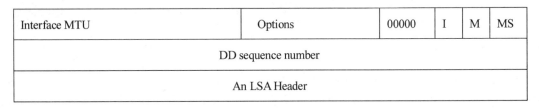

Interface MTU	Options	00000	I	M	MS
DD sequence number					
An LSA Header					

图 6-5　数据库描述包格式

　　链路状态请求包是类型为 3 的 OSPF 包，它们的格式如图 6-6 所示。当两个路由器完成交换数据库描述包时，路由器可检测链路状态数据库是否过时。当这种情况发生时，路由器可请求新一些的数据库描述包。

　　链路状态更新包是类型为 6~7 的 OSPF 包，它们用于实现 LSA 的传播。链路状态更新包格式显示在图 6-7 中。每个链路状态更新包包含一个或多个 LSA，而每个包通过使用链路状态确认包来认可。

LS 类型
链路状态 ID
宣告路由器

LSA 的个数
LSA

图 6-6　路由状态请求包格式　　　　　图 6-7　链路状态更新包的格式

　　链路状态确认包是类型位为 5 的 OSPF 包，其格式中除了 OSPF 包首部外，包括 LSA 的首部。这些包发送到三个地址之一：多点传送地址 AllDRouters，多点传送地址 AllSPFRouters，或单点传送地址。

6.4.2　OSPF 包承载的内容

1．路由器链路状态宣告

　　路由器为每个有活动 OSPF 接口的区域生成一个路由器 LSA。包含在路由器 LSA 中的信息是路由器接口在该区域中的状态，而 LSA 在整个区域传播。进入一个区域的所有路由器接口必须在一个路由器 LSA 中说明。链路状态 ID 域是路由器的 OSPF ID。VEB 位用于确定路由器可能有的链路类型。V 位显示路由器虚拟链路的端点。

　　链路 ID 标识路由器的接口所连接的对象。链路 ID 一般等于邻居路由器的链路状态 ID。

链路数据域的内容取决于链路类型。如果路由器与存根区域连接，那么，这个域将包含这个网络的 IP 地址掩码。对于其他类型的链路，这个域包含分配给该接口的 IP 地址。服务类型域通常设置为 0，最后的值是度量值，或链路的费用。

2. 网络链路状态宣告

网络 LSA 是类型为 2 的 LSA，而这样的 LSA 是由支持两个或多个路由器的每个广播和 NBMA 网络所生成的。网络 LSA 是由网络的 DR 所创建的。这个 LSA 描述了连接到网络的所有的路由器，包括 DR 自己。链路状态 ID 是 DR 到这个区域的接口的 IP 地址。

3. 汇总链路状态宣告

类型 3 和类型 4 的 LSA 是汇总链路状态宣告。汇总 LSA 是有区域边界路由器生成的，而且它们说明区域的目标。3 型汇总 LSA 有 IP 地址目标，链路状态 ID 是 IP 的网络号。4 型汇总 LSA 以一个自治系统边界路由器为其目标，链路状态 ID 是 OSPF 路由器 ID。链路状态 ID 是两种类型 LSA 包之间的唯一区别。

4. 外部自治系统链路状态宣告

类型 5 是 AS－External LSA，它用于说明自治系统外的网络。AS－External LSA 用于说明到外部网络的路由。链路状态 ID 域包含 IP 网络号或 0.0.0.0，如果它描述一个默认路由，此时的掩码也是 0.0.0.0。

6.5　OSPF 协议的运行

6.5.1　Hello 协议的运行

Hello 协议的作用是发现和维护邻居关系、选举 DR 和 BDR。在广播型网络上每一个路由器周期性地广播 Hello 包（目的地址是 AllSPFRouter），使得它能够被邻居发现。每一个路由器的每个接口都有一个相关的接口数据结构，当 Hello 包里的特定参数(如 Area ID，Authentication，Network Mask，HelloInterval，RouterDeadInterval 和 Options Values）相匹配时，Hello 包才能被接收。Hello 包中包含着本路由器所希望选举的 DR 和该 DR 的优先级、BDR 和 BDR 的优先级、还有本路由器通过交换 Hello 协议包所"看"到的其他路由器。从 Hello 包里得到的邻居被放在路由器的邻居列表里。当从接收到的 Hello 包里看到自己时，就建立了双向通信。建立了双向通信的路由器才有可能建立连接（Adjacency）关系，能否建立连接关系，要看连接两个邻居的网络的类型。通过 Hello 协议包的交换，得知了希望成为 DR 和 BDR 的路由器以及他们的优先级，下一步的工作是选举 DR 和 BDR。

6.5.2　DR 和 BDR 的产生

在初始状态下，一个路由器的活动接口设置 DR 和 BDR 为 0.0.0.0，这意味着没有 DR 和 BDR 被选举出来。同时设置 Wait Timer，其值为 RouterDeadInterval，其作用是如果在这段时间里还没有收到有关 DR 和 BDR 的宣告，那么它就宣告自己为 DR 或 BDR。经过 Hello 协议交换过程后，每一个路由器获得了希望成为 DR 和 BDR 的那些路由器的信息，按照下列步骤选举 DR 和 BDR。

（1）在路由器同一个或多个路由器建立双向的通信以后，就检查每个邻居 Hello 包里的优先级、DR 和 BDR 域。列出所有符合 DR 和 BDR 选举的路由器（它们的优先级要大于 0，接口状态要大于双向通信），列出所有的 DR，列出所有的 BDR。

（2）从这些合格的路由器中建立一个没有宣称自己为 DR 的子集（因为宣称为 DR 的路由器不能选举成为 BDR）。

（3）如果在这个子集里有一个或多个邻居（包括它自己的接口）在 BDR 域宣称自己为 BDR，则选举具有最高优先级的路由器，如果优先级相同，则选择具有最高 Router ID 的那个路由器为 BDR。

（4）如果在这个子集里没有路由器宣称自己为 BDR，则在它的邻居里选择具有最高优先级的路由器为 BDR，如果优先级相同，则选择具有最大 Router ID 的路由器为 BDR。

（5）在宣称自己为 DR 的路由器列表中，如果有一个或多个路由器宣称自己为 DR，则选择具有最高优先级的路由器为 DR，如果优先级相同，则选择具有最大 Router ID 的路由器为 DR。

（6）如果没有路由器宣称为 DR，则将最新选举的 BDR 作为 DR。

（7）如果是第 1 步选举某个路由器为 DR/BDR 或没有 DR/BDR 被选举，则要重复第 2~6 步，然后是第 8 步。

（8）将选举出来的路由器的端口状态做相应的改变，DR 的端口状态为 DR，BDR 的端口状态为 BDR，否则的话为 DR other。

在多路访问网络中，DR 和 BDR 与该网络内所有其他的路由器建立邻接关系，这些邻接关系也是该网络内全部的邻接关系。

由于 DR 和 BDR 的引入，简化了网络的逻辑拓扑结构，将一个网状网络转变成一个星型网络，使协议包的扩散、计算变得简单，并有效防止了邻接关系震荡的发生。

6.5.3　链路状态数据库的同步

在 OSPF 中，保持区域范围内的所有路由器的链路状态数据库同步极为重要。通过建立并保持邻接关系，OSPF 使具有邻接关系的路由器的数据库同步，进而保证了区域范围内所有路由器数据库同步。数据库同步过程从建立邻接关系开始，在完全邻接关系已建立时完成。当路由器的端口状态为 ExStart 时，路由器通过发一个空的数据库描述包来协商"主从"关系以及数据库描述包的序号，Router ID 大的为主，反之为从。序号也以主路由器产生的初始序号为基准，以后的每一次数据库描述包的发送，序号都要加 1。主路由器发送链路状态描述包（数据库描述包），从路由器接收链路状态描述包后来检查自己的链路状态数据库，如果发现链路状态数据库里没有该项，则添加该项，并将该项加入链路状态请求列表，准备向主路由器请求新的链路状态，并向主路由器发送确认包。主路由器收到链路状态请求包时，发出链路状态的更新包，进行链路状态的更新。从路由器收到链路状态更新包后发出确认包，进行确认，表示收到该更新包，否则主路由器就在重发定时器的启动下进行重复发送。每一个路由器向它的邻居发送数据库描述包来描述自己的数据库，每一个数据库描述包由一组链路状态广播组成，邻居路由器接收该数据库描述包，并返回确认消息。这两个路由器形成了一种"主从"关系，只有主路由器能够向从路由器发送数据库描述包，反之则不行。当所有的数据库请求包都已被主路由器处理后，主从路由器也就进入了邻接完成状态。当 DR 与整个区域内所有的路由器都完成邻接关系时，整个区域中所有路由器的数据库也就同步了。

6.5.4　路由表的产生和查找

当链路状态数据库达到同步以后，各个路由器就利用同步的数据库以自己为根节点来并行地计算最优树，从而形成本地的路由表。

当收到 IP 包需要查询路由表时，按照以下规则完成路由查找。

（1）在路由表中选择相匹配的路由记录。相匹配的记录是指需转发 IP 包的目的地址"落在"该匹配路由记录的目的地址范围内（该匹配记录可能有多个）。例如，如果有路由表项为 172.16.64.0/18，172.16.64.0/24 和 172.16.64.0/27 供目的地址 172.16.64.205 选择，则选择最后一项，因为它是最匹配的一个，也就是说要选择一个掩码最长的一个。默认路由是最后要选择的，因为它的掩码最短。如果没有匹配的路由表项供选择，则有 ICMP 发送一个目标不可到达的控制报文，而且该 IP 包将被丢弃。

（2）如果有多个路径匹配，根据路由的类型来进行进一步的选择，它们的优先级依次为区域内的路径，区域间的路径，E1 型的外部路径，E2 型的外部路径。

（3）如果有类型和费用都相等的多条路径，则 OSPF 将同时利用它们。

（4）最后利用所寻找的路径来进行 IP 包的转发。

6.6　OSPF 配置实验实例

6.6.1　基本配置实验

【网络拓扑】

网络拓扑结构图如图 6-8 所示。

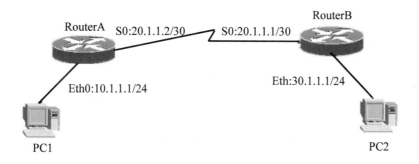

图 6-8　OSPF 的基本配置实验拓扑图

【实验环境】

（1）将 2 台 RG-R2632 路由器的串口 S1/2 相连 S1/2，路由器 A 为 DCE，路由器 B 为

DTE；

（2）用一根 RJ-45 网线将计算机网卡与 RG-R2632 以太网接口 F1/0 相连。

【实验目的】

（1）熟悉 OSPF 协议的启用方法
（2）掌握指定各网络接口所属区域号的方法
（3）掌握如何查看 OSPF 路由信息

【实验配置】

组网：如图，PC1 和 PC2 通过运行 OSPF 的路由协议实现互连.其中 PC1 所在网段为 10.1.1.0/24，其中 RouterA 量 fast 1/0 端口为 10.1.1.1 /24，RouterA s1/2 端口 IP 为 20.1.1.2 /24，Router B s1/2 端口 IP 为 20.1.1.1 /24， fast 1/0 端口 IP 为 30.1.1.1 /24，PC2 所在网段为 30.1.1.0/24。

（1）路由器 A 的配置

RG-2632>en 14
Password:******
RG-2632#config terminal
RG-2632(config)#hostname RouterA
RouterA(config)#interface FastEthernet 1/0
RouterA(config-if)#ip address 10.1.1.1 255.255.255.0
RouterA(config-if)#no shutdown
RouterA(config-if)#exit
RouterA(config)#interface Serial 1/2
RouterA(config-if)#encapsulation ppp
RouterA(config-if)# ip address 20.1.1.2 255.255.255.0
RouterA(config-if)#bandwidth 2000000
RouterA(config-if)#clock rate 64000
RouterA(config-if)# no shutdown
RouterA(config-if)# exit
RouterA(config)#router ospf　100　　　//假设该自治系统号为 100
RouterA(config-router)#network 10.1.1.0　0.0.0.255 area 0
RouterA(config-router)#network 20.1.1.0　0.0.0.255 area 0
RouterA(config-router)#exit
RouterA(config)#exit
RouterA# show running

（2）路由器 B 的配置

RG-2632>en 14
Password:******
RG-2632#config terminal
RG-2632(config)#hostname RouterB

RouterB(config)#interface FastEthernet 1/0

RouterB(config-if)#ip address 30.1.1.1 255.255.255.0

RouterB(config-if)#no shutdown

RouterB(config-if)#exit

RouterB(config)#interface Serial 1/2

RouterB(config-if)#encapsulation ppp

RouterB(config-if)# ip address 20.1.1.1 255.255.255.252

RouterB(config-if)# no shutdown

RouterB(config-if)# exit

RouterB(config)#router ospf 100

RouterB(config-router)#network 30.1.1.0 　　0.0.0.255 area 0

RouterB(config-router)#network 20.1.1.0 　　0.0.0.255 area 0

RouterB(config-router)#exit

RouterB(config)# exit

RouterB#show running

（3）验证命令

Show ip ospf

Show ip ospf interface

Show ip ospf neighbor

Show ip route

如果看到哪条路由信息注明（O），表示是由 OSPF 协议产生的。

6.6.2　OSPF 多区域配置实验

【网络拓扑】

网络拓拓扑结构如图 6-9 所示。

【实验环境】

（1）将 3 台 RG-R2632 路由器 R1、R2、R3 相连成区域 0，使它们形成主干路由器。

（2）由一台 RG-R1762 路由器、RG-R2632 和 2 台 3760 分别构成区域 1、区域 2、区域 3、区域 4。

【实验目的】

（1）了解非主干区域如何与主干区域连接的方法。

（2）熟悉 OSPF 协议的启用方法。

（3）掌握指定各网络接口所属区域号的方法。

（4）掌握如何查看 OSPF 路由信息。

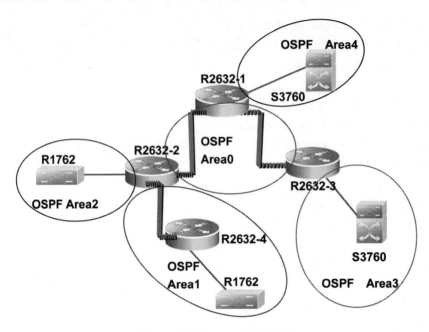

图6-9　多区域OSPF实验拓扑图

【实验配置】

本实验主要描述一个 OSPF 自治系统中 ABR 的配置情况，在这个例子中，A，B 运行在 Area 0 ，B，C 运行在 Area 1 上，B 为 ABR。

（1）路由器 R1 的配置

```
RG-2632>en 14
Password:******
RG-2632#config terminal
RG-2632(config)#hostname Router1
Router1(config)#interface fastethernet 1/0
Router1(config-if)#ip address 50.1.1.1 255.255.255.0
Router1(config-if)#no shutdown
Router1(config-if)#exit
Router1(config)#interface Serial 1/2
Router1(config-if)#encapsulation ppp
Router1(config-if)# ip address 20.1.1.1 255.255.255.252
Router1(config-if)#bandwidth 2000000
Router1(config-if)#clock rate 64000
Router1(config-if)# no shutdown
Router1(config-if)# exit
Router1(config)#interface Serial 1/3
Router1(config-if)#encapsulation ppp
Router1(config-if)# ip address 10.1.1.1 255.255.255.252
```

Router1(config-if)#bandwidth 2000000

Router1(config-if)#clock rate 64000

Router1(config-if)# no shutdown

Router1(config-if)# exit

Router1(config)#router ospf 100

Router1(config-router)#network 10.1.1.0　　0.0.0.3 area 0

Router1(config-router)#network 20.1.1.0　　0.0.0.3 area 0

Router1(config-router)#network 50.1.1.0　　0.0.0.255 area 4

Router1(config-router)#exit

Router1(config)#exit

Router1#

（2）路由器 R2 的配置

RG-2632>en 14

Password:******

RG-2632#config terminal

RG-2632(config)#hostname Router2

Router2(config)#interface Serial 1/2

Router2(config-if)#encapsulation ppp

Router2(config-if)# ip address 10.1.1.2 255.255.255.252

Router2(config-if)#bandwidth 2000000

Router2(config-if)# no shutdown

Router2(config-if)# exit

Router2(config)#interface Serial 1/3

Router2(config-if)#encapsulation ppp

Router2(config-if)# ip address 30.1.1.1 255.255.255.252

Router2(config-if)#bandwidth 2000000

Router2(config-if)#clock rate 64000

Router2(config-if)# no shutdown

Router2(config-if)# exit

Router2(config)#int fast 1/0

Router2(config-if)#ip address 40.1.1.1 255.255.255.0

Router2(config-if)#no shutdown

Router2(config-if)#exit

Router2(config)#router ospf 100

Router2(config-router)#network 30.1.1.0　　0.0.0.3 area 1

Router2(config-router)#network 10.1.1.0　　0.0.0.3 area 0

Router2(config-router)#network 40.1.1.0　　0.0.0.255 area 2

Router2(config-router)#exit

Router2(config)# exit

Router2#

（3）路由器 R3 的配置

RG-2632>en 14

Password:******

RG-2632#config terminal

RG-2632(config)#hostname Router3

Router3(config)#interface fastethernet 1/0

Router3(config-if)#ip address 70.1.1.1 255.255.255.0

Router3(config-if)#no shutdown

Router3(config-if)#exit

Router3(config)#interface Serial 1/2

Router3(config-if)#encapsulation ppp

Router3(config-if)# ip address 20.1.1.2 255.255.255.252

Router3(config-if)# no shutdown

Router3(config-if)# exit

Router3(config)#route ospf 100

Router3(config-router)#network 20.1.1.0　　0.0.0.3　 area 0

Router3(config-router)#network 70.1.1.0　　0.0.0.255　 area 3

Router3(config-router)#exit

Router3(config)# exit

Router3#

（4）路由器 R4 的配置

RG-2632>en 14

Password:******

RG-2632#config terminal

RG-2632(config)#hostname R4

Router4(config)#interface fastethernet 1/0

Router4(config-if)#ip address 80.1.1.1 255.255.255.0

Router4(config-if)#no shutdown

Router4(config-if)#exit

Router4(config)#interface Serial 1/2

Router4(config-if)#encapsulation ppp

Router4(config-if)# ip address 30.1.1.2 255.255.255.252

Router4(config-if)# no shutdown

Router4(config-if)# exit

Router4(config)#route ospf 100

Router4(config-router)#network 30.1.1.0　　0.0.0.3 area 1

Router4(config-router)#network 80.1.1.0　　0.0.0.255 area 1

Router4(config-router)#exit

Router4(config)#

Router4#

（5）验证命令
Show ip ospf
Show ip ospf interface
Show ip ospf neighbor
Show ip route

6.6.3　OSPF 虚链路技术配置实验

【网络拓扑】

网络拓扑结构图如图 6-10 所示。

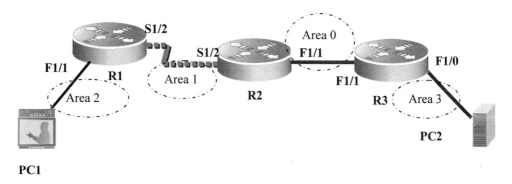

图6-10　OSPF的虚链路配置实验拓扑图

【实验环境】

（1）将 3 台 RG-R2632 路由器相连，其中 R1 与 R2 的串口 S1/2 相连 S1/2，路由器 R1 为 DCE，路由器 R2 为 DTE，形成的子网工作在区域 1。

（2）路由器 R2 与 R3 通过以太口相连，它们工作在 OSPF 的区域 0，即为主干路由器。

（3）2 台计算机分别用一根 RJ-45 网线将计算机网卡与路由器 R1 与 R2 的以太口相连，形成的 2 个子网分别工作在区域 2 和 3。

【实验目的】

（1）熟悉 OSPF 协议的启用方法。
（2）掌握指定各网络接口所属区域号的方法。
（3）掌握非主干（0）区域通过虚链路与主干区域（0）相连接。
（4）熟悉 OSPF 路由信息的查看与调试。

【实验配置】

（1）Router1 配置
R2632>en 13
Password:123456

R2632#config terminal

R2632(config)#host R1

R1(config)#interface fastethernet 1/0

R1(config-if)#ip address 172.16.0.1 255.255.0.0

R1(config-if)# no shut

R1(config-if)# exit

R1(config)# interface Serial 1/2

R1(config-if)# encapsulation ppp

R1(config-if)#ip address 192.168.1.1 255.255.255.252

R1(config-if)# clock rate 64000

R1(config-if)# no shut

R1(config-if)# exit

R1(config)# router ospf

R1(config-router)#router-id 1.1.1.1

R1(config-router)# network 172.16.0.0 0.0.255.255 area 2

R1(config-router)# network 192.168.1.0 0.0.0.3 area 0

R1(config-router)#area 1 virtual-link 2.2.2.2

R1(config-router)#end

R1#show ip route

（2）Router2 配置

R2632>en 13

Password:123456

R2632#config terminal

R2632(config)#host R2

R2(config)#interface fastethernet 1/0

R2(config-if)#ip address 219.220.237.1 255.255.255.0

R2(config-if)# no shut

R2(config-if)# exit

R2(config)# interface Serial 1/2

R2(config-if)# encapsulation ppp

R2(config-if)#ip address 192.168.1.2 255.255.255.252

R2(config-if)## no shut

R2(config-if)# exit

R2(config)# router ospf

R2(config-router)#router-id 2.2.2.2

R2(config-router)# network 219.220.237.0 0.0.0.255 area 0

R2(config-router)# network 192.168.1.0 0.0.0.3 area 1

R2(config-router)#area 1 virtual-link 1.1.1.1

R2(config-router)#end

R2#show ip route

（3）Router3 配置

R2632>en 14

Password:123456

R2632#config terminal

R2632(config)#host R3

R3(config)#interface fastethernet 1/0

R3(config-if)#ip address 219.220.236.1 255.255.255.0

R3(config-if)# no shut

R3(config-if)# exit

R3(config)# interface fastethernet 1/1

R3(config-if)# encapsulation ppp

R3(config-if)#ip address 219.220.237.2 255.255.255.0

R3(config-if)# no shut

R3(config-if)# exit

R3(config)# router ospf

R3(config-router)# network 219.220.236.0 0.0.0.255 area 32

R3(config-router)# network 219.220.237.2 0.0.0.3 area 0

R3(config-router)#end

R3#show ip route

（4）验证命令

Show ip ospf

Show ip ospf border-routers

Show ip ospf interface

Show ip ospf neighbor

Show ip route

运行 OSPF 协议后 R1 的路由表显示如图 6-11 所示。

```
R1#show ip route

Codes:  C - connected, S - static,  R - RIP
        O - OSPF, IA - OSPF inter area
        N1 - OSPF NSSA external type 1, N2 - OSPF NSSA external type 2
        E1 - OSPF external type 1, E2 - OSPF external type 2
        * - candidate default

Gateway of last resort is no set
C    192.168.0.0/24 is directly connected, FastEthernet 1/0
C    192.168.0.1/32 is local host.
C    192.168.1.0/30 is directly connected, serial 1/2
C    192.168.1.1/32 is local host.
C    192.168.1.2/32 is directly connected, serial 1/2
O IA 192.168.2.0/30 [110/51] via 192.168.1.2, 00:26:35, serial 1/2
O IA 192.168.3.0/24 [110/52] via 192.168.1.2, 00:17:02, serial 1/2
R1#
```

图6-11　R1的路由表

运行 OSPF 协议后 R2 的路由表显示如图 6-12 所示。

```
R2#show ip route

Codes:  C - connected, S - static,  R - RIP
        O - OSPF, IA - OSPF inter area
        N1 - OSPF NSSA external type 1, N2 - OSPF NSSA external type 2
        E1 - OSPF external type 1, E2 - OSPF external type 2
        * - candidate default

Gateway of last resort is no set
O IA 172.16.0.0/16 [110/51] via 192.168.1.1, 00:18:57, serial 1/2
C    192.168.1.0/30 is directly connected, serial 1/2
C    192.168.1.1/32 is directly connected, serial 1/2
C    192.168.1.2/32 is local host.
O IA 219.220.236.0/24 [110/2] via 219.220.237.2, 00:07:50, FastEthernet 1/0
C    219.220.237.0/24 is directly connected, FastEthernet 1/0
C    219.220.237.1/32 is local host.
R2#
```

图6-12 R2的路由表

运行 OSPF 协议后 R3 的路由表显示如图 6-13 所示。

```
R3#show ip route

Codes:  C - connected, S - static,  R - RIP
        O - OSPF, IA - OSPF inter area
        N1 - OSPF NSSA external type 1, N2 - OSPF NSSA external type 2
        E1 - OSPF external type 1, E2 - OSPF external type 2
        * - candidate default

Gateway of last resort is no set
O IA 172.16.0.0/16 [110/52] via 219.220.237.1, 00:01:18, FastEthernet 1/0
O IA 192.168.1.0/30 [110/51] via 219.220.237.1, 00:01:18, FastEthernet 1/0
C    219.220.236.0/24 is directly connected, FastEthernet 1/1
C    219.220.236.1/32 is local host.
C    219.220.237.0/24 is directly connected, FastEthernet 1/0
C    219.220.237.2/32 is local host.
R3#
```

图6-13 R3的路由表

6.6.4 OSPF Stub 配置技术实验

【网络拓扑】

网络拓扑结构图如图 6-14 所示。

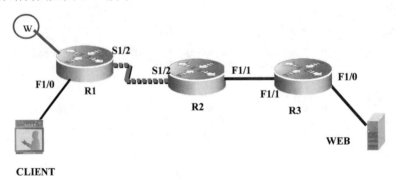

图6-14 OSPF STUB配置拓扑图

【实验环境】

（1）3 台 RG-2632 路由器。

（2）把两台计算机用 RJ-45 线与两个路由器接口相连。

【实验目的】

（1）熟悉 OSPF 的基本配置。
（2）理解 STUB 区域的特点。
（3）掌握 STUB 区域的配置方法。
（4）掌握 STUB 配置信息的查看方法。

【实验配置】

本实验主要描述一个 OSPF 自治系统中 ABR 的配置情况，在这个例子中，R1，R2 运行在 Area 0 上；R2，R3 运行在 Area 1 上，且 Area 1 为 Sub 区域，R2 为 ABR。

（1）Router1 配置

```
RG-2632>en 14
Password:******
RG-2632#config terminal
RG-2632(config)#hostname Router1
Router1(config)# interface fastethernet 1/0
Router1(config-if)#ip address 10.1.1.1 255.255.255.0
Router1(config-if)# no shut
Router1(config-if)# exit
Router1(config)# interface Serial 1/2
Router1(config-if)# encapsulation ppp
Router1(config-if)#ip address 20.1.1.2 255.255.255.252
Router1(config-if)# no shut
Router1(config-if)# exit
Router1(config)# router ospf 100
Router1(config-router)# network 10.1.1.0 0.0.0.255 area 0
Router1(config-router)# network 20.1.1.0 0.0.0.3 area 0
Router1(config-router)# end
Router1#
```

（2）Router2 配置

```
RG-2632>en 14
Password:******
RG-2632#config terminal
RG-2632(config)#hostname Router2
Router2(config)# interface Serial 1/2
Router2(config-if)#encapsulation ppp
Router2(config-if)#ip address 20.1.1.1 255.255.255.0
Router2(config-if)#bandwidth 2000000
Router2(config-if)#clock rate 64000
```

Router2(config-if)# no shut

Router2(config-if)# exit

Router2(config)# interface fastethernet 1/1

Router2(config-if)# ip address 30.1.1.1 255.255.255.252

Router2(config-if)# no shut

Router2(config-if)# exit

Router2(config)# router ospf 100

Router2(config-router)# network 30.1.1.0 0.0.0.3 area 1

Router2(config-router)# network 20.1.1.0 0.0.0.3 area 0

Router2(config-router)# area 1 stub

Router2(config-router)#end

Router2#

（3）Router3 配置

RG-2632>en 14

Password:******

RG-2632#config terminal

RG-2632(config)#hostname Router3

Router3(config)# interface fastethernet 1/0

Router3(config-if)#ip address 40.1.1.1 255.255.255.0

Router3(config-if)# no shut

Router3(config-if)# exit

Router3(config)# interface fastethernet 1/1

Router3(config-if)#ip address 30.1.1.2 255.255.255.252

Router3(config-if)# no shut

Router3(config-if)# exit

Router3(config)# router ospf 100

Router3(config-router)# network 30.1.1.0 0.0.0.3 area 1

Router3(config-router)# network 40.1.1.0 0.0.0.255 area 1

Router3(config-router)# area 1 stub

Router3(config-router)#end

Router3#

（4）验证命令

Show ip ospf

Show ip ospf interface

Show ip ospf neighbor

Show ip route

【提示】

（1）Stub 区域是一类特殊的 OSPF 区域，这类区域不接收或扩散 Type-5 的 LSA（AS-External-LSAs），对于产生大量 Type-5 LSA 的网络，这种处理方式能够有效减小 Stub

区域内路由器的 LSDB 尺寸，并缓解 SPF 计算对路由器资源的占用。通常情况下，Stub 区域位于自治系统边界。

（2）为保证 Stub 区域去往自治系统外的报文能被正确转发，Stub 区域的 ABR 将通过 Summary-LSA 向本区域内发布一条默认路由，并且只在本区域扩散。

【课后练习及实验】

1．距离矢量协议和链路状态协议有什么区别？

2．什么是短路径优先算法 SPF？

3．DR 和 BDR 的作用是什么？

4．简述 OSPF 的基本工作过程。

5．当收到 IP 包需要查询路由表时，什么规则完成路由查找？

6．实验：图 6-15 有两台计算机，分别通过一个三层交换机（S3550）和二层交换机（S2126）连接路由 R1 和 R2，使用 OSPF 协议使得计算机之间可以通信。

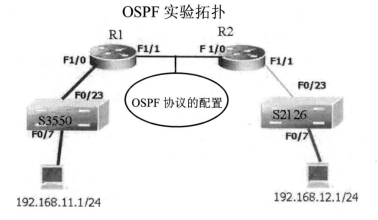

图6-15　OSPF实验

第 7 章 广域网连接配置技术

7.1 广域网协议简介

提起 TCP/IP 协议恐怕众多读者都非常熟悉,它是进行数据通信的基础,只有安装了 TCP/IP 协议的计算机之间才能够正常通信。不过你是否知道广域网协议呢?要知道如果没有设置正确的广域网协议,即使安装了 TCP/IP 协议,同样无法将数据包发送到远程主机。下面先来介绍一下什么是广域网技术,常用广域网协议有哪几种,最后介绍在路由器中如何配置各种广域网连接。

广域网 WAN,是按地理范围划分而来的名称,相对的还有局域网、城域网。一百米以内是局域网(比如一个公司的网络),一个城市范围的网络叫城域网(比如一个城市的银行网点构成的网络),那么超过一个城市以外的,跨越地址范围较大的,就是广域网了。广域网同时也是把多个局域网、城域网连接进来的网络。由于广域网跨越的地理范围大,因此其传输线路就往往特别长,这个时候在连接链路上就必须采用一些有别于局域网与城域网的特殊技术了,以保证较长线路的信号质量与数据通信质量指标。

目前网络中使用的所有协议都是严格遵守 OSI 的七层模型标准的,在网络中传输数据时将根据不同协议层进行解析,从上到下依次封装和解封装。TCP 协议是工作在第四层传输层,IP 协议工作在第三层网络层。而广域网协议则是工作在第二层数据链路层的协议,这也就是为什么即使安装并设置了正确的 TCP/IP 协议信息,如果没有正确配置第二层数据链路层广域网协议的信息也将无法顺利完成数据传输工作的原因。

不过在实际使用中广域网协议经常被忽视,因为局域网中是不需要广域网协议的,只有连接到外网 Internet,才需要针对广域网协议进行设置,而这些工作往往由 ISP 工作人员搞定。但是配置不同的广域网协议后网络的使用效果和功能是相去甚远的,所以说对于网络技术人员来说也应该对不同的广域网协议有所了解与掌握,明白它们的优缺点和应用场合。

大多数 WAN 技术和协议都是数据链路层协议(第二层),由各种组织经过多年发展而来。在此领域的主要组织有:定义 PPP 的 IETF 、定义 ATM 、帧中继的 ITU-T 、定义的 ISO。

广域网协议的种类,目前比较常用广域网协议主要有 PPP 协议,HDLC 协议,Frame Relay 帧中继、X.25、xDSL、ISDN 和 ATM、SONET 协议。

7.2 PPP 协议

7.2.1 PPP 协议简介

先来了解一下 PPP 协议,点对点协议(PPP)为在点对点连接上传输多协议数据包提供了一个标准方法(见表 7-1)。PPP 最初设计是为两个对等节点之间的 IP 流量传输提供一种封装协议。在 TCP/IP 协议集中它是一种用来同步调制连接的数据链路层协议（OSI 模式中的第二层），替代了原来非标准的第二层协议，即 SLIP。除了 IP 以外 PPP 还可以携带其他协议，包括 DECnet 和 Novell 的 Internet 网包交换（IPX）。

表 7-1　PPP 协议结构

8 bits	16 bits	24 bits	40bits	Variable...	16~32bits
Flag	Address	Control	Protocol	Information	FCS

　　PPP 协议是目前广域网上应用最广泛的协议之一，它的优点在于简单、具备用户验证能力、可以解决 IP 分配等。但是目前 PPP 协议很少在纯粹的点对点上使用，那种从 A 点到 B 点配置 PPP 的实际例子基本上不存在，毕竟 PPP 协议是众多广域网协议的基础，其他协议都是在它的基础上改进而来的。不过在多点到点的情况下 PPP 还是广泛应用的，不过它并不是单独工作，而是借助于其他网络存在。

　　目前 PPP 主要应用技术有两种，一种是 PPP over Ethernet 也就是我们常说的 PPPoE，而另一种则是 PPP over ATM，也叫 PPPoA。

　　（1）PPPoE 就是常说的 ADSL、有线通、FTTB 等宽带拨号采用的协议，大部分家庭拨号上网就是通过 PPP 在用户端和运营商的接入服务器之间建立通信链路。目前宽带接入正在成为取代拨号上网的趋势。利用以太网（Ethernet）资源，在以太网上运行 PPP 来进行用户认证接入的方式称为 PPPoE。PPPoE 即保护了用户方的以太网资源，又完成了宽带的接入要求，是目前家庭宽带接入方式中应用最广泛的技术标准。

　　（2）PPPoA 则是在 ATM 网络上运行 PPP 协议的技术，在 ATM（异步传输模式，Asynchronous Transfer Mode）网络上运行 PPP 协议来管理用户认证的方式称为 PPPoA。它与 PPPoE 的原理相同，作用相同；不同的是，它在 ATM 网络上，而 PPPoE 在以太网网络上运行，所以要分别适应 ATM 标准和以太网标准（见图 7-1）。

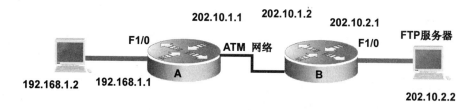

图 7-1　PPPoA 实现广域连接

　　（3）PPP 协议优劣细分析。一般来说，衡量一个网络协议的优劣主要有以下几个指标，带宽、时延、网络资源争用以及可视性。那么 PPP 协议在这四个方面表现如何呢？

　　① 带宽。带宽通常是稀缺资源，因此必须要节约使用。在所有广域网协议中 PPP 的带宽是最低的，比 HDLC 协议和 Frame Relay 要慢了不少，更不用说 ATM。

　　② 时延。时延是广域网固有的问题，PPP 协议的时延比较长，当在点对点封装时效果还可以，一旦发展到点到多点则时延问题比较严重。

　　③ 网络资源争用。由于 PPP 是点到点协议，不存在多线路合用的问题，所以网络资源争用问题出现的机率比较低。

　　④ 可视性。协议的可视性主要是帮助网络管理员更深入直观地了解协议工作状态，而

PPP 协议则不具有可视性管理功能。

（4）总结。综上所述 PPP 协议是其他广域网协议的基础，它是最早出现的协议之一。目前，PPP 的应用场合并不多，一般自己可以搭建 PPP 点到点的连接，而更多的应用则是建立在 ISP 的 PPPoE 与 PPPoA 形式上，对于中小企业不建议使用这种广域网协议。

7.2.2 PPP 协议配置实例

【网络拓扑】

网络拓扑结构图如图 7-2 所示。

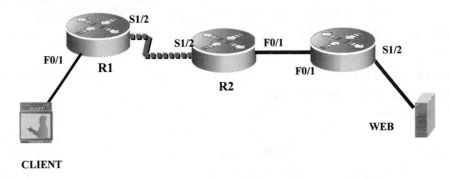

图 7-2 PPP 协议配置拓扑图

【实验环境】

（1）将两台 RG-R2632 路由器 R1 和 R2 的串口 S1/2 相连。
（2）用 V35 串口线把路由器相连，其中路由器 R1 为 DCE，路由器 R2 为 DTE。

【实验目的】

（1）熟悉 PPP 协议的启用方法。
（2）掌握指定 PPP 协议的封装方法。
（3）掌握 PPP 协议认证模式的配置。
（4）熟悉 PPP 协议信息的查看与调试。

【实验配置】

1. PAP 协议配置

在客户端建立用于认证用的用户名与密码，在服务器端，也建立同样的用户名与密码。
（1）验证（服务器）端
Router>enable
Router#config terminal
Router(config)#hostname R1
R1(config)#username sspu password rapass

R1(config)#interface serial 1/2

R1(config-if)#ip address 192.168.1.1 255.255.255.252

R1(config-if)#clock rate 64000

R1(config-if)#encapsulation PPP

R1(config-if)#ppp authentication pap

R1(config-if)#no shut

R1(config-if)#end

R1#show running

R1#ping 192.168.1.2

（2）被验证（客户）端

Router>enable

Router#config terminal

Router(config)#hostname R2

R2(config)#username sspu password rapass

R2(config)#interface serial 1/2

R2(config-if)#ip address 192.168.1.2 255.255.255.252

R2(config-if)#encapsulation PPP

R2(config-if)#ppp pap sent-username sspu pass 0   rapass

R2(config-if)#no shut

R2(config-if)#end

R2#show running

R2#ping 192.168.1.1

2. CHAP 协议配置

在客户端建立用户名与密码，用户名是对方（服务器端）的主机名；在服务器端，也建立用户名与密码，用户名是对方（客户端）的主机名。

通过全局模式下的命令 username special_username password special_password 来为本地口令数据库添加记录。这里请注意，此处的 username 应该是对端路由器的名称，即 routerb，如下所示：

RouterA(config)#username routerb password samepass

要进行 CHAP 认证，需要在相应接口配置模式下使用命令 ppp authentication chap 来完成，如下所示：

RouterA(config)#interface serial 1/2

RouterA(config-if)#ppp authentication chap

（1）客户端的配置

CHAP 认证客户端的配置只需要一个步骤（命令），即建立本地口令数据库。请注意，此处的 username 应该是对端路由器的名称，即 routera，而口令应该和 CHAP 认证服务器口令数据库中的口令相同，如下所示：

Router>enable

```
Router#config terminal
Router(config)#hostname RouterB
RouterB(config)# username RouterA password samepass
RouterB(config)#interface serial 1/2
RouterB(config-if)#ip address 192.168.1.2 255.255.255.252
RouterB(config-if)#encapsulation PPP
RouterB(config-if)#ppp authentication CHAP
RouterB(config-if)#no shut
RouterB(config-if)#end
RouterB#show running
RouterB#ping 192.168.1.1
```
（2）服务器端的配置
```
Router>enable
Router#config terminal
Router(config)#hostname RouterA
RouterA(config)#username RouterB password samepass
RouterA(config)#interface serial 1/2
RouterA(config-if)#ip address 192.168.1.1 255.255.255.252
RouterA(config-if)#clock rate 64000
RouterA(config-if)#encapsulation PPP
RouterA(config-if)#ppp authentication CHAP
RouterA(config-if)#no shut
RouterA(config-if)#end
RouterA#show running
RouterA#ping 192.168.1.2
```
（3）PPP 的调试方法
```
Router#show interfaces serial 1/2
Router#debug ppp authentication
```

7.3　HDLC 协议

　　HDLC（High Level Data Link Control，高级数据链路控制规程）是面向比特的同步协议，HDLC 是串行线路的默认封装。

7.3.1　特点与格式

　　面向比特的协议中最有代表性的是国际标准化组织 ISO（International Standards Organization）的 HDLC，IBM 的 SDLC（Synchronous Data Link Control，同步数据链路控制规程），美国国家标准协会（American National Standards Institute）的 ADCCP（Advanced Data

Communications Control Procedure，先进数据通信规程）。这些协议的特点是，所传输的一帧数据可以是任意位，而且它是靠约定的位组合模式，而不是靠特定字符来标志帧的开始和结束，故称面向比特的协议。

7.3.2　帧信息的分段

HDLC / SDLC 的一帧信息包括以下几个场（Field），所有场都是从最低有效位开始传送。

（1）HDLC / SDLC 标志字符。HDLC / SDLC 协议规定，所有信息传输必须以一个标志字符开始，且以同一个字符结束。这个标志字符是 01111110，称标志场（F）。从开始标志到结束标志之间构成一个完整的信息单位，称为一帧（Frame）。所有的信息是以帧的形式传输的，而标志字符提供了每一帧的边界。接收端可以通过搜索"01111110"来探知帧的开头和结束，以此建立帧同步。

（2）地址场和控制场。在标志场之后，可以有一个地址场 A（Address）和一个控制场 C（Control1）。地址场用来规定与之通信的次站的地址。控制场可规定若干个命令。SDLC 规定 A 场和 C 场的宽度为 8 位。HDLC 则允许 A 场可为任意长度，C 场为 8 位或 16 位。接收方必须检查每个地址字节的第一位，如果为"0"，则后边跟着另一个地址字节；若为"1"，则该字节就是最后一个地址字节。同理，如果控制场第一个字节的第一位为"0"，则还有第二个控制场字节，否则就只有一个字节。

（3）信息场。跟在控制场之后的是信息场 I(Information)。I 场包含有要传送的数据，亦成为数据场。并不是每一帧都必须有信息场。即信息场可以为 0，当它为 0 时，则这一帧主要是控制命令。

（4）帧校验场。紧跟在信息场之后的是两字节的帧校验场，帧校验场称为 FC（Frame Check）场，校验序列 FCS（Frame check Sequence）。HDLC / SDLC 均采用 16 位循环冗余校验码 CRC（Cyclic Redundancy Code），其生成多项式为 CCITT 多项式 $X^{16}+X^{12}+X^5+1$。除了标志场和自动插入的"0"位外，所有的信息都参加 CRC 计算。CRC 的编码器在发送码组时为每一码组加入冗余的监督码位。接收时译码器可对在纠错范围内的错码进行纠正，对在校错范围内的错码进行校验，但不能纠正。超出校、纠错范围之外的多位错误将不可能被校验发现。

7.3.3　实际应用时的两个技术问题

（1）"0"位插入 / 删除技术。如上所述，HDLC / SDLC 协议规定以 01111110 为标志字节，但在信息场中也完全有可能有同一种模式的字符，为了把它与标志区分开来，所以采取了"0"位插入和删除技术。具体作法是，当发送端在发送所有信息（除标志字节外）时，只要遇到连续 5 个"1"，就自动插入一个"0"；当接收端在接收数据时（除标志字节），如果连续接收到 5 个"1"，就自动将其后的一个"0"删除，以恢复信息的原有形式。这种"0"位的插入和删除过程是由硬件自动完成的，比上述面向字符的"数据透明"容易实现。

（2）HDLC / SDLC 异常结束。若在发送过程中出现错误，则 HDLC / SDLC 协议用异常结束（Abort）字符，或称失效序列使本帧作废。在 HDLC 规程中 7 个连续的"1"被作为失效字符，而在 SDLC 中失效字符是 8 个连续的"1"。当然在失效序列中不使用"0"位插入 / 删除技术。

HDLC／SDLC 协议规定，在一帧之内不允许出现数据间隔。在两帧信息之间，发送器可以连续输出标志字符序列，也可以输出连续的高电平，它被称为空闲（Idle）信号。

7.3.4　HDLC 配置实例

【网络拓扑】

网络拓扑结构如图 7-3 所示。

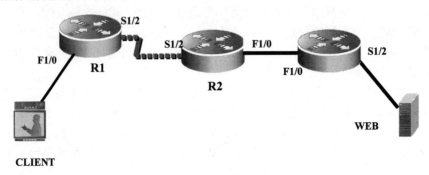

图 7-3　HDLC 配置拓扑图

【实验环境】

（1）将两台 RG-R2632 路由器 R1 和 R2 的串口 S1/2 相连。

（2）用 V35 串口线通过 HDLC 链路把路由器相连，其中路由器 R1 为 DCE，路由器 R2 为 DTE。

【实验目的】

（1）熟悉串口线 V35 的连接方法。

（2）掌握 HDLC 的封装方法。

（3）熟悉链路状态的查看与调试命令。

【实验配置】

本实验主要描述两个路由器 R1 和 R2 通过一条 HDLC 串口线相连的配置过程，在这个例子中，两个路由器 R1、R2 的 S1 口 IP 分别为：192.168.1.1/30 和 192.168.1.2/30，R1 连接在电缆的 DCE 端，R2 为 DTE 端。

（1）Router1 配置

RG-2632>en 14

Password:******

RG-2632#config terminal

RG-2632(config)#hostname R1

R1(config)# interface Serial0

R1(config-if)# encapsulation hdlc

R1(config-if)#ip address 192.168.1.1 255.255.255.252

R1(config-if)#clock rate 64000　　//R1 作为 DCE 端设备

R1(config-if)#no shut

R1(config-if)#end

R1# show running

R1#ping 192.168.1.1　　//测试本机接接口工作是否正常

R1#ping 192.168.1.2

（2）Router2 配置

RG-2632>en 14

Password:******

RG-2632#config terminal

RG-2632(config)#hostname R2

R2(config)# interface Serial0

R2(config-if)#encapsulation hdlc

R2(config-if)#ip address 192.168.1.2 255.255.255.0

R2(config-if)# no shut

R2(config-if)# exit

R2(config)# exit

R2# show running

R2#ping 192.168.1.2

R2#ping 192.168.1.1　　//测试 HDLC 链路的连通性

7.4　X.25 协 议

7.4.1　X.25 协议概述

　　CCITT 于 1974 年提出了对于分组交换网（Packet-Switched Network，PSN）的标准访问协议——X.25，并于 1976、1980、1984 和 1988 年相继作了修订。X.25 描述了主机（DTE）与分组交换网（PSN）之间的接口标准，使主机不必关心网络内部的操作，从而能方便地实现对各种不同网络的访问。

　　X.25 实际上是 DTE 与 PSN 之间接口的一组协议，X.25 协议组包括三个层次，即物理层、数据链路层和分组层，分别定义了三个级别上的接口。X.25 的分组级相当于 OSI 参考模型中的第三层，即网络层，主要功能是向主机提供多信道的虚电路服务。

　　X.25 分组级的主要功能是将链路层所提供的连接 DTE／DCE 的一条或多条物理链路复用成数条逻辑信道，并且对每一条逻辑信道所建立的虚电路执行与链路层单链路协议类似的链路建立、数据传输、流量控制、顺序和差错检测、链路的拆除等操作。所发送的数据均按分组格式，各种类型的分组长度及交互时的逻辑顺序在标准中均有严格的规定。利用 X.25 分组级协议，可向网络层的用户提供多个虚电路连接，使用户可以同时与公用数据网中若干个其他 X.25 数据终端用户（DTE）通信。

　　在 X.25 中，DCE 向 DTE 提供与远地 DTE 之间的虚电路业务，这里包括两种虚电路。

一种是虚呼叫业务，即虚电路请求 DTE 向 DCE 发出呼叫请求分组，接收方 DCE 向被呼 DTE 发出呼叫分组；然后被呼 DTE 发出呼叫接受分组，主呼 DTE 收到呼叫连通分组；此后 DTE 之间就可以在建立好的虚电路上交换数据；最后由任一方 DTE 发出释放请求分组，由另一方确认后，虚电路便被拆除。另一种是永久虚电路，即它们是在 DTE 接入 X.25 网中时由协商指定的 DTE 之间的不需要呼叫建立与拆除过程的虚电路。在正常情况下，永久虚电路两端的 DTE 可随时发送与接收数据。

每条虚电路都被赋予一个虚电路号。在 X.25 中，一个虚电路号由逻辑信道组号和逻辑信道号组成，而且在虚电路两端的虚电路号是互相无关的，由 DCE 将虚电路号映射到虚电路上去。用于虚呼叫的虚电路号范围和永久虚电路的虚电路号应在签订业务时与管理部门协商确定与分配。

公用数据网有两种操作方式，一种是虚电路方式，另一种是数据报方式。尽管其他一些网络体系结构（如 Ethernet）仍在有效地使用数据报技术，但数据报服务已在 1980 年的修订中从 X.25 标准中删去，取而代之的是一个称作快速选择（Fast Select)的可选扩充业务。

X.25 所规定的虚电路服务属于面向连接的 OSI 服务方式，这正好符合 OSI 参考模型中的网络层服务标准定义，为公用数据网与 OSI 结合提供了可能性。OSI 网络层的功能是提供独立于传输层的中继和路由选择以及其他与之相关的功能。在面向连接的网络层服务中，要进行通信的网络层实体必须首先建立连接，这在 X.25 中即为相应的建立虚电路的呼叫建立规程。网络层向传输层提供与路由选择和中继无关的网络层服务。

7.4.2　X.25 分组及分组格式

在分组级上，所有的信息都是以分组作为基本单位进行传输和处理的，无论是 DTE 之间所要传输的数据，还是交换网所用的控制信息，都要以分组形式来表示，并按照链路协议穿越 DTE／DCE 界面进行传输。因此在链路层上传输时，分组应嵌入到信息帧（I 帧）的信息字段中，即表示成如下的格式：

标记字段 F/地址字段 A／控制字段 C/[分组]/帧校验序列 FCS/标记字段 F

每个分组都是由分组头和数据信息两部分组成，其一般格式如图 7-4 所示。

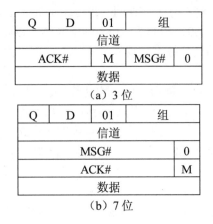

图 7-4　X.25 的两种数据包格式

分组格式中的数据部分(可以为空）通常被递交给高层协议或用户程序去处理，所以分组协议中不对它作进一步规定。分组头用于网络控制,主要包括 DTE / DCE 的局部控制信息,其长度随分组类型不同有所不同,但至少要包含前三个字节,它们分别给出通用格式标识、逻辑信道标识和分组类型标识,它们的含义如下。

1. 通用格式标识(GFI)

由分组中第一个字节的前 4 位组成,用于指出分组头中其余部分的格式。第一位(b8)称作 Q 位或限定位,只用于数据分组中。这是为了对分组中的数据进行特殊处理而设置的,可用于区分数据是正常数据,还是控制信息。对于其他类型的分组,该位恒置为"0"。第二位(b7)称 D 位或传送确认位,设置该位的目的是用来指出 DTE 是否希望用分组接收序号 P(R)来对它所接收的数据作端对端确认。在呼叫建立时,DTE 之间可通过 D 位来商定虚呼叫期间是否将使用 D 位规程。第三、四位(b6、b5)用以指示数据分组的序号是用 3 位即模 8(b6 置"1")还是 7 位即模 128(b5 置"1"),这两位或者取"10",或者取"01",一旦选定,相应的分组格式也有所变化。

2. 逻辑信道标识

由第一个字节中的剩余四位(b4、b3、b2、b1)所作的逻辑信道组号(LCGN)和第二个字节所作的逻辑信道号(LCN)两部分组成,用以标识逻辑信道。

3. 组类型标识

由第三个字节组成,用于区分分组的类型和功能。若该字节的最后一位(b1)是"0",则表示分组为数据分组;若该位是"1",则表示分组为控制分组,其中可包括呼叫请求或指示分组及释放请求或指示分组。若该字末三位(b3、b2、b1)为全"1",则表示该分组是某个确认或接受分组。

第四个字节及其后诸字节将依据分组类型的不同而有不同的定义。

X.25 分组级协议规定了多种类型的分组。由于 DTE 与 DCE 的不对称性,所以具有相同类型编码的同类型分组,因其传输方向的不同有不同的含义和解释,具体实现时也有所不同。为此,分组协议从本地 DTE 的角度出发,为它们取了不同的名称以示区别。一般地讲,从 DTE 到 DCE 的分组表示本地 DTE 经 DCE 向远地 DTE 发送的命令请求或应答响应;反之,从 DCE 到 DTE 的分组表示 DCE 代表远地 DTE 向本地 DTE 发送的命令或应答响应。

分组类型可归纳为 6 种格式:

(1)呼叫请求、呼叫指示

(2)数据分组

(3)流量控制分组

(4)请求、指示分组

(5)复位分组

(6)确认分组

X.25 中还定义了很多其他类型的分组,包括释放请求 / 指示、复位请求 / 指示、重启动请求 / 指示等。其中,除复位请求 / 指示分组多一个诊断代码外,其他均与中断请求分组格式相同,这些分组都包括一个"原因"字段,用以存入引起相应动作的原因。

需要说明一下复位与重启动之间的差别,复位请求是为了在数据传输状态中对虚呼叫或永久虚电路进行重新初始准备而设置的；而重启动则用于同时释放 DTE / DCE 界面上所有虚呼叫以及复位所有永久虚电路而设置的。

最后一类分组仅含三个字节，属于该类格式的分组包括各种确认分组。它们分别是用以对呼叫、释放、中断、复位及重启动的请示或指示的确认。

路由器的配置

```
RA(config)#interface serial 0
RA(config-if)#encapsulation x25
RA(config-if)#bandwidth 10
RA(config-if)#x25 ips 1024
RA(config-if)#x25 ops 1024
RA(config-if)#x25 win 7
RA(config-if)#x25 wout 7
RA(config-if)#x25 address 041673226839
RA(config-if)#ip address 131.108.100.1 255.255.255.0
RA(config-if)#x25 htc 30
//指定双向最高虚电路号为 30
RA(config-if)#x25 idle 5
RA(config-if)#x25 nvc 2
RA(config-if)#end
RA#
```

7.5 ISDN

7.5.1 ISDN 概述

ISDN（Intergrated Services Digital Network，综合业务数字网）。但也可把"IS"理解为 Standard Interface for all Services（一切业务的标准接口）；把"DN"理解为 Digital End to End Connectivity（数字端到端连接）。

现代社会需要一种全社会的、经济的、快速存取信息的手段，ISDN 正是在这种社会需要的背景下，以及计算机技术、通信技术、VLSI 技术飞速发展的前提下产生的，ISDN 的目标是提供经济的、有效的、端到端的数字连接以支持广泛的服务，包括声音的和非声音的服务。用户只需通过有限的网络连接及接口标准，就可在很大的区域范围，甚至全球范围内存取网络的信息。

ISDN 系统结构主要讨论用户设备和 ISDN 交换系统之间的接口。一个重要的概念称为数字位管道，即在用户设备和传输设备之间通过比特流的管道。不管这些数字位来自于数字电话、数字终端、数字传真机，或任何其他设备，这些比特流都能双向通过管道。数字位管道用比特流的时分复用支持多个独立的通道。在数字位管道的接口规范中定义了比特流的确切格式以及比特流的复用。已经定义了两个位管道的标准，一个是用于家庭的低频带标准，另一个是用于企事业的高频带标准，后者可支持多个通道，如果需要的话，也可配置多个位管道。

如用于家庭或小企事业单位的配置，是在用户设备和 ISDN 交换系统之间设置一个网络终端设备 NT1，NT1 设置在靠近用户设备这一边，利用电话线和几公里以外的交换系统相连。NT1 装有一个连接器，无源总线电缆可插入连接器，最多有 8 个 ISDN 电话、终端或其他设备可接到总线电缆，如同接到局域网的方法一样连接。从用户的角度看，和网络的界面是 NT1 上的连接器。NT1 不仅起到接插板的作用，它还包括网络管理、测试、维护和性能监视等。在无源总线上的每个设备必须有一个唯一的地址。NT1 还包括解决争用的逻辑，当几个设备同时访问总线时，由 NT1 来决定哪个设备获得总线访问权。从 OSI 参考模型来看，NT1 是一个物理层设备。对于大的企事业单位的配置，因为往往有很多电话在同时进行，总线无法处理。在这种配置中有一个 NT2 设备，实际上，NT2 和 NT1 就是前面讨论过的 CBX。NT2 和 NT1 连接，并对各种电话、终端以及其他设备提供真正的接口，事实上，NT2 和 ISDN 交换系统没有本质上的差别，只是规模比较小。在单位内部通电话或数字通信，只需拨 4 个数字的分机号码，和 ISDN 交换系统无关；拨一个"9"字，就和外线相连，CBX 专门分配一个通道和数字位通道相连。

当今人们对通信的要求越来越高，除原有的语音、数据、传真业务外，还要求综合传输高清晰度电视、广播电视、高速数据传真等宽带业务。随着光纤传输、微电子技术、宽带通信技术和计算机技术的发展，为满足这些迅猛增长的要求提供了基础。由窄带 ISDN 向宽带 1SDN 的发展，可分为 3 个阶段。

第一阶段是进一步实现话音、数据和图像等业务的综合。它是由 3 个独立的网构成初步综合的 B-ISDN，由 ATM 构成的宽带交换网实现话音、高速数据和活动图像的综合传输。

第二阶段的主要特征是 B-ISDN 和用户 / 网络接口已经标准化，光纤已进入家庭，光交换技术已广泛应用，因此它能提供包括具有多频道的高清晰度电视 HDTV（High Definition Television）在内的宽带业务。

第三阶段的主要特征是在宽带 ISDN 中引入了智能管理网，由智能网控制中心来管理 3 个基本网。智能网也可称作智能宽带 ISDN，其中可能引入智能电话、智能交换机及用于工程设计或故障检测与诊断的各种智能专家系统。

目前 B-ISDN 采用的传送方式主要有高速分组交换、高速电路交换、异步传送方式 ATM 和光交换方式 4 种。

高速分组交换是利用分组交换的基本技术，简化了 X.25 协议，采用面向连接的服务，在链路上无流量控制、无差错控制，集中了分组交换和同步时分交换的优点，已有多个试验网已投入试运行。

高速电路交换主要是多速时分交换方式（TDSM），这种方式允许信道按时间分配，其带宽可为基本速率的整数倍，由于这是快速电路交换，其信道的管理和控制十分复杂，尚有许多问题需要继续研究，目前还未进入实用阶段。

光交换技术的主要设备是光交换机，它将光技术引入传输回路和控制回路，实现数字信号的高速传输和交换，由于光集成电路技术尚未成熟，故光交换技术预计要到 21 世纪才能进到实用阶段。

7.5.2 ISDN 配置实例

【网络拓扑】

（1）2 台具有 ISDN BRI（基本速率接口）的路由器，分别命名为 R1 和 R2。

（2）通过 ISBN 网络把两台路由器的 ISDN BRI 接口相连接。

（3）图 7-5 中的"广域网云"代表运营商的 ISDN 网络，路由器的 BRI 接口通过 NT1 连接到 ISDN 线路上。

（4）各路由器 BRI 接口的 IP 地址和所连接线路的 ISDN 号码见图 7-5 中的标注。

图 7-5　ISDN 实验拓扑图

【实验环境】

（1）Cisco 路由器 2 台，分别命名为 R1 和 R2，要求每台路由器具有 1 个 ISDN BRI 接口。

（2）2 条 ISDN 线路和相应的 NT1 及线缆。

（3）1 台终端服务器，如 Cisco 2509 路由器，及用于反向 Telnet 的相应电缆。

（4）1 台带有超级终端程序的 PC，以及 Console 电缆及转接器。

【实验目的】

（1）配置 ISDN 交换机类型。

（2）配置 PPP 封装。

（3）配置 dialer string。

（4）配置 dialer-group 及 dialer-list。

（5）查看调试有关信息，使得 R1 和 R2 可以互相 ping 通。

【实验配置】

本实验提供了两台路由器通过 ISDN 线路进行连接时的最基本配置，从一个最简单的配置开始研究，有利于对技术的掌握。

设备和线缆连接好之后，打开所有设备的电源，开始进行实验。

配置清单：ISDN 的基本配置。

第 1 段：配置 ISDN 类型并查看其状态

```
R1#conf t
Enter configuration commands, one per line. End with CNTL/Z.
R1(config)#isdn switch-type ?
basic-1 tr6      1TR6 switch type for Germany
basic-5ess       Lucent 5ESS switch type for the U.S.
basic-dms100 Northern Telecom DMS-100 switch type for the U.S.
basic-net3       NET3 switch type for UK,Europe,Asia and Australia
basic-ni       National ISDN switch type for the U.S.
basic-qsig       QSIG switch type
basic-ts013      TS013 switch type for Australia (obsolete)
ntt              NTT switch type for Japan
```

vn3   VN3 and VN4 switch types for France

R1(config)#isdn switch-type basic-net3

R1(config)#int bri 0

R1(config-if)#no shut

R1(config-if)#end

R1#sh isdn status

Global ISDN Switchtype=basic-net3

ISDN BRI 0 interface

dsL 0,interface ISDN Switchtype=basic-net3

Layer 1 Status:

ACTIVE

Layer 3,Status:

TEI=70,Ces=1,SAPI=0,State=MULTIPLE_FRAME_ESTABLISHED

Layer 3 Status:

0 Active Layer 3 Call(s)

Active dsl 0 CCBs = 0

The Free Channel Mask: 0x80000003

Number of L2 Discards = 0, L2 Session ID = 5

Total Allocated ISDN CCBs = 0

R1#

[Resuming connection 1 R2]

R2#conft

Enter configuration commands, one per line. End with CNTL/Z.

R2(config)#isdn switch-type basic-net3

R2(config)#int bri 0

R2(config-if)#no sh

R2(config-if)#end

R2#

R2#sh isdn status

Global ISDN Switchtype = basic-net3

ISDN BRI 0 interface

dsl 0, interface ISDN Switchtype = basic-net3

Layer 1 Status:

ACTIVE

Layer 2 Status:

EI=66,Ces=1,SAPI=0,State=MULTIPLE_FRAME_ESTABLISHED

Layer 3 Status:

0 Active Layer 3 Call(s)

Active dsl 0 CCBs = 0

The Free Channel Mask: 0x80000003

Total Allocated ISDN CCBs = 0

R2#conft

第 2 段：配置 R1 路由器

R1#conft

Enter configuration commands, one per line. End with CNTL/Z.

R1(config)#int bri 0

R1(config-if)#ip addr 192.168.1.1255.255.255.0

R1(config~if)#encapsulation ppp

R1(config-if)#dialer string 80000002

R1(config-if)#dialer-group 1

R1(config-if)#exit

R1(config)#diaaer-list 1 protocol ip permit

R1(config)#end

R1#

第 3 段：配置 R2 路由器

R2#conft

Enter configuration commands, one per line. End with CNTL/Z.

R2(config)#int bri 0

R2(config-if)#ip addr 192.168.1.2 255.255.255.0

R2(config-if)#encap ppp

R2(config-if)#dialer string 80000001

R2(config-if)#dialer-group 1

R2(config-if)#exit

R2(config)#dialer-list 1 prot ip permit

R2(config)#end

R2#

第 4 段：测试配置结果

R1#sh int bri 0

BRI 0 is up,line protocol is up(spoofing)

Hardware is BRI

Internet address is 192.168.1.1/24

MTU 1500 bytes, BW 64 Kbit, DLY 20000 usec,

reliability 255/255, txioad 1/255, rxioad 1/255

Encapsulation PPP, loopback not set

Last input 00:00:05, output 00:00:05, output hang never

Last clearing of "show interface" counters 02:25:35

Input queue: 0/75/0/0 (size/max/drops/flushes)；　　Total output drops: 0

Queueisig strategy: weighted fair

Output queue: 0/1000/64/0 (size/max total/threshold/drops)

Conversations 0/1/16 (active/max active/max total)

Reserved Conversations 0/0 (allocated/max allocated)

5 minute input rate 0 bits/sec, 0 packets/sec

5 minute output rate 0 bits/sec, 0 packets/sec

0 packets input,0 bytes,0 no buffer

Received 0 broadcasts,0 runts,0 giants,0 throttles

0 input errors,0 CRC,0 frame,0 overrun,0 ignored,0 abort

0 packets output,0 bytes,0 underruns

0 output errors,0 collisions,0 interface resets

0 output buffer failures,0 output buffers swapped out

0 carrier transitions

R1#sh int bri 0:1

BRI 0:1 is down, Stise protocol is down

Hardware is BRI

MTU 1500 bytes, BW 64 Kbit, DLY 20000 usec,

reliability 255/255, txioad 1/255, rxioad 1/255

Encapsulation PPP, loopbacfe not set

Keepalive set (10 see)

LCP Closed

Closed:IPCP

Last input never, output never, output hang never

Last clearing of "show interface" counters never

Input queue: 0/75/0/0 (size/max/drops/flushes)；　Total output drops: 0

Queueing strategy: fifo

Output queue :0/40 (size/max)

5 minute input rate 0 bits/sec, 0 packets/sec

5 minute output rate 0 bits/sec, 0 packets/sec

0 packets input, 0 bytes, 0 no buffer

Received 0 broadcasts, 0 runts, 0 giants, 0 throttles

0 input errors, 0 CRC, 0 frame, 0 overrun, 0 ignored, 0 abort

0 packets output, 0 bytes, 0 underruns

0 output errors, 0 collisions, 3 interface resets

0 output buffer failures, 0 output buffers swapped out

0 carrier transitions

R1#conf t

Enter configuration commands, one per line. End with CNTL/Z.

R1(config)#logg con

R1(config)#end

R1#

R1#debug dialer

Dial on demand events debugging is on

R1#ping 192.168.1.2

Type escape sequence to abort.

Sending 5, 100-byte ICMP Echos to 192.168.1.2, timeout is 2 seconds:

02:27:36:BR0 DDR:Dialing cause ip(s=192.168.1..1,d=192.168.1.2)

02:27:36:BR0 DDR:Attemptiong to dial 80000002.

02:27:38:%LINK-3-UPDOWN:Interface BRI 0:1,changed state to up

02:27:38:%ISDN-6CONNECT:Interface BRI 0:1 is now connected to 80000002

Success rate is 60 percent (3/5), round-trip min/avg/max = 36/37/40 ms

02:27:40:BR0:1 DDR:dialer protocol up

02:27:41:%LINEPROTO-5-UPDOWN:Line protocol on Interface BRI 0:1,changed state to up

R1#ping 192.168.1.2

Type escape sequence to abort.

Sending 5, 100-byte ICMP Echos to 192.168.1.2, timeout is 2 seconds:

Success rate is 100 percent (5/5), round-trip min/avg/max = 36/38/40 ms

R1#undebug all

All possible debugging has been turned off

第 5 段：查看有关信息

R1#sh dialer

BRI 0-dialer type = ISDN

Dial String Successes Failures Last DNIS Last status

80000002 1 0 00:00:18 successful Default

0 incoming call(s) have been screened.

0 incoming call(s) rejected for callback.

BRI 0:1-dialer type=ISDN

Idle timer(120 secs),Fast idle timer(20 secs)

Wait for carrier (30 sees). Re-enable (15 secs)

Dialer state is data link layer up

Dial reason:ip(s=192.168.1.1,d=192.168.1.2)

Time until disconnect 111 secs

Current call connected 00:00:18

Connected to 80000002

BRI 0:2 - dialer type=ISDN

Idle timer (120 secs). Fast idle timer (20 secs)

Wait for carrier (30 secs). Re-enable (15 secs)

R1#sh isdn status

Global ISDN Switchtype = basic-net3

ISDN BRI 0 interface

dsl 0, interface ISDN Switchtype = basic-net3

Layer 1 Status:

ACTIVE

Layer 2 Status:

TEI = 71, Ces = I, SAPI = 0, State = MULTIPLE_FRAME_ESTABLISHED

Layer 3 Status:

1 Active Layer 3 Call(s)

CCB:callid=800B, sapi=O, ces=1, B-chan=1, calltype=DATA

Active dsl 0 CCBs = 1

The Free Channel Mask: 0x80000002

Number of L2 Discards = 0, L2 Session ID = 20

Total Allocated ISDN CCBs = 1

R1#

R2#ping 192.168.1.1

Type escape sequence to abort.

Sending 5, 100-byte ICMP Echos to 192.168.1.1, timeout is 2 seconds:

!!!!!

Success rate is 100 percent (5/5), round-trip min/avg/max = 36/41/48 ms

R2

（1）在第 1 段中，首先配置 ISDN 交换机的类型。有许多可以设置的 ISDN 交换机类型，如命令所列出的各项，在我国使用 basic-net3 类型的最多。应根据所租用的 ISDN 线路情况配置相应的 ISDN 交换机类型，本例中配置的类型为 basic-net3。

（2）进入 BRI 0 接口配置模式，激活该接口。

（3）使用 show isdn status 命令查看 ISDN 状态，所列出的信息如下：

● ISDN 的第 1 层 （Layer1）是激活状态；

● ISDN 第 2 层（Layer2）显示"TEI=70，Ces=1，SAPI=0，State=MULTIPLE_FRA-ME_ESTABLISHED"说明路由器 B 信道已经获得了 1 个 TEI（Terminal Endpoint Identifier，终端节点标识，此处为 70），处于可用状态；

● 第 3 层状态为"没有活动的呼叫"。

以上状态表明路由器与 ISDN 线路的连接完全正常，可以进行后续的实验。

（4）对 R2 路由器进行相同配置，并且查看 ISDN 状态。

（5）第 2 段对 R1 路由器进行了配置，对 BRI 0 接口的配置为：

● 配置 IP 地址；

● 配置封装类型为 PPP；

● 配置拨号串为 80000001，为 R2 的 1SDN 号码；

● 配置拨号组号为 1，把 BRI 0 接口与拨号列表 1 相关联。

另外，定义了拨号列表（dialer-list）1，允许 IP 协议包成为引起拨号的"感兴趣包"，即当有 IP 包需要在拨号线路上传送时可以引起拨号。

（6）第 3 段对 R2 路由器进行了与 R1 相似的配置，需要注意的是，IP 地址和 ISDN 号码两项。IP 地址必须和 R1 的 BRIO 接口 IP 地址处于同一个网段，ISDN 号码是与 R1 相连的 ISDN 线路的号码。

（7）配置好 R1 和 R2 之后，第 3 段提供了相应的测试。

首先执行的命令是 show int bri 0，BRI 0 接口处于 up 状态，说明 BRI 线路上的 D 信道处于激活状态，D 信道协议处于 up(spoofing)，即欺骗的激活状态。各项目的 5min 统计均为 0，表明目前 B 信道没有工作。

（8）show int bri 0:1 命令显示了第 1 个 B 信道的工作状态，列出的接口状态是 Down，线路协议也是 Down，并且与 PPP 相关的 LCP 和 IPCP 协议也处于关闭状态。

（9）使用 debug dialer 命令可以监测拨号行为。

（10）从 R1 上，发出 ping 192.168.1.2(R2)的指令，引发一次拨号行为。监测结果说明了发起拨号的源 IP 地址、目的 IP 地址、所拨的 ISDN 号码、所用的信道等信息。随后有 3 个代表 ping 测试成功的"!"号出现，最后报告了"Line protocol on Interface BRI 0:1，changed state to up"，表示 BRI 0:1 接口的线路协议已经激活。

用 show int bri 0:1 命令也可以看到"up/up"的状态显示。

（11）记住关闭所有的 Debug 操作。

（12）show dialer 命令显示了当前的拨号及其配置，列出的主要项目如下所示。

- 当前拨号串：80000002；
- 拨号接口：BRI 0:1
- 空闲时间：1205；
- 源和目的 IP 地址：192.168.1.1 和 192.168.1.2；
- 空闲多长时间后自动挂断：111s；
- 当前呼叫已连接的时间：18s；
- 当前连接的目标号码：80000002。
- 对于 BRI 0:2 接口，当前状态为空闲。

（13）show isdn status 命令显示了与拨号之前不同的项是第 3 层的状态，现在此处显示有 1 个活动呼叫（1 Active Layer3 Call(s)）。

（14）在 R2 路由器上用 ping 指令测试到 R1 的连通性，结果是成功的，说明已经实现了双向的连通。

7.6 帧中继（FR）

7.6.1 帧中继概述

帧中继是 20 世纪 80 年代初发展起来的一种数据通信技术，其英文名为 Frame Relay，简称 FR，它是从 X.25 分组通信技术演变而来的。什么是帧中继？它有什么优点？用帧中继来干什么？下面将就这些问题作简单的介绍。

可以将帧中继技术归纳为以下几点。

（1）帧中继技术主要用于传递数据业务，它使用一组规程将数据信息以帧的形式（简称帧中继协议）有效地进行传送。它是广域网通信的一种方式。

（2）帧中继所使用的是逻辑连接，而不是物理连接，在一个物理连接上可复用多个逻辑连接（即可建立多条逻辑信道），可实现带宽的复用和动态分配。

（3）帧中继协议是对 X.25 协议的简化，因此处理效率很高，网络吞吐量高，通信时延低，帧中继用户的接入速率在 64kbps 至 2Mbps，甚至可达到 34Mbps。

（4）帧中继的帧信息长度远比 X.25 分组长度要长，最大帧长度可达 1600 字节/帧，适合于封装局域网的数据单元，适合传送突发业务（如压缩视频业务、WWW 业务等）。

帧中继通信如图 7-6 所示。

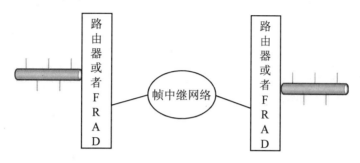

图 7-6　用帧中继实现广域连接

在图 7-6 中，LAN1 和 LAN2 代表两个要通过帧中继网络互联的局域网。路由器或 FRAD（帧中继拆装设备）的作用是将局域网 1 的帧（如以太网帧、令牌环帧等）封装打包成 FR 的帧，送入 FR 网络进行传送。FR 路由器 2 或 FRAD2 将从 FR 网络接收到的帧中继帧解包，并转换为以太网帧送给局域网 2。FR 路由器/FRAD 与 FR 网络间的接口称为帧中继用户—网络接口，即 FR-UNI 接口（User-Network Interface）。FR 网络内部交换机与交换机之间、或一个 FR 网络与另外一个 FR 网络之间的接口称为 FR-NNI（Network-Network Interface），即网络—网络接口。以上两个接口的标准协议由 ITU-T（国际电信联盟）、FR Forum（帧中继论坛）、ANSI（美国国家标准委员会）等组织确定。

帧中继网络是由许多帧中继交换机通过中继电路连接组成。目前，加拿大北电、新桥，美国朗讯、FORE 等公司都能提供各种容量的帧中继交换机。

一般来说，FR 路由器（或 FRAD）是放在离局域网相近的地方，路由器可以通过专线电路接到电信局的交换机。用户只要购买一个带帧中继封装功能的路由器（一般的路由器都支持），再申请一条接到电信局帧中继交换机的 DDN 专线电路或 HDSL 专线电路，就具备开通长途帧中继电路的条件。

需要特别介绍的是帧中继的带宽控制技术，这是帧中继技术的特点和优点之一。在传统的数据通信业务中，特别像 DDN，用户预定了一条 64 kbps 的电路，那么它只能以 64 kbps 的速率来传送数据。而在帧中继技术中，用户向帧中继业务供应商预定的是约定信息速率（简称 CIR），而实际使用过程中用户可以以高于 CIR 的速率发送数据，却不必承担额外的费用。举例来说，一个用户预定了 CIR=64 kbps 的帧中继电路，并且与供应商鉴定了另外两个指标，Bc（承诺突发量）、Be（超过的突发量），当用户以等于或低于 64 kbps 的速率发送数据时，网络定将负责地传送，当用户以大于 64 kbps 的速率发送数据时，只要网络有空（不拥塞），且用户在一定时间（Tc）内的发送量（突发量）小于 Bc+Be 时，网络还会传送，当突发量大于 Bc+Be 时，网络将丢弃帧。；所以帧中继用户虽然付了 64 kbps 的信息速率费（收费依 CIR 来定），却可以传送高于 64 kbps 的数据，这是帧中继吸引用户的主要原因之一。

帧中继技术首先在美国和欧洲得到应用。1991 年末，美国第一个帧中继网——Wilpac 网投入运行，它覆盖全美 91 个城市。在北欧，芬兰、丹麦、瑞典、挪威等在 20 世纪 90 年代初联合建立了北欧帧中继网 WORDFRAME，以后英国等许多欧洲国家也开始了帧中继网的建设和运行。在我国，中国国家帧中继骨干网于 1997 年初初步建成，目前能覆盖大部分省会城市，至 1998 年各省帧中继网也相继建成。上海目前已能提供国内、国际的帧中继业务。

原邮电部在 1997 年 12 月颁布了国家帧中继骨干网试运行期间的指导性的收费标准。建议的收费标准是按 CIR 值收取费用，其费用是相同 DDN 专线带宽收费的 40%。例如，如果用户原来租用一条 64 kbps 的 DDN 电路，每月需付 3000 元，现在如果租用一条 CIR=64 kbps 的帧中继电路，只要付 1 200 元，而且还能以高于 64 kbps 的速率发送信息，真是获得了高质廉价的服务。目前许多公司已经或正在考虑申请帧中继电路，其市场前景是广阔的。

中国电信为了推广帧中继业务，在 1997 年 12 月专门赞助主办了中国北京、上海、日本、东京、名古屋四城市间的网络围棋赛，通过帧中继来传送四地棋手的活动画面（速度 384 kbps），四方棋手虽然各处一方，但各位棋手的音容笑貌彼此却能相见，这是用帧中继技术实现活动图像时实传送的很好的应用例子。

目前的路由器都支持帧中继协议，帧中继上可承载流行的 IP 业务，IP 加帧中继已经成了广域网应用的绝佳选择。近年来，帧中继上的话音传输技术（VOFR）也不断发展，可以预见在不久的将来，"帧中继电话"将被越来越多的企业所采用。

随着多媒体业务的发展，随着 IP 技术的发展，作为数据通信基础网络技术的帧中继技术将越来越多地被应用，其发展前景无限。

7.6.2 帧中继配置实例

【网络拓扑】

网络拓扑结构图如图 7-7 所示。

图 7-7 帧中继网络图

【实验环境】

（1）两台带 FR 接口的路由器，分别命名为 R1 和 R2。

（2）帧中继网络。

【实验目的】

（1）熟悉帧中继接口电路的外观及连接方法。

（2）配置 FRAME RELAY 封装。

（3）学会查看和调试 FR 有关信息。

【实验配置】

（1）路由器 R1 的主要配置命令代码

Router>enable

Password:

```
Router#config terminal
Router(config)#hostname R1
R1(config)#enable switching
R1(config) #int s0/0
R1(config-if) #clock rate 64000
R1(config-if) #encapsulation frame-relay
R1(config-if) #frame-relay lmi-type cisco
                        //LMI 类型有 cisco/ansi/q33a
R1(config-if) #frame-relay intf-type dce
R1(config-if) #ip address 192.168.1.1 255.255.255.0
R1(config-if) #frame-relay interface-dlci 110
R1(config-if) #frame-relay interface-dlci 82
R1(config-if) #frame-relay map ip 192.168.1.2 82 broadcast
                        //指定把 IP 192.168.1.2 地址映射到 DLCI 82 连接
R1(config-if) #no shutdown
R1(config-if) #[ctrl+z]
R1 #show frame-relay map
```

（2）路由器 R2 的主要配置命令代码

```
Router>enable
Password:
Router#config terminal
Router(config)#hostname R2
R2(config)#enable switching
R2(config) #int s0/0
R2(config-if) #clock rate 64000
R2(config-if) #encapsulation frame-relay
R2(config-if) #frame-relay lmi-type cisco
                        //LMI 类型有 cisco/ansi/q33a
R2(config-if) #frame-relay intf-type dce
R2(config-if) #ip address 192.168.1.2 255.255.255.0
R2(config-if) #frame-relay interface-dlci 110
R2(config-if) #frame-relay interface-dlci 82
R2(config-if) #frame-relay map ip 192.168.1.1 110 broadcast
                        //指定把 IP 192.168.1.1 地址映射到 DLCI 110 连接
R2(config-if) #no shutdown
R2(config-if) #[ctrl+z]
R2 #show frame-relay map
```

7.7　数字数据网 DDN（专线）

7.7.1　DDN 概述

　　DDN（Digital Data Network，数字数据网），是利用数字信道传输数据信号的数据传输网。它可向用户提供专用的数字数据传输信道，为用户建立专用数据网提供条件。它的传输媒介有光缆、数字微波、卫星信道以及用户端可用的普通电缆和双绞线。DDN 向用户提供的是半永久性数字连接，沿途不进行复杂的软件处理，因此延时较短，避免了组网中传输时延大且不固定的缺点。它采用交叉连接装置，可根据用户需要，在约定的时间内接通所需的带宽线路。信道容量的分配和接收在计算机控制下进行，具有极大的灵活性，使用户可以开通种类繁多的信息业务。DDN 把数字通信技术、计算机技术、光纤通信技术以及数字交叉连接技术有机地结合在一起，提供了高速度、高质量的通信环境，其应用范围也从最初的单纯提供端到端的数据通信，扩大到能提供和支持多种业务服务，成为具有很大吸引力和发展潜力的传输网络。

　　DDN 之所以有很大的吸引力，主要是对那些业务量大，要求传输质量高、速度快的客户而言。随着计算机网络的日益普及，高速数据通信的需求日益增多。过去大部分数据主业务采用模拟信道传输，即将数据信号调制到音频频段后传输。由于调制解调器的技术限制以及实线传输的线间干扰电平衰耗的影响，模拟传输的距离和质量以及速度都不能满足高速数据传输的要求，采用数字信道来传输数据信号则克服了模拟传输的弱点，大大提高了传输质量。无论从信道利用率还是从传输质量来说，采用数字信道直接传输数据的意义都是很大的。

　　DDN 的主要特点如下。
　　（1）DDN 是同步数据传输网，不具备交换功能。
　　（2）DDN 具有高质量、高速度、低时延的特点。
　　（3）DDN 为全透明传输网，可以支持数据、图像、声音等多种业务。
　　（4）传输安全可靠。DDN 通常采用多路由的网状拓扑结构，因此中继传输段中任何一个节点发生故障、网络拥塞或线路中断，只要不是最终一段用户实线，节点均会自动迂回改道，而不会中断用户的端到端的数据通信。
　　（5）网络运行管理简便。DDN 将检错纠错功能放到智能化程度较高的终端来完成，因此简化了网络运行管理和监控内容，这样也为用户参与网络管理创造了条件。

7.7.2　DDN 配置实例

【网络拓扑】

　　网络拓扑结构图如图 7-8 所示。

图 7-8　DDN 网络连接拓扑图

【实验环境】

（1）两台带 DDN 接口的路由器，分别命名为 R1 和 R2。

（2）能提供两个路由接口的 DDN 网络。

【实验目的】

（1）熟悉 DDN 接口电路的外观及连接方法。

（2）配置 DDN 链路封装。

（3）查看 DDN 链路有关信息。

【实验配置】

对于一个局域网的外连有很多种方式，DDN 专线就是其中的一种，在下面的实例中介绍了内部局域网接入当地 ISP 的配置。

内部局域网：192.168.1.0/24，路由器的 Ethernet 0:192.168.1.1/24，Serial 1/2: 202.10.1.1/30；
ISP 路由器　Serial 1/2: 202.10.1.2/30。

在这里，内部网路由器作为 DTE 端设备，它的有关 DDN 的主要配置如下。

Router>enable

Password:xxxxxx

Router#config terminal

Router (config) #interface Serial 1/2

Router (config-if) #no shutdown

Router (config-if) # encapsulation hdlc　//DDN 的常用封装类型为 HDLC

Router (config-if) #ip address 202.10.1.1 255.255.255.252

Router (config-if) #exit

Router (config) # interface f 1/0

Router (config-if) #ip address 192.168.1.1 255.255.255.0

Router (config-if) # no shutdown

Router (config-if) #End

Router#show running

Router#ping

7.8　ATM 与 MPLS 网络

7.8.1　ATM 概述

ATM 的特点是进一步简化了网络功能。ATM 网络不参与任何数据链路层功能，将差错控制与流量控制工作都交给终端去做。下面对分组交换、帧中继和 ATM 交换三种方式的功能做个比较。分组交换网的交换节点参与了 OSI 第一到第三层的全部功能；帧中继节点只参与第二层功能的核心部分（2a），也即数据链路层中的帧定界、比特填充和 CRC 检验功能，第二层的其他功能，即差错控制和流量控制，以及第三层功能则交给终端去处理；ATM 网络则更为简单，除了第一层的功能之外，交换节点不参与任何工作。从功能分布的情况来看，ATM 网和电路交换网倒有点相似。因此有人说，ATM 网是综合了分组交换和电路交换的优点而形成的一种网络，这是很有道理的。ATM 克服了其他传送方式的缺点，能够适应任何类型的业务，不论其速度高低，突发性大小，实时性要求和质量要求如何，都能提供满意的服务。CCITT 在 I.113 建议中给 ATM 下了这样的定义：ATM 是一种转换模式（即前面所说的传送方式），在这一模式中信息被组织成信元；而包含一段信息的信元并不需要周期性地出现，从这个意义上来说，这种转换模式是异步的。信元（Cell）实际上就是分组，只是为了区别于 X.25 的分组，才将 ATM 伪信息单元叫做信元，ATM 的信元具有固定的长度，即总是 53 个字节。其中，5 个字节是信头（Header），48 个字节是信息段，或称有效负荷（Payload）。信头包含各种控制信息，主要是表示信元去向的逻辑地址，另外还有一些维持信息、优先度及信头的纠错码。信息段中包含来自各种不同业务的用户信息，这些信息透明地穿过网络。信元的格式与业务类型无关，任何业务的信息都同样被切割封装成统一格式的信元。

ATM 采用异步时分复用的方式，将来自不同信息源的信元汇集到一起，在一个缓冲器内排队，队列中的信元逐个输出到传输线路，在传输线路上形成首尾相接的信元流。信元的信头中写有信息的标志（如 A 和 B），说明该信元去往的地址，网络根据信头中的标志来转移信元。由于信息源产生信息是随机的，因此，信元到达队列也是随机的。高速的业务信元来得十分频繁、集中，低速的业务信元来得很稀疏。这些信元都按先来后到在队列中排队，队列中的信元按输出次序复用在传输线上，具有同样标志的信元在传输线上并不对应某个固定的，时间间隙也不是按周期出现的，也就是说信息和它在时域中的位置之间没有任何关系，信息只是按信头中的标志来区分的。这种复用方式叫做异步时分复用（Asynchronous Time Division Multiplex），又叫统计复用（Statistic Multiplex），在同步时分复用方式（如 PCM 复用方式）中，信息以它在一帧中的时间位置（时隙）来区分，一个时隙对应着一条信道，不需要另外的信息头来标志信息的身份。

异步时分复用方式使 ATM 具有很大的灵活性，任何业务都可按实际需要来占用资源，对特定业务，传送的速率随信息到达的速率而变化，因此网络资源得到最大限度的利用。此外，ATM 网络可以适用于任何业务，不论其特性如何（速率高低、突发性大小、质量和实时性要求等），网络都按同样的模式来处理，真正做到了完全的业务综合。如果在某个时刻队列排空了所有的信元，此时线路上就出现未分配信元；反之，如果在某个时刻传输线路上找不到可以传送信元的机会（信元都已排满），而队列已经充满缓冲区，此时，为了尽量减少对业务质量的影响，在信元的信头中写有优先度标志，首先被丢弃的总是那些优先度低，不太重要的信元。当然缓冲区的容量必须根据信息流量来计算，使信元丢失率在 10^{-9} 以下。为了提高处理速度、降低延迟，ATM 以面向连接器方式工作。网络的处理工作十分简单：通信开始时建立虚电路，以后用户将虚电路标志写入信头（即地址信息），网络根据虚电路标志将信元送往目的地。经 ATM 复用后，信元流速率取决于传输线路的速率，如果采用单模光纤，这个速率可高达几个 Gbps。每条虚电路的速率和属于该虚电路的信元出现的频率有关。

ATM 网络包括一些节点，这些节点提供信元的交换。实际上，节点完成的只是虚电路的交换，因为同一虚电路上的所有信元都选择同样的路由，经过同样的通路到达目的地。在接收端，这些信元到达的次序总是和发送次序相同。ATM 交换节点的工作比 X.25 分组交换网中的节点要简单得多。ATM 节点只做信头的 CRC 检验，对于信息段的传输差错根本不过问。ATM 节点不做差错控制（信头中根本没有信元的编号），也不参与流量控制，这些工作都留给终端去做。

ATM 节点的主要工作就是读信头，并根据信头的内容快速地将信元送往要去的地方，这件工作在很大程度上依靠硬件来完成，因此，ATM 交换的速度非常快，可以和光纤的传输速度相匹配。

7.8.2　MPLS 概述

1997 年，由多家公司联合向 IETF 提交了 MPLS（MultiProtocol Label Switching，多协议标记交换）框架及体系结构两个草案文档，它以 Cisco 公司的 Tag 交换为基础而又综合各家之长。MPLS 中引入了非常多的新概念和术语，其中比较关键的有以下几个。

（1）Label（标记）：用于表示 FEC 的固定长度的标识符，仅具有局部意义。

（2）LSR（标记交换路由器）：支持第三层前传的 MPLS 节点。

（3）FEC（等效前传类）：以相同方式（如：通过同一条路径，受到 LSR 相同的前传处理）进行前传的一组 IP 分组。

（4）LabelStack（标记堆栈）：一组有序的标记，不同位置的标记代表着不同的层次。

（5）LSP（标记交换路径）：一个特定的 FEC 在同一层次上经过 LSRs 所形成的路径。

（6）LDR（标记分发协议）：一个 LSR 通知其他 LSRs 关于标记 / FEC 绑定信息的一系列过程。

在面向无连接的网络中，每个路由器通过分析分组头来独立地选择下一跳；而分组头中含有比需要用来判断下一跳多得多的信息。选择下一跳的工作可分两部分：将分组分成 FECs 和为 FEC 选择下一跳。在传统 IP 前传中，每个路由器对同一个 FEC 的每个分组都要进行分类和选择下一跳。而在 MPLS 中，对于一分组，只是在它进入网络时进行 FEC 分类，并分配一个相应的标记。网络中的 LSR 则不再需要对网络层头进行分析，直接根据标记进行处理。有些传统路由器在分析分组头时，不但决定分组的下一跳，而且要决定分组的业务类型（CoS，Class of Service），以给予不同的服务规则。MPLS 可以（但不是必须）利用标记来支持 CoS，此时标记用来代表 FEC 和 CoS 的结合。MPLS 可以支持任何网络层协议，但实际上，MPLS 工作组仅考虑 IP 协议。

来自路由协议的信息用于分配和分发标记。一般来说，由下游节点向上游节点分发标记，连成一串的标记就构成了 LSP。在单播中，LDP 有两种方式来进行标记的分发：独立方式（Independent）和受控方式（Ordered）。在独立方式中，任何节点可以在任何时候为每一个它认识的流进行标记分发；受控方式中，一个流的标记分发从这个流所属的出口节点开始，这样可以保证整个网络内标记与流的映射是完整一致的。

标记分配由下游执行，而下游节点由路由决定，也有两种发配方式：下游（Downstream）分配和下游按需（Downstream－on－Demand）分配。前者由下游分配标记，并分发到邻近的 LSRs；后者则由上游 LSR 为一个流向下游 LSR 提出标记分配请求，这在 ATM 网络中很有用，因为 ATM 不能进行 LSP 的合并。

不论是独立还是受控方式，可以采用自由模式（Liberal Mode）或保守模式（Conservative Mode）分发标记。在自由模式中，向所有邻近的 LSRs 分发一个 FEC 的标记，而不管自己是否是这些节点在此 FEC 上的下一跳。这样做的优点是，当路由发生变化时，可以立即使用预先分发好的标记，但这将消耗更多的标记。保守模式只分发给下一跳是自己的那些节点，这样可以节省标记空间。

MPLS 中一个关键部分就是可以将同一个标记（或 LSP）分配到多个流上。MPLS 支持标记的不同层次的颗粒化（Granularity）。根据对共享标记和最大程度获得交换的好处之间的折中，可以选择不同的颗粒化，常用的颗粒化有以下三种。

（1）IP 地址前缀（IP Prefix）：具有相同的目的网络地址将共用同一个 LSP，与自由方式配合使用，可以使标记一次性完成分配。

（2）出口路由器（Egress Router）：有同一个出口路由器的所有 IP 地址共用相同的 LSP，扩展性最好。

（3）应用流（Application Flow）：扩展性最差，但保证了端到端的交换。

因此，典型的 LSP 是一棵多点到点的树，多个流在某些节点上汇聚成一个流，这使得 MPLS 可以用 O(n)数量级的标记来进行流量交换，极大地增加了扩展性；但前提是 LSR 必须支持流合并，这在 ATM 网络中存在问题。

MPLS 通用头（shim）可以灵活地封装到不同的位置，可以在第二层头或第三层头中，甚至可以在第二层与第三层头之间，而且根据不同的数据链路层将有不同的格式。例如，在点到点网络中，就封装到 PPP 头的后面；而在 ATM 网络中，则将标记映射到 VPI / VCI 中。Shim 的格式支持标记堆栈，进入网络的数据可以携带多个标记；这些标记采用先进先出的堆栈方式，这使得 MPLS 支持层次化操作。例如，在域内（intra-domain）用第一个标记，而在域间（inter-domain）用第二个标记；而且 LSR 对于标记的处理方式与标记堆栈完全无关，它永远是对最上面一个标记进行操作。

7.8.3　MPLS 的关键技术

1. VC 合并（VC Merging）

MPLS 通过对标记不同粗细程度的分类和流合并两种方法将网络的连接数从 $O(n^2)$ 降到 O(n)，从而极大地增加网络的可扩展性。当 MPLS 运行在基于帧的媒质上时，流合并很简单，所要做的仅仅是要求节点将多个上游标记对应到同一个下游标记，这也称为帧合并。但是在 ATM 上就会产生问题。在 ATM 中，MPLS 的标记对应于 ATM 信元中的 VPI / VCI 域，因此流合并意味着 VPI / VCI 合并。但是标准的 ATM 交换机不支持 VC 合并。如果直接将不同的 VC 合并成同一个出口 VC，不同分组的信元就会交错在一起，而且接收方没有办法能分辨出来。一种可行的方法是用 VP 而不是 VC 来进行流合并，通过对每个 VP 分配不同的 VC 空间来解决信元交错问题；但这样将极大地降低 VPI / VCI 的利用率，而且需要机制来进行 VC 空间的分配。

VC 合并要求 ATM 交换机对不同入口 VC 进来的分组先进行串行化，这就要求 ATM 交换机中有额外的缓存。对此 MPLS 工作组在 1999 年 9 月指定的标准中提出了一种解决方案，并初步研究了在输出缓存采用 FIFO 时它的性能。研究结果表明，这种方案十分可行。

2. 路由环（Loop）的防止与检测

由于 LSP 的建立基于路由信息，因此 LSP 有可能也形成环路。在传统的 IP 网络中，IP 通过 TTL 域来减轻进入路由环的分组对整个网络的影响。但是 ATM 和 Frame Relay 均不支持 TTL。因此，MPLS 工作组提出："必须要有某种机制，防止路由环产生，或者（并且）保留一些网络资源可以用于路由环所产生的消耗。"有两种方法来处理路由环：检测和防止。对于检测方式，允许路由环存在，但 MPLS 将会检测到它并进行删除或弃用；对于防止方式，MPLS 将提供机制来杜绝路由环的生成。

可以通过在 MPLS 消息中加入路径矢量域来检测路由环。路径矢量域中包含了前传某个流的每个节点的标识符。当某个节点收到这个域时，就检查自己的标识符是否已经在路径矢量域中：如果已经有了，则表明产生了回路；如果没有，则将自己的标识符加到路径矢量域中并前传 MPLS 消息。

ARIS 提出了一种扩散算法（Diffusion）来防止路由环。对于某个流，当某个节点的下一跳发生变化时，首先用 Diffusion 算法来判断是否会产生路由环。在执行完毕之前，仍沿用旧的路径来发送数据。MPLS 工作组也在考虑其他扩展性更好的机制，在 1999 年 5 月提出的 Internet 草案中提出了一种线程机制（Threads Mechanism）。当一个节点（比如入口节点）想建立 LSP 或它的下一跳发生改变时，它向下游节点发送一个 thread，thread 由唯一的颜色（Color）、跳数（Hop Count）和 TTL 三部分组成。如果节点收到了由它先前发出的 thread，则说明有回路产生；如果它收到出口节点发回的确认消息，则说明不会形成回路。虽然线程机制功能强大，但操作过于复杂，而且节点必须保留经过它的所有 thread 的信息。由于目前的 LDP（标记分配协议）有路由环的检测功能，因此 1999 年 6 月提出的 Internet 草案中提出了一种简单的防止机制来配合 LDP：其工作原理与数据流的流向和树的类型无关，可以很好地支持组播。通过向树的根节点发送标记合并消息（Label Splice Message），并等待根节点的确认消息来判断是否存在环路。它没有提供检测控制消息的环路的方法，不过 LDP 已有相应的解决办法。MPLS 工作组目前仍未决定究竟选哪种机制。

3. RSVP 与 MPLS

曾经有人提出通过直接路由将 RSVP 和 MPLS 结合起来，并可以用于流量工程（Traffic Engineering）。草案规定了如何对 RSVP 流进行标记的分配和绑定，并通过 RSVP 的消息（PATH 和 RESV 消息）来传送相应信息。其中需要解决的问题有：当 ATM 不支持流合并时，要为每个发送方分配一个标记，此时如何将一组标记作为整个来进行资源预留；如何在 ATM 中进行 TTL 处理；如何在共享媒质上进行标记分区等。

当 RSVP 路径因某种原因发生故障时，RSVP 将采用普通的 Best－Effort 路由来前传，而这与流量工程的目的相矛盾：因为当一部分流量采用预定的路径时，另一部分流量却采用动态路由。而且，当一条路径的一部分采用预定的路径，而其他部分采用动态逐跳路由时，有可能出现永久路由环。

4. MPLS 在共享媒质中

目前已提出两种方案。一种是将 Shim 头放在 MAC 头和网络层头之间，当数据在共享媒质中前传时，不使用 Shim 头，而仅在共享媒质的边界路由器使用。另一种机制是通过重新定义目的 MAC 地址的语义，将标记编码到 MAC 头中，这样就不需要像第一种方案那样要对帧进行分段，而且网桥可以具有路由功能，但它的缺点是无法和现有的 LAN 互通。

7.8.4 ATM 的配置

由于一般的实验室都比较少有 ATM 网络，因此在这里仅提供 ATM 配置的一些主要命令以供读者参考。

```
RouterA(config)#interface atm 4/0
RouterA(config-if)#ip address 192.168.2.1 255.255.255.0
RouterA(config-if)#atm nsap-address
ab.cef.01.23467.bcde.f012.3456.7890.1234.12
```

//接口使用 SVC，并且已经配置了它的 40 位的十六进制 SNAP 地址（源地址）

RouterA(config-if)# atm pvc 1 0 5 qsaal

//配置 ATM PVC 的命令格式为：atm pvc vcd vpi vci aal-encap

RouterA(config-if)#map-group Shasta

//建立已经存在的映射表(Shasta）与该 ATM 接口之间的联系

RouterA(config-if)#atm rate-queue 0 155

//定义了一个高优先级(总共只有 0-3 级)的速率队列（155Mbps）

RouterA(config-if)# atm rate-queue 1 45

//定义了一个较高优先级的速率队列（45Mbps）

RouterA(config-if)#map-list Shasta

Ip 172.17.3.5 atm-snap   bb.cdef.01.234567.890a.bcde.f012.3456.7890.1234.12

Ip 172.18.1.2 atm-snap   bb.cdef.01.234567.890a.bcde.f012.3456.7890.1234.12 class qos

RouterA(config-if)#map-class qosclass

RouterA(config-if)#atm forward-peak-cell-rate-clp0 1500

RouterA(config-if)#atm backward-max-burst-size-clp0 96 interface atm 4/0

RouterA(config-if)#

【课后练习及实验】

1．广域网协议中 PPP 协议具有什么特点？

2．PAP 和 CHAP 各自的特点是什么？

3．简述 CHAP 的验证过程。

4．什么是 DDN？它的特点是什么？

5．HDLC 协议的特点是什么？

6．X.25 分组级的主要功能是什么？

7．由窄带 ISDN 向宽带 1SDN 的发展，可分为哪三个阶段？

8．什么是帧中继？它有什么优点？

9．分组交换、帧中继和 ATM 交换三种方式的功能有何区别？

10．实验：图 7-9 有 2 台计算机，分别通过一个三层交换机（S3550）和路由器 R3 连接路由器 R1 和 R2，使用 PPP 协议验证，PAP 和 CHAP 两种方式。

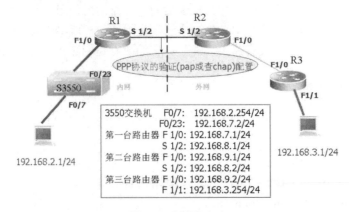

图 7-9　广域网实验

第8章 NAT 技术

随着 Internet 技术的发展和用户不断以指数级速度增长,在 IPv4 中把珍贵的网络地址分配给专用网络终于被视作是一种对宝贵资源的浪费。因此出现了网络地址转换(NAT)标准,就是将某些 IP 地址留出来供专用网络重复使用。本章介绍如何正确应用网络地址转换 NAT 技术。

8.1 NAT 概 述

NAT(Network Address Translation,网络地址转换)是一个 IETF 标准,允许一个机构以一个地址出现在 Internet 上。NAT 将每个局域网节点的内部私有地址转换成一个公网上合法的 IP 地址,反之亦然。它也可以应用到防火墙技术里,把个别 IP 地址隐藏起来不被外界发现,使外界无法直接访问内部网络设备,同时,它还帮助网络可以超越地址的限制,合理地安排网络中的公有 Internet 地址和私有 IP 地址的使用。

1. NAT 技术基本原理

NAT 技术能帮助解决 IP 地址紧缺的问题,而且能使得内外网络隔离,提供一定的网络安全保障。它解决问题的办法是:在内部网络中使用内部地址,通过 NAT 把内部地址翻译成合法的 IP 地址在 Internet 上使用,其具体的做法是把 IP 包内的地址域用合法的 IP 地址来替换。NAT 功能通常被集成到路由器、防火墙、ISDN 路由器或者单独的 NAT 设备中。NAT 设备维护一个状态表,用来把非法的 IP 地址映射到合法的 IP 地址上去。每个包在 NAT 设备中都被翻译成正确的 IP 地址,发往下一级,这意味着给处理器带来了一定的负担。但对于一般的网络来说,这种负担是微不足道的。

2. NAT 技术的类型

NAT 有三种类型:静态 NAT(Static NAT)、动态地址 NAT(Pooled NAT)、网络地址端口转换 NAPT(Port-Level NAT)。其中,静态 NAT 设置起来最为简单和最容易实现的一种,内部网络中的每个主机都被永久映射成外部网络中的某个合法的地址。而动态地址 NAT 则是在外部网络中定义了一系列的合法地址,采用动态分配的方法映射到内部网络。NAPT 则是把内部地址映射到外部网络的一个 IP 地址的不同端口上。根据不同的需要,三种 NAT 方案各有利弊。

动态地址 NAT 只是转换 IP 地址,它为每一个内部的 IP 地址分配一个临时的外部 IP 地址,主要应用于拨号,对于频繁的远程连接也可以采用动态 NAT。当远程用户连接上之后,动态地址 NAT 就会分配给他一个 IP 地址,当用户断开时,这个 IP 地址就会被释放而留待以后使用。

网络地址端口转换 NAPT(Network Address Port Translation)是人们比较熟悉的一种转换方式。NAPT 普遍应用于接入设备中,它可以将中小型的网络隐藏在一个合法的 IP 地址后面。NAPT 与动态地址 NAT 不同,它将内部连接映射到外部网络中的一个单独的 IP 地址上,同时在该地址上加上一个由 NAT 设备选定的 TCP 端口号。

　　在 Internet 中使用 NAPT 时，所有不同的 TCP 和 UDP 信息流看起来好像来源于同一个 IP 地址。这个优点在小型办公室内非常实用，通过从 ISP 处申请的一个 IP 地址，将多个连接通过 NAPT 接入 Internet。实际上，许多 SOHO 远程访问设备支持基于 PPP 的动态 IP 地址。这样，ISP 甚至不需要支持 NAPT，就可以做到多个内部 IP 地址共用一个外部 IP 地址上 Internet，虽然这样会导致信道的一定拥塞，但考虑到节省的 ISP 上网费用和易管理的特点，用 NAPT 还是很值得的。

　　3．NAT 技术在 Internet 中的使用

　　NAT 技术可以让区域网络中的所有机器经由一台通往 Internet 的 server 线出去，而且只需要注册该 server 的一个 IP 就够了。在以往没有 NAT 技术以前，必须在 server 上安装 sockd，并且所有的 client 都必须要支援 sockd，才能够经过 server 的 sockd 连线出去。这种方式最大的问题是，通常只有 telnet/ftp/www-browser 支援 sockd，其他的程序都不能使用，而且使用 sockd 的速度稍慢。因此，使用网络地址转换 NAT 技术，client 就不需要做任何的更动，只需要把 gateway 设到该 server 上就可以了，而且所有的程序（例如 kali/kahn 等等）都可以使用。最简单的 NAT 设备有两条网络连接：一条连接到 Internet，一条连接到专用网络。专用网络中使用私有 IP 地址（比如：10.0.0.0；172.16.0.0 或者是 192.168.0.0 的网络，这些 IP 段是不能在公网上使用）的主机，通过直接向 NAT 设备发送数据包连接到 Internet 上。与普通路由器不同，NAT 设备实际上对包头进行修改，将专用网络的源地址变为 NAT 设备自己的 Internet 地址，而普通路由器仅在将数据包转发到目的地前读取源地址和目的地址。

8.2　应用 NAT 技术的安全策略

8.2.1　应用 NAT 技术的安全问题

　　在使用 NAT 时，Internet 上的主机表面上看起来直接与 NAT 设备通信，而非与专用网络中实际的主机通信。输入的数据包发送到 NAT 设备的 IP 地址上，并且 NAT 设备将目的包头地址由自己的 Internet 地址变为真正的目的主机的专用网络地址。而结果是，理论上一个全球唯一 IP 地址后面可以连接几百台、几千台乃至几百万台拥有专用地址的主机。但是，这实际上存在着缺陷。例如，许多 Internet 协议和应用依赖于真正的端到端网络，在这种网络上，数据包完全不加修改地从源地址发送到目的地址。比如，IP 安全架构不能跨 NAT 设备使用，因为包含原始 IP 源地址的原始包头采用了数字签名。如果改变源地址的话，数字签名将不再有效。NAT 还向我们提出了管理上的挑战，尽管 NAT 对于一个缺少足够的全球唯一 Internet 地址的组织、分支机构或者部门来说是一种不错的解决方案，但是当重组、合并或收购需要对两个或更多的专用网络进行整合时，它就变成了一种严重的问题，甚至在组织结构稳定的情况下，NAT 系统不能多层嵌套，从而造成路由噩梦。

8.2.2　应用 NAT 技术的安全策略

　　当改变网络的 IP 地址时，需要仔细考虑这样做会给网络中已有的安全机制带来什么样的影响。例如，防火墙根据 IP 报头中包含的 TCP 端口号、信宿地址、信源地址以及其他一些信

息来决定是否让该数据包通过。可以依 NAT 设备所处位置来改变防火墙过滤规则，这是因为 NAT 改变了信源或信宿地址。如果一个 NAT 设备，如一台内部路由器，被置于受防火墙保护的一侧，将不得不改变负责控制 NAT 设备身后网络流量的所有安全规则。在许多网络中，NAT 机制都是在防火墙上实现的。它的目的是使防火墙能够提供对网络访问与地址转换的双重控制功能。除非可以严格地限定哪一种网络连接可以被进行 NAT 转换，否则不要将 NAT 设备置于防火墙之外。任何一个黑客，只要他能够使 NAT 误以为他的连接请求是被允许的，都可以以一个授权用户的身份网络进行访问。如果企业正在迈向网络技术的前沿，并正在使用 IP 安全协议（IPSec）来构造一个虚拟专用网（VPN）时，错误地放置 NAT 设备会毁了计划。原则上，NAT 设备应该被置于 VPN 受保护的一侧，因为 NAT 需要改动 IP 报头中的地址域，而在 IPSec 报头中该域是无法被改变的，这使可以准确地获知原始报文是发自哪一台工作站的。如果 IP 地址改变了，那么 IPSec 的安全机制也就失效了，因为既然信源地址都可以被改动，那么报文内容就更不用说了。在系统中应用 NAT 技术应采用以下几个策略。

（1）网络地址转换模块。NAT 技术模块是本系统核心部分，而且只有本模块与网络层有关，因此，这一部分应和 Unix 系统本身的网络层处理部分紧密结合在一起，或对其直接进行修改。本模块进一步可细分为包交换子模块、数据包头替换子模块、规则处理子模块、连接记录子模块与真实地址分配子模块及传输层过滤子模块。

（2）集中访问控制模块。集中访问控制模块可进一步细分为请求认证子模块和连接中继子模块。请求认证子模块主要负责和认证与访问控制系统通过一种可信的安全机制交换各种身份鉴别信息，识别出合法的用户，并根据用户预先被赋予的权限决定后续的连接形式。连接中继子模块的主要功能是为用户建立起一条最终的无中继的连接通道，并在需要的情况下向内部服务器传送鉴别过的用户身份信息，以完成相关服务协议中所需的鉴别流程。

（3）临时访问端口表。为了区分数据包的服务对象和防止攻击者对内部主机发起的连接进行非授权的利用，网关把内部主机使用的临时端口、协议类型和内部主机地址登记在临时端口使用表中。由于网关不知道内部主机可能要使用的临时端口，故临时端口使用表是由网关根据接收的数据包动态生成的。对于进入向的数据包，防火墙只让那些访问控制表许可的或者临时端口使用表登记的数据包通过。

（4）认证与访问控制系统。认证与访问控制系统包括用户鉴别模块和访问控制模块，实现用户的身份鉴别和安全策略的控制。其中用户鉴别模块采用一次性口令（One-Time Password）认证技术中 Challenge/Response 机制实现远程和当地用户的身份鉴别，保护合法用户的有效访问和限制非法用户的访问。它采用 Telnet 和 WEB 两种实现方式，满足不同系统环境下用户的应用需求。访问控制模块是基于自主型访问控制策略（DAC），采用 ACL 的方式，按照用户（组）、地址（组）、服务类型、服务时间等访问控制因素决定对用户是否授权访问。

（5）网络安全监控系统。监控与入侵检测系统作为系统端的监控进程，负责接受进入系统的所有信息，并对信息包进行分析和归类，对可能出现的入侵及时发出报警信息；同时如发现有合法用户的非法访问和非法用户的访问，监控系统将及时断开访问连接，并进行追踪检查。

（6）基于 WEB 的防火墙管理系统。管理系统主要负责网络地址转换模块、集中访问控制模块、认证与访问控制系统、监控系统等模块的系统配置和监控。它采用基于 WEB 的管理模式，由于管理系统所涉及到的信息大部分是关于用户账号等敏感数据信息，故应充分保证信息的安全性，我们采用 Java Applet 技术代替 CGI 技术，在信息传递过程中采用加密等安全技术保证用户信息的安全性。

尽管 NAT 技术可以带来各种好处，例如，无需为网络重分 IP 地址、减少 ISP 账号花费以及提供更完善的负载平衡功能等，NAT 技术对一些管理和安全机制的潜在威胁仍存在，如何正确应用好网络地址转换 NAT 技术就变得尤为重要。

8.3 利用静态 NAT 实现内外地址的一一转换

【网络拓扑】

网络拓扑结构如图 8-1 所示。

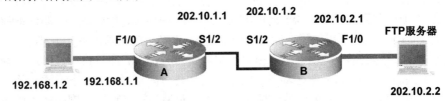

图 8-1 静态 NAT 网络图

【实验环境】

（1）两台带串口的路由器，分别命名为 RouterA 和 RouterB。

（2）两台 PC 分别与路由器的以太口相连。

【实验目的】

（1）学会静态 NAT 的配置方法。

（2）熟悉访问列表的书写方法。

（3）将外部地址到内部地址的静态转换（192.168.1.2 的地址转换到 202.10.1.3）。

（4）学会查看 NAT 有关信息。

【实验配置】

（1）路由器 RouterA 的主要配置命令代码

```
RG-2632>en 14
Password:******
RG-2632#config terminal
RG-2632(config)#hostname RouterA
RouterA(config)#int s 1/2            //进入接口配置模式
RouterA(config-if)#ip nat outside     //定义该接口连接外部网络
RouterA(config-if)#ip address 202.10.1.1 255.255.255.0
RouterA(config-if)#clock rate 64000    //DCE 设备要设置时钟
RouterA(config-if)#no shutdown
RouterA(config-if)#exit
RouterA(config)#int f 1/0                //进入接口配置模式
```

RouterA(config)-if)#ip nat inside　　　//定义该接口连接内部网络

RouterA(config)-if)#ip address 192.168.1.1 255.255.255.0

RouterA(config)-if)#no shutdown

RouterA(config)-if)#exit

RouterA(config)#ip nat inside source static 192.168.1.2 202.10.1.3

//定义内部地到外部地址的一对一固定映射关系

RouterA(config)#exit

RouterA#show ip nat translations

RouterA#show running

（2）静态 NAT 端口映射

将内网的 192.168.0.10 服务器的 FTP 服务映射到公网的 202.10.1.1 上，便于外部用户访问这台 FTP 服务器：

RouterA(config)#ip nat inside source static tcp 192.168.0.10 20 202.10.1.1 20

RouterA(config)#ip nat inside source static tcp 192.168.0.10 21 202.10.1.1 21

8.4　利用动态 NAT 实现内外地址的动态转换

【网络拓扑】

网络拓扑结构如图 8-2 所示。

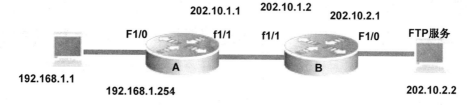

图 8-2　动态 NAT 网络拓扑图

【实验环境】

（1）两台 RG-2632 路由器，分别命名为 RouterA 和 RouterB。

（2）两台 PC 分别与路由器的以太口相连。

【实验目的】

（1）学会动态 NAT 地址转换的配置方法。

（2）熟悉内部地址池和外部地址池的书写方法。

（3）学会查看 NAT 有关信息。

【实验配置】

路由器 RouterA 的主要配置命令代码如下。

```
R2632>en 14 //14 为登陆的权限等级
Password:
R2632#config terminal
Enter configuration commands, one per line.    End with CNTL/Z.
R2632(config)# hostname RouterA
RouterA(config)#interface fastethernet 1/0
RouterA(config-if)#ip address 192.168.1.254    255.255.255.0
RouterA(config-if)#no shutdown
RouterA(config-if)#ip nat inside
RouterA(config-if)#exit
RouterA(config)#interface fastethernet 1/1
RouterA(config-if)#ip address 202.10.1.1 255.255.255.0
RouterA(config-if)#no shut
RouterA(config-if)#ip nat outside
RouterA(config-if)#exit
RouterA(config)#ip nat pool global 202.10.1.10    202.10.1.20    netmask    255.255.255.0
RouterA(config)#access-list 1 permit 192.168.1.0    0.0.0.255
RouterA(config)#ip nat inside source access-list 1 pool global
RouterA(config)#ip route 0.0.0.0 0.0.0.0 interface    fastethernet    1/1
RouterA(config)#exit
RouterA#
```

8.5　利用 NAPT 实现多内部地址到一个公网地址的转换

【网络拓扑】

网络拓扑结构如图 8-3 所示。

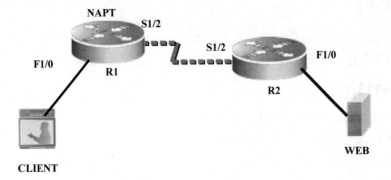

图 8-3　动态 NAPT 网络拓扑图

【实验环境】

（1）两台带串口的路由器，分别命名为 R1 和 R2。
（2）路由器 R1 与 PC 相连，路由器 R2 与广域网的 WEB 服务器相连。
（3）V.35 线缆（1 条）。

【实验目的】

（1）学会动态 NAPT 的配置方法。
（2）熟悉访问列表的书写方法。
（3）学会查看 NAPT 的有关信息。

【实验配置】

[IP 规划]

PC：192.168.1.1　255.255.255.0　　　　　　WEB：219.220.236.2　　255.255.255\.0
R1 F1/0：192.168.1.254　　255.255.255.0　S1/2：219.220.237.1　255.255.255.252 DCE
R2 F1/0：219.220.236.254　255.255.255.0　S1/2：219.220.237.2　255.255.255.252 DTE

【实验步骤】

（1）局域网路由器 R1 的配置
R2632>
R2632>en 14 //14 为权限等级
Password:
R2632#config terminal
Enter configuration commands, one per line.　End with CNTL/Z.
R2632(config)# hostname R1
R1(config)#interface fastethernet 1/0
R1(config-if)#ip address 192.168.1.254　255.255.255.0
R1(config-if)#no shutdown
R1(config-if)#exit
R1(config)#interface serial 1/2
R1(config-if)#ip address 219.220.237.1 255.255.255.252
R1(config-if)#clock rate 64000
R1(config-if)#no shut
R1(config-if)#exit
R1(config)#
（2）互连网路由器 R2 的配置
R2632>
R2632>en 14
Password:
R2632#config terminal

Enter configuration commands, one per line.　　End with CNTL/Z.

R2632(config)# hostname R2

R2(config)#interface fastethernet 1/0

R2(config-if)#ip address 219.220.236.254 255.255.255.0

R2(config-if)#no shutdown

R2(config-if)#exit

R2(config)#interface serial 1/2

R2(config-if)#ip address 219.220.237.2 255.255.255.252

R2(config-if)#no shut

R2(config-if)#exit

R2(config)#

（3）在局域网路由器上设置默认路由

R1(config)#ip route 0.0.0.0 0.0.0.0 serial 1/2

验证测试:

R2#ping 219.220.237.1

（4）配置动态 NAPT 映射

R1(config)#interface fastethernet 1/0

R1(config-if)#ip nat inside

R1(config-if)#exit

R1(config)#interface serial 1/2

R1(config-if)#ip nat outside

R1(config-if)#exit

R1(config)#ip nat　　pool to_internet 219.220.237.1　　219.220.237.1 netmask 255.255.255.252

R1(config)#access-list 1 permit 192.168.1.0　　0.0.0.255

R1(config)#ip nat inside source list 1 pool　　to_internet overload

（5）测试验证与故障排除

R1#show ip nat translation　　　　//查看 NAT 转换情况

R1#show ip nat statistics　　　　　//查看 NAT 的统计情况

8.6　NAT 限 速

为了实现某种服务质量要求，NAT 还可以进行流量管理（只在 V8.32 (B57) 及以上版本支持），以达到某种特定的管理要求。比如限制某个用户的最大下载速度；或者是限制某个用户的最大上传速度；方便运行商按流量或速率等级进入收费等。

（1）全局打开 NAT 速率控制命令:

R1(config)#ip nat translation rate-limit inside bps outside bps

//启用 NAT 转换的流量管理功能

例如，进入接口的速度为 2 Mbps，而流出端口的速度只能达到 512 kbps:

R1(config)#ip nat translation rate-limit inside 2000000 outside 512000

（2）对某个 IP 地址的速率进行控制：

R1(config)# ip nat translation rate-limit ip inside bps outside bps

//对某个内部 IP 地址进行下载速率和上传速率的限制

例如，限制 IP 地址为 192.168.6.41 的主机的流入接口速度为 2 Mbps，而流出端口的速度只能达到 512 kbps：

R1(config)#ip nat translation rate-limit 192.168.6.41 inside 2000000 outside 512000

【课后练习及实验】

1. 简述 NAT 技术的基本原理。

2. NAT 技术有哪几种类型？

3. 简要说明一下 NAT 可以解决的问题。

4. 简述静态地址映射和动态地址映射的区别。

5. 实验：图 8-4 有 2 台计算机，分别通过一个三层交换机（S3550）和二层交换机（S2126）连接路由 R1 和 R2，使用 RIP 协议使得计算机之间可以通信，使用静态和动态两种方式。

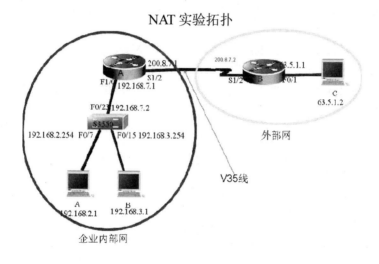

图 8-4　NAT 实验

第 9 章　ACL 访问控制技术

9.1　ACL 概　述

　　网络技术是一把双刃剑，网络应用与互联网的普及在大幅提高企业的生产经营效率的同时，也带来了诸如数据的安全性，员工利用互联网做与工作不相干事等负面影响。如何将一个网络有效的管理起来，尽可能地降低网络所带来的负面影响就成了摆在网络管理员面前的一个重要课题。

　　例如，某公司的网络目前就面临了一堆这样的问题。公司建设了一个企业网，并通过一台路由器接入到互联网。在网络核心使用一台基于 IOS 的三层交换机，所有的二层交换机也为可管理的基于 IOS 的交换机，在公司内部使用了 VLAN 技术，按照功能的不同分为了 6 个 VLAN。分别是网络设备与网管（VLAN1，10.1.1.0/24）、生产部（VLAN2）、Internet 连接（VLAN3）、工程部（VLAN4）、市场部（VLAN5）、人事部（VLAN6），出口路由器上 Fa1/0 接公司内部网，通过 S1/2 连接到 Internet。每个网段的三层设备（也就是客户机上的默认网关）地址都从高位向下分配，所有的其他结点地址均从低位向上分配。该网络的拓扑如图 9-1 所示。

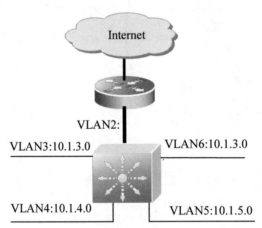

图 9-1　公司网络拓扑图

　　自从网络建成后麻烦就一直没断过，一会儿有人试图登录网络设备要捣乱；一会儿领导又在抱怨说互联网开通后，员工成天就知道泡网；一会儿人事的人又说生产部门的员工看了不该看的数据。所有这些问题，最后都得找网管了。那网络管理员有什么办法能够解决这些问题呢？就是使用网络层的访问限制控制技术——访问控制列表（ACL）。

　　那么，什么是 ACL 呢？ACL 是种什么样的技术，它能做什么，又存在一些什么样的局限性呢？本章将对这几个问题给予一一解答。

　　ACL 的基本原理、功能与局限性。

　　ACL 全称访问控制列表：Access Control List，网络中常说的 ACL 是 Cisco IOS 所提供的一

种访问控制技术，初期仅在路由器上支持，近些年来已经扩展到三层交换机，部分最新的二层交换机如 2950 之类也开始提供 ACL 的支持。只不过支持的特性不是那么完善而已。在其他厂商的路由器或多层交换机上也提供类似的技术，不过名称和配置方式都可能有细微的差别。

（1）基本原理：ACL 使用包过滤技术，在路由器上读取第三层及第四层包头中的信息如源地址、目的地址、源端口、目的端口等，根据预先定义好的规则对包进行过滤，从而达到访问控制的目的。

（2）功能：网络中的节点分为资源节点和用户节点两大类，其中资源节点提供服务或数据，用户节点访问资源节点所提供的服务与数据。ACL 的主要功能就是一方面保护资源节点，阻止非法用户对资源节点的访问，另一方面限制特定的用户节点所能具备的访问权限。

（3）配置 ACL 的基本原则：在实施 ACL 的过程中，应当遵循如下两个基本原则。

① 最小特权原则：只给受控对象完成任务必须的最小权限。

② 最靠近受控对象原则：所有的网络层访问权限控制尽可能离受控对象最近。

（4）局限性：由于 ACL 是使用包过滤技术来实现的，过滤的依据又仅仅只是第三层和第四层包头中的部分信息，这种技术具有一些固有的局限性，如无法识别到具体的人，无法识别到应用内部的权限级别等。因此，要达到 end to end 的权限控制目的，需要和系统级及应用级的访问权限控制结合使用。

理解这些基础的概念与简单的原理对后续的配置和排错都是相当重要的。

作为一个网管，必须首先保证网络设备的安全，谁都不想普通用户能 telnet 到网络设备上，任意更改网络配置，这是 ACL 的最基础的应用与要求。

如果要求只能够从人事 VLAN6: 10.1.6.6 的机器上 telnet 到网络设备上去，那么必须对可以操作的计算机进行限制。让我们分析一下，在 M 公司的网络中，除出口路由器外，其他所有的网络设备段的是放在 VLAN1 中，那么只需要在到 VLAN 1 的路由器接口上配置只允许源地址为 10.1.6.6 的包通过，其他的包全部过滤掉。

（1）配置一个标准 IP ACL 实例。

在三层交换机上进行如下的配置：

access-list 1 permit host 10.1.6.6 any

access-list 1 deny any

int vlan 1

ip access-group 1 out

这几条命令中的相应关键字的意义如下。

access-list：配置 ACL 的关键字，所有的 ACL 均使用这个命令进行配置。

access-list 后面的 1：ACL 号，所有 ACL 号相同的 ACL 形成一个组。在判断一个包时，使用同一组中的条目从上到下逐一进行判断，一旦遇到满足的条目就终止对该包的判断。1-99 为标准的 IP ACL 号，标准 IP ACL 由于只读取 IP 包头的源地址部分，消耗资源少。

permit/deny：操作，Permit 是允许通过，deny 是丢弃包。

host 10.1.6.6：匹配条件，等同于 10.1.6.6 0.0.0.0。刚才说过，标准的 ACL 只限制源地址。Host 10.1.6.6（10.1.6.6 0.0.0.0）的意思是只匹配源地址为 10.1.6.6 的包。0.0.0.0 是 wildcards，某位的 wildcards 为 0 表示 IP 地址的对应位必须一样，为 1 表示 IP 地址的对应位不管是什么都行。简单点说，就是 255.255.255.255 减去子网掩码后的值，0.0.0.0 的 wildcards 就意味着 IP 地址必须符合 10.1.6.6，可以简称为 host 10.1.6.6，any 表示匹配所有地址。

注意：IOS、RG NOS 中的 ACL 均使用 wildcards，并且会用 wildcards 对 IP 地址进行严

格的对齐，如输入一条 access-list 1 permit 10.1.1.129　0.0.0.31，在 show access-list 看时，会变成 access-list 1 permit 10.1.1.128　0.0.0.31；PIXOS 中的 ACL 均使用 subnet masks，并且不会进行对齐操作。

int vlan 1、ip access-group 1 out： 这两句将 access-list 1 应用到 vlan1 接口的 out 方向。其中 1 是 ACL 号，和相应的 ACL 进行关联。out 是对路由器该接口上哪个方向的包进行过滤，可以有 in 和 out 两种选择。

注意： 这里的 in/out 都是站在路由器或三层模块（以后简称 R）上看的，in 表示从该接口进入 R 的包，out 表示从该接口出去的包。

这就是一个最基本的 ACL 的配置方法。如果一个普通用户还能 telnet 到 RTA 上，那就在 int vlan3 上现加一个 ip access-group 1 out。这样，普通用户就无法访问 internet 了。因此，把刚才的 ACL 去掉，重新写一个。

要强调一下的是，目的是除了 10.1.6.6 能够进行 telnet 操作外，其他用户都不允许进行 telnet 操作。标准的 IP ACL 只能控制源 IP 地址，不能控制到端口。要控制到第四层的端口，就需要使用到。

（2）配置一个扩展的 IP ACL 的实例。

在三层交换机上进行如下配置：

```
int vlan 1
no ip access-group 1 out
exit
no access-list 1
access-list 101 permit tcp host 10.1.6.6 any eq telnet
access-list 101 deny tcp any any    eq telnet
int vlan 1
ip access-group 101 out
int vlan 3
ip access-group 101 out
```

请注意这里的 ACL 有一些变化了，现在对变化的部分做一些说明。

access-list 101：注意这里的 101，和刚才的标准 ACL 中的 1 一样，101 是 ACL 号，表示这是一个扩展的 IP ACL。扩展的 IP ACL 号范围是 100-199，可以控制源 IP、目的 IP、源端口、目的端口，能实现相当精细的控制，扩展 ACL 不仅读取 IP 包头的源地址/目的地址，还要读取第四层包头中的源端口和目的端口，扩展的 IP 在没有硬件 ACL 加速情况下，会消耗大量的 CPU 资源。

```
int vlan 1
no ip access-group 1 out
exit
no access-list 1
```

no access-list 1：取消 access-list 1，对于非命名的 ACL，可以只需要这一句就可以全部取消。注意，在取消或修改一个 ACL 前，必须先将它所应用的接口上的应用给 no 掉，否则会导致相当严重的后果。

tcp host 10.1.6.6 any eq telnet：匹配条件。完整格式为：协议　源地址　源 wildcards [关

系] [源端口]　目的地址　目的 wildcards　[关系]　[目的端口]。其中协议可以是 IP、TCP、UDP、EIGRP 等，[ ] 内为可选字段。仅在协议为 tcp/udp 等具备端口号的协议才有用。关系可以是 eq（等于）、neq（不等于）、lt（大于）、range（范围）等。端口一般为数字的 1-65535，对于熟知端口（wellknown），如 23（服务名为 telnet）等可以用服务名代替。源端口和目的端口不定义时表示所有端口。

把这个 ACL 应用上去后，用户们开始打电话来抱怨网络不通（不能上 Internet）了，是哪里出了问题了呢？

注意：所有的 ACL，默认情况下，从安全角度考虑，最后都会隐含一句 deny any（标准 ACL）或 deny ip any any（扩展 IP ACL）。所以在不了解业务会使用到哪些端口的情况下，最好在 ACL 的最后加上一句 permit ip any any，在这里就是 access-list 101 permit ip any any。

现在用户倒是能够访问 Internet 了，但我们的网管却发现普通用户还是能够 telnet 到他的三层交换机上面去，因为三层交换机上面有很多个网络接口，而且使用扩展的 ACL 会消耗很多的资源。有什么简单的办法能够控制用户对网络设备的 Telnet 访问，而又不消耗太多的资源呢？这就需要使用到对网络设备自身的访问如何进行控制的技术。

先把刚才配置的 ACL 都取消掉，再在每台网络设备上均进行如下配置：

access-list 1 permit host 10.1.6.66

line vty 0 4（部分设备是 15）

access-class 1 in

telnet 都是访问的设备上的 line vty，在 line vty 下面使用 access-class 与 ACL 组进行关联，in 关键字表示控制进入的连接。

经过刚才的配置，可以理出一个简单的 ACL 配置步骤：

a. 分析需求，找清楚需求中要保护什么或控制什么，为方便配置，最好能以表格形式列出；

b. 分析符合条件的数据流的路径，寻找一个最适合进行控制的位置；

c. 书写 ACL，并将 ACL 应用到接口上；

d. 测试并修改 ACL。

（3）配置命名的 IP ACL

后来发现服务器网段的机器还是被人用 telnet、rsh 等手段进行攻击，本来我们只对员工开放 web 服务器（10.1.2.20）所提供的 http、FTP 服务器（10.1.2.22）提供的 FTP 服务和数据库服务器（10.1.2.21:1521）。那么我们着手进行配置，这时我们发现前面写的 ACL 好像有点问题，一个 no 命令输进去，整个 ACL 都没了，一切都得重来，有没有一个变通的办法？回答是肯定的，这里就需要用到命名的 IP ACL，它提供的两个主要优点是：

① 解决 ACL 号码不足的问题；

② 可以自由的删除 ACL 中的一条语句，而不必删除整个 ACL。

命名的 ACL 的主要不足之处在于无法实现在任意位置加入新的 ACL 条目。比如上面那个例子中，进行了如下的配置：

ip access-list extend server-protect

permit tcp 10.1.0.0 0.0.255.255 host 10.1.2.20 eq www

permit tcp 10.0.0.0 0.0.255.255 host 10.1.2.21 eq 1521

permit tcp 10.1.0.0 0.0.255.255 host 10.1.2.22 eq ftp

配置到这里，发现 permit tcp 10.0.0.0 0.0.255.255 host 10.1.2.21 eq 1521 这句配错了，得把

它给取掉并重新配置，可以简单地进行如下配置：

　　ip access-list extend server- protect

　　no permit tcp 10.0.0.0 0.0.255.255 host 10.1.2.21 eq 1521

　　permit tcp 10.1.0.0 0.0.0.255 host 10.1.2.21 eq 1521

　　exit

　　int vlan 2

　　ip access-group server- protect

现在对命名的 IP access-list 的配置方法解释如下。

ip access-list extend server-access-limit： ip access-list 相当于使用编号的 access-list 中的 access-list 段。extend 表明是扩展的 ACL（对应地，standard 表示标准的 ACL）。server-access-limit 是 access-list 的名字，相当于基于编号的 ACL 中的编号字段。

permit tcp 10.1.6.0 0.0.0.255 host 10.1.2.21 eq 1521：这一段和使用编号的 access-list 的后半段的意义相同，都由操作和条件两段组成。

其实基于名字的 IP ACL 还有一个很好的优点就是可以为每个 ACL 取一个有意义的名字，便于日后的管理与维护。建议在实际工作中均使用命名的 ACL。

下面进一步完善对服务器数据的保护——ACL 执行顺序再介绍一下。

在服务器网段的数据库服务器中存放有大量的市场信息，市场部门的人员不希望研发部门访问到数据库服务器，经过协商，同意研发部门的领导的机器（IP 地址为 10.1.6.33）可以访问到数据库服务器。这样，服务器网段的访问权限部分如表 9-1 所示。

表 9-1　访问控制需求表

协议	源地址	源端口	目的地址	目的端口	操作
TCP	10.1/16	所有	10.1.2.20/32	80	允许访问
TCP	10.1/16	所有	10.1.2.22/32	21	允许访问
TCP	10.1/16	所有	10.1.2.21/32	1521	允许访问
TCP	10.1.6/24	所有	10.1.2.21/32	1521	禁止访问
TCP	10.1.6.33/32	所有	10.1.2.21/32	1521	允许访问
IP	10.1/16	N/A	所有	N/A	禁止访问

于是，网管就在 server-protect 后面顺序加了两条语句进去，整个 ACL 变成了如下形式：

ip access-list extend server-protect

permit tcp 10.1.0.0 0.0.255.255 host 10.1.2.20 eq www

permit tcp 10.1.0.0 0.0.255.255 host 10.1.2.21 eq 1521

permit tcp 10.1.0.0 0.0.255.255 host 10.1.2.22 eq ftp

deny tcp 10.1.6.0 0.0.0.255 host 10.1.2.21 eq 1521

permit tcp host 10.1.6.33 host 10.1.2.21 eq 1521

做完之后发现根本没起到应有的作用，研发部门的所有机器还是可以访问到数据库服务器。这是为什么呢？

前面提到，ACL 的执行顺序是从上往下执行，一个包只要遇到一条匹配的 ACL 语句后就会停止后续语句的执行，在这个 ACL 中，因为前面已经有了一条 permit tcp 10.1.0.0 0.0.255.255 host 10.1.2.21 eq 1521 语句。内部网上所有访问 10.1.2.21 的 1521 端口的在这儿就全部通过了，不会到后面两句去比较。所以导致达不到最初的目的。应该把 server-protect 这个 ACL 按如下形式进行修改才能满足要求：

ip access-list extend server-protect

permit tcp host 10.1.6.33 host 10.1.2.21 eq 1521

deny tcp 10.1.6.0 0.0.0.255 host 10.1.2.21 eq 1521

permit tcp 10.1.0.0 0.0.255.255 host 10.1.2.21 eq 1521

permit tcp 10.1.0.0 0.0.255.255 host 10.1.2.20 eq www

permit tcp 10.1.0.0 0.0.255.255 host 10.1.2.22 eq ftp

在写 ACL 时，一定要遵循最为精确匹配的 ACL 语句一定要写在最前面的原则，只有这样才能保证不会出现无用的 ACL 语句。

基于时间的 ACL

在保证了服务器的数据安全性后，领导又准备对内部员工上网进行控制。要求在上班时间内（9:00-18:00）禁止内部员工浏览 internet，禁止使用 QQ、MSN。而且在 2008 年 6 月 1 号到 2 号的所有时间内都不允许进行上述操作。但在任何时间都可以允许以其他方式访问 Internet。

首先，分析一下这个需求，浏览 Internet 现在基本上都是使用 http 或 https 进行访问，标准端口是 TCP/80 端口和 TCP/443，MSN 使用 TCP/1863 端口，QQ 登录会使用到 TCP/UDP 8000 这两个端口，还有可能使用到 UDP/4000 进行通信。而且这些软件都能支持代理服务器，目前的代理服务器主要部署在 TCP 8080、TCP 3128（HTTP 代理）和 TCP 1080（socks）这三个端口上。这个需求如表 9-2 所示。

表 9-2　应用类型访问控制需求表

应用	协议	源地址	源端口	目的地址	目的端口	操作
IE	TCP	10.1/16	所有	所有	80	限制访问
IE	TCP	10.1/16	所有	所有	443	限制访问
MSN	TCP	10.1/16	所有	所有	1863	限制访问
QQ	TCP	10.1/16	所有	所有	8000	限制访问
QQ	UDP	10.1/16	所有	所有	8000	限制访问
QQ	UDP	10.1/16	所有	所有	4000	限制访问
HTTP 代理	TCP	10.1/16	所有	所有	8080	限制访问
HTTP 代理	TCP	10.1/16	所有	所有	3128	限制访问
Socks	TCP	10.1/16	所有	所有	1080	限制访问
All other	IP	10.1/16	N/A	所有	N/A	允许访问

然后，看看 ACL 应该在哪个位置配置比较好呢？由于是对访问 Internet 进行控制，涉及公司内部所有的网段，这次把 ACL 就放到公司的 Internet 出口处。在 RTA 上进行如下的配置，就能够满足要求。

time-range TR1

absolute start 00:00 1 June 2003 end 00:00 3 June 2003

periodic weekdays start 9:00 18:00

exit

ip access-list extend internet_limit

deny tcp 10.1.0.0 0.0.255.255 any eq 80 time-range TR1

deny tcp 10.1.0.0 0.0.255.255 any eq 443 time-range TR1

deny tcp 10.1.0.0 0.0.255.255 any eq 1863 time-range TR1

deny tcp 10.1.0.0 0.0.255.255 any eq 8000 time-range TR1

deny udp 10.1.0.0 0.0.255.255 any eq 8000 time-range TR1

deny udp 10.1.0.0 0.0.255.255 any eq 4000 time-range TR1

deny tcp 10.1.0.0 0.0.255.255 any eq 3128 time-range TR1

deny tcp 10.1.0.0 0.0.255.255 any eq 8080 time-range TR1

deny tcp 10.1.0.0 0.0.255.255 any eq 1080 time-range TR1

permit ip any any

int s0/0

ip access-group internet_limit out

或 int fa0/0

ip access-group internet_limit in

或者将 ACL 配置在 SWA 上，并进行如下操作：

int vlan 3

ip access-group internet_limit out

现在来看看在基于时间的访问列表中的内容：

time-range TR1：定义一个新的时间范围，其中的 TR1 是为该时间范围取的一个名字。

absolute：为绝对时间。只使用一次。可以定义为 1993～2035 年内的任意一个时点。具体的用法请使用"？"命令查看。

Periodic：为周期性重复使用的时间范围的定义。完整格式如下。

periodic　日期关键字　开始时间　结束时间

其中日期关键字的定义如下所示：

Monday　星期一

Tuesday　星期二

Wednesday　星期三

Thursday　星期四

Friday　星期五

Saturday　星期六

Sunday　星期天

daily　每天

weekdays　周一至五

weekend　周末

access-list 101 deny ip 10.1.0.0 0.0.255.255 any time-range TR1：注意这一句最后的 time-range TR1，使这条 ACL 语句与 time-range TR1 相关联，表明这条语句在 time-range TR1 所定义的时间范围内才起作用。

注意：给出三种配置位置是帮助大家深刻理解关于 in/out 的区别的。acl 是对从一个接口流入（in）或流出（out）路由器的包进行过滤的。

那大家可能会问，"你是怎么找到这些应用的所使用的端口的？"在如下文件中可以找到大多数应用的端口的定义：

Win9x:%windir%\services

WinNT/2000/XP：%windir%\system32\drivers\etc\services

Linux：/etc/services

对于在 services 文件中找不到端口的应用，可以在运行程序的前后，运行 netstat-ap 来找出应用所使用的端口号。

使用 IP ACL 实现单向访问控制。

A 公司准备实行薪资的不透明化管理，由于目前的薪资收入数据还放在财务部门的 VLAN 中，所以公司不希望市场和研发部门能访问到财务部 VLAN 中的数据，另一方面，财务部门作为公司的核心管理部门，又希望能访问到市场和研发部门 VLAN 内的数据。网管在接到这个需求后在三层交换机 SWA 上做了如下的配置：

```
ip access-list extend fi-access-limit
deny ip any 10.1.4.0 0.0.0.255
permit ip any any
int vlan 5
ip access-group fi-access-limit in
int vlan 6
ip access-group fi-access-limit in
```

配置做完后，经过测试，市场和研发部门确实访问不到财务部了。但这时又发现一个问题，财务部也访问不到市场与研发部门的数据了，这是怎么回事呢？

在两台主机 A 与 B 之间要实现通信，既需要 A 能向 B 发包，也需要 B 能向 A 发包，任何一个方向的包被阻断，通信都不能成功，在这个例子中就存在这样的问题，财务部访问市场或研发部门时，包到达市场或研发部门的主机，由这些主机返回的包在到达路由器 SWA 时，由于普通的 ACL 均不具备检测会话状态的能力，就被 deny ip any 10.1.4.0 0.0.0.255 这条 ACL 给阻断了，所以访问不能成功。

要想实现真正意义上的单向访问控制应该怎么办呢？如希望在财务部门访问市场和研发部门时，能在市场和研发部门的 ACL 中临时生成一个反向的 ACL 条目，这样就能实现单向访问了。这里就需要使用到反向 ACL 技术。按照如下配置实例就可以满足刚才的那个单向访问需求：

```
ip access-list extend fi-main
permit tcp any 10.1.0.0    0.0.255.255 reflect r-main timeout 120
permit udp any 10.1.0.0    0.0.255.255 reflect r-main timeout 200
permit icmp any 10.1.0.0    0.0.255.255 reflect r-main timeout 10
permit ip any any
int vlan 4
ip access-group fi-main in
ip access-list extend fi-access-limit
evaluate r-main
deny ip any 10.1.4.0 0.0.0.255
permit ip any any
int vlan 5
ip access-group fi-access-limit in
```

int vlan 6

ip access-group fi-access-limit in

现在对反向 ACL 新增加的内容解释如下。

新增了一个 ACL（fi-main）并应用在具备访问权限的接口下（财务部所在的 vlan4）的 in 方向，使用该 ACL 中具备 reflect 关键字的 ACL 条目来捕捉建立反向 ACL 条目所需要的信息。该 ACL 被称为主 ACL。

reflect r-main timeout xxx：其中的 reflect 关键字表明该条目可以用于捕捉建立反向的 ACL 条目所需要的信息。r-main 是 reflect 组的名字，具备相同 reflect 组名字的所有的 ACL 条目为一个 reflect 组。Timeout xxx 表明由这条 ACL 条目所建立起来的反向 ACL 条目在没有流量的情况下，多长时间后会消失（默认值为 300），单位为秒。

evaluate r-main：在 fi-access-limit（反 ACL）增加了这样一句，这一句的意思是有符合 r-main 这个 reflect 组中所定义的 acl 条目的流量发生时，在 evaluate 语句所在的当前位置动态生成一条反向的 permit 语句。

使用反向 ACL 要注意的是：必须使用命名的 ACL，并且它对多通道应用程序如 h323 之类无法提供支持。

本章从 IP ACL 的基础知识讲起，中间讲述了标准的 IP ACL、扩展的 IP ACL、基于名字的 ACL、基于时间的 ACL、反向 ACL 等内容，这些 ACL 在 ios 的基本 IP 特性集中都能提供支持，在一般的企业网或校园网中也应该够用了。

如果想知道 ACL 都过滤了从哪儿来，到哪儿去的流量，只需要在需要记录的 acl 条目的最后加一个 log 日志关键字，这样在有符合该 ACL 条目数据包时，就会产生一条日志信息发到你的设备所定义的日志服务器上去。

9.2　标准 ACL 配置实例

【网络拓扑】

拓扑结构如图 9-2 所示。

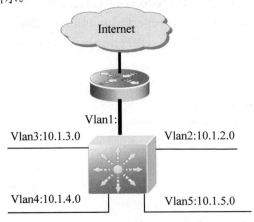

图 9-2　某公司网络拓扑结构图

【实验环境】

（1）一台带两个以太网接口的 RG-2632 路由器，命名为 R1。

（2）一台 RG-3760 三层交换机，命名为 S1，划分了五个 VLAN，分别与五个子网相连。

【实验目的】

（1）熟悉标准 ACL 访问列表的创建方法。

（2）掌握标准访问控制列表启用的方法与作用接口。

（3）熟悉标准访问控制策略产生控制效果的检测。

【实验配置】

本实验中，RG-2632 路由器是企业网络的边缘路由器，它除了实现内部网络与外部网络的安全隔离以外，还担当着 NAT 转换的功能。但它并不允许内部网络中的所有 IP 地址可以由它转换后进入 Internet，而仅是指定的几个子网的 IP 可以通过。仅允许 10.1.2.0/24--10.1.4.0/24 三个网段的数据包通过，子网 10.1.5.0/24 只允许 10.1.2.0/24 子网访问，其余子网皆不能访问此网段的计算机。

（1）路由器 RG-2632 的配置

```
R1>enable
R1#conf t
Enter configuration commands, one per line.    End with CNTL/Z.
R1(config)#int f 0/0
R1(config-if)#ip nat outside
R1(config-if)#ip address 219.220.235.199 255.255.255.0
R1(config-if)#no shutdown
R1(config-if)#exit
R1(config)#int f 0/1
R1(config-if)#ip nat inside
R1(config-if)#ip address 10.1.1.253 255.255.255.0
R1(config-if)#no shutdown
R1(config-if)#exit
R1(config)#access-list 1 permit 10.1.2.0 0.0.0.255
R1(config)#access-list 1 permit 10.1.3.0 0.0.0.255
R1(config)#access-list 1 permit 10.1.4.0 0.0.0.255
R1(config)#ip nat pool global 219.220.235.201 255.255.2550 219.220.235.205 255.255.255.0
R1(config)#ip nat inside source list 1 pool global overload
R1(config)# ip route 0.0.0.0 0.0.0.0 219.220.235.254
R1(config)# ip route 10.1.2.0 255.255.255.0 10.1.1.254
R1(config)# ip route 10.1.3.0 255.255.255.0 10.1.1.254
R1(config)# ip route 10.1.4.0 255.255.255.0 10.1.1.254
R1(config)# ip route 10.1.5.0 255.255.255.0 10.1.1.254
```

```
R1(config)#exit
R1#show ip nat tran
R1#show running
```

（2）三层交换机 RG-3760 的配置：

```
S1>cnable
S1#conf t
S1(config)#vlan 2
S1(config-vlan)#exit
S1(config)#vlan 3
S1(config-vlan)#exit
S1(config)#vlan 4
S1(config-vlan)#exit
S1(config)#vlan 5
S1(config-vlan)#exit
```

//下面配置各个 VLAN 的 IP 地址

```
S1(config)#int vlan 1
S1(config-if)#ip address 10.1.1.254 255.255.255.0
S1(config-if)#no shutdown
S1(config-if)#exit
S1(config)#int vlan 2
S1(config-if)#ip address 10.1.2.254 255.255.255.0
S1(config-if)#no shutdown
S1(config-if)#exit
S1(config)#int vlan 3
S1(config-if)#ip address 10.1.3.254 255.255.255.0
S1(config-if)#no shutdown
S1(config-if)#exit
S1(config)#int vlan 4
S1(config-if)#ip address 10.1.4.254 255.255.255.0
S1(config-if)#no shutdown
S1(config-if)#exit
S1(config)#int vlan 5
S1(config-if)#ip address 10.1.5.254 255.255.255.0
S1(config-if)#no shutdown
S1(config-if)#exit
S1(config)#ip route 0.0.0.0 0.0.0.0 10.1.1.253
```

//建立一个标准的访问控制列表 2，用于阻止子网 10.1.2.0/24 以外的地址访问

```
S1(config)#access-list 2 permit 10.1.2.0 0.0.0.255
```

//上面的标准访问列表 2 指定了允许子网 10.1.2.0/24，就隐含了其余的都禁止

```
S1(config)#int vlan 5
```

```
S1(config-if)#ip access-group 2 in    //对流入的流量进行过滤
S1(config-if)#exit
S1(config)#exit
S1#show running
S1#show access-list
S1#Ping …
```

9.3　扩展访问控制列表 ACL 的配置实例

【网络拓扑】

拓扑结构如图 9-3 所示。

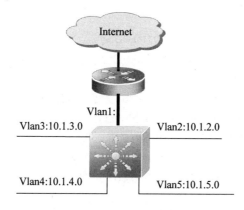

图 9-3　某公司网络拓扑结构图

【实验环境】

（1）一台带两个以太网口的 RG-2632 路由器，命名为 R1。

（2）一台 RG-3760 三层交换机，命名为 S1，划分了五个 VLAN，分别与五个子网相连。

【实验目的】

（1）熟悉扩展 ACL 访问列表的创建方法。

（2）掌握扩展访问控制列表启用的方法与作用接口。

（3）熟悉扩展访问控制策略产生控制效果的检测。

【实验配置】

本实验中，RG-2632 路由器是企业网络的边缘路由器，它除了实现内部网络与外部网络的安全隔离以外，还担当着 NAT 转换的功能。但它并不允许内部网络中的所有 IP 地址可以由它转换后进入 Internet，而仅是指定的几个子网的 IP 可以通过。10.1.5.0/24 子网段不能访问 Internet，并且仅允许其余网段访问本网段中的 WWW、FTP、E-Mail 服务。而子网 10.1.5.0/24

除了被禁止访问别的网段的 TELNET 服务以外，可以访问其余子网的任何服务。

（1）路由器 RG-2632 的配置：

R1>enable

R1#conf t

Enter configuration commands, one per line.　　End with CNTL/Z.

R1(config)#int f 0/0

R1(config-if)#ip nat outside

R1(config-if)#ip address 219.220.235.199 255.255.255.0

R1(config-if)#no shutdown

R1(config-if)#exit

R1(config)#int f 0/1

R1(config-if)#ip nat inside

R1(config-if)#ip address 10.1.1.253 255.255.255.0

R1(config-if)#no shutdown

R1(config-if)#exit

R1(config)#access-list 1 permit 10.1.2.0 0.0.0.255

R1(config)#access-list 1 permit 10.1.3.0 0.0.0.255

R1(config)#access-list 1 permit 10.1.4.0 0.0.0.255

R1(config)#ip nat pool global 219.220.235.201 255.255.2550 219.220.235.205 255.255.255.0

R1(config)#ip nat inside source list 1 pool global overload

R1(config)# ip route 0.0.0.0 0.0.0.0 219.220.235.254

R1(config)# ip route 10.1.2.0 255.255.255.0 10.1.1.254

R1(config)# ip route 10.1.3.0 255.255.255.0 10.1.1.254

R1(config)# ip route 10.1.4.0 255.255.255.0 10.1.1.254

R1(config)# ip route 10.1.5.0 255.255.255.0 10.1.1.254

R1(config)#exit

R1#show ip nat tran

R1#show running

（2）三层交换机 RG-3760 的配置：

S1>enable

S1#conf t

S1(config)#vlan 2

S1(config-vlan)#exit

S1(config)#vlan 3

S1(config-vlan)#exit

S1(config)#vlan 4

S1(config-vlan)#exit

S1(config)#vlan 5

S1(config-vlan)#exit

//下面配置各个 VLAN 的 IP 地址

```
S1(config)#int vlan 1
S1(config-if)#ip address 10.1.1.254 255.255.255.0
S1(config-if)#no shutdown
S1(config-if)#exit
S1(config)#int vlan 2
S1(config-if)#ip address 10.1.2.254 255.255.255.0
S1(config-if)#no shutdown
S1(config-if)#exit
S1(config)#int vlan 3
S1(config-if)#ip address 10.1.3.254 255.255.255.0
S1(config-if)#no shutdown
S1(config-if)#exit
S1(config)#int vlan 4
S1(config-if)#ip address 10.1.4.254 255.255.255.0
S1(config-if)#no shutdown
S1(config-if)#exit
S1(config)#int vlan 5
S1(config-if)#ip address 10.1.5.254 255.255.255.0
S1(config-if)#no shutdown
S1(config-if)#exit
S1(config)#ip route 0.0.0.0 0.0.0.0 10.1.1.253
```

//建立一个扩展的访问控制列表 101，用于开放子网 10.1.5.0/24 对外的 WWW、FTP、E-Mail 服务，而禁止别的服务连接。

```
S1(config)#access-list 101 permit tcp any 10.1.5.0 0.0.0.255 equ WWW
S1(config)#access-list 101 permit tcp any 10.1.5.0 0.0.0.255 equ FTP
S1(config)#access-list 101 permit tcp any 10.1.5.0 0.0.0.255 equ E-Mail
```

//上面的扩展访问列表 101 指定了允许访问 WWW、FTP、E-Mail 服务，也就隐含了其余 的服务被都禁止

```
S1(config)#int vlan 5
S1(config-if)#ip access-group 101 in //对流入 VLAN 的流量进行过滤
S1(config-if)#exit
S1(config)#
```

//建立一个扩展的访问控制列表 102，用于禁止子网 10.1.5.0/24 对外的 TELNET 连接服 务，而开放子网 10.1.5.0/24 对外其余所有服务。

```
S1(config)#access-list 102 deny tcp 10.1.5.0 0.0.0.255 any equ 23
```

//23 是端口号，此处如果使用 TELNET 来取代，效果也是一样的。

```
S1(config)#access-list 102 permit 10.1.5.0 0.0.0.255 any
S1(config)#
S1(config)#int vlan 5
S1(config-if)#ip access-group 102 out    //对流出 VLAN 的流量进行过滤
```

S1(config-if)#exit
S1(config)#
S1#show running
S1#show access-list
S1#Ping …

9.4　时间访问控制列表

【网络拓扑】

网络拓扑结构如图 9-3 所示。

【实验环境】

（1）一台带两个以太网口的 RG-2632 路由器，命名为 R1。
（2）一台 RG-3760 三层交换机，命名为 S1，划分了五个 VLAN，分别与五个子网相连。

【实验目的】

（1）熟悉时间访问列表的创建方法。
（2）掌握时间访问控制列表启用的方法与作用接口。
（3）熟悉时间访问控制策略产生控制效果的检测。

【实验配置】

本实验中，CISCO 2611 路由器是企业网络的边缘路由器，它除了实现内部网络与外部网络的安全隔离以外，还担当着 NAT 转换的功能。但它并不允许内部网络中的所有 IP 地址可以由它转换后进入 Internet，而仅是指定的几个子网的 IP 可以通过。现要求使用时间访问控制列表技术，让 10.1.2.0/24--10.1.4.0/24 三个子网只有工作日（周一到周五）的上午八点到晚上八点才可以上 Internet，其余时间不允许。而子网 10.1.5.0/24 则任何时候都可以。

（1）路由器 RG-2632 的配置
R1>enable
R1#conf t
Enter configuration commands, one per line.　End with CNTL/Z.
R1(config)#int f 0/0
R1(config-if)#ip nat outside
R1(config-if)#ip address 219.220.235.199 255.255.255.0
R1(config-if)#no shutdown
R1(config-if)#exit
R1(config)#int f 0/1
R1(config-if)#ip nat inside
R1(config-if)#ip address 10.1.1.253 255.255.255.0

R1(config-if)#no shutdown

R1(config-if)#exit

R1(config)#time-range NAT_limit

R1(config-time-range)#periodic weekday 08:00 to 20:00

//工作日的早上八点到晚上八点

R1(config-time-range)#absolute start 00:00 1 May 2008 end 00:00 3 May 2008

//五月一日至三日全天

R1(config-time-range)#absolute start 00:00 1 October 2008 end 00:00 3 October 2008

//十月一日至十日全天

R1(config-time-range)#exit

R1(config)#access-list 101. ip permit 10.1.2.0 0.0.0.255 time-range NAT_limit

R1(config)#access-list 101. ip permit 10.1.3.0 0.0.0.255 time-range NAT_limit

R1(config)#access-list 101. ip permit 10.1.4.0 0.0.0.255 time-range NAT_limit

R1(config)#access-list 101. ip permit 10.1.5.0 0.0.0.255

R1(config)#ip nat pool global 219.220.235.201 255.255.2550 219.220.235.205 255.255.255.0

R1(config)#ip nat inside source list 1 pool global overload

R1(config)# ip route 0.0.0.0 0.0.0.0 219.220.235.254

R1(config)# ip route 10.1.2.0 255.255.255.0 10.1.1.254

R1(config)# ip route 10.1.3.0 255.255.255.0 10.1.1.254

R1(config)# ip route 10.1.4.0 255.255.255.0 10.1.1.254

R1(config)# ip route 10.1.5.0 255.255.255.0 10.1.1.254

R1(config)#exit

R1#show ip nat tran

R1#show running

（2）三层交换机 RG-3760 的配置：

S1>enable

S1#conf t

S1(config)#vlan 2

S1(config-vlan)#exit

S1(config)#vlan 3

S1(config-vlan)#exit

S1(config)#vlan 4

S1(config-vlan)#exit

S1(config)#vlan 5

S1(config-vlan)#exit

//下面配置各个 VLAN 的 IP 地址

S1(config)#int vlan 1

S1(config-if)#ip address 10.1.1.254 255.255.255.0

S1(config-if)#no shutdown

S1(config-if)#exit

S1(config)#int vlan 2

S1(config-if)#ip address 10.1.2.254 255.255.255.0

S1(config-if)#no shutdown

S1(config-if)#exit

S1(config)#int vlan 3

S1(config-if)#ip address 10.1.3.254 255.255.255.0

S1(config-if)#no shutdown

S1(config-if)#exit

S1(config)#int vlan 4

S1(config-if)#ip address 10.1.4.254 255.255.255.0

S1(config-if)#no shutdown

S1(config-if)#exit

S1(config)#int vlan 5

S1(config-if)#ip address 10.1.5.254 255.255.255.0

S1(config-if)#no shutdown

S1(config-if)#exit

S1(config)#ip route 0.0.0.0 0.0.0.0 10.1.1.253

S1(config)#exit

S1#show access-list

S1#show running

S1#Ping …

//通过更改路由器的系统时间，并在各个子网的计算机上来查看到 Internet 的连通情况：先改为周末，然后改为常规工作日的上班时间，再分别改为五一和十一，看是否到达到设计的时间访问控制要求。

【课后练习及实验】

1. 实施 ACL 的过程中，应当遵循如下两个基本原则是什么？

2. 交换机的端口安全功能可以配置哪些？可以实现什么功能？

3. 某学员在做 ACL 实验时，VLAN10 连接客户端，VLAN100 连接外网，配置了以下规则：

Ip access-list extended abc

　　Deny 192.168.1.0 0.0.0.255 192.168.100.5 0.0.0.0 eq 80

Permit any 192.168.100.5 0.0.0.0 eq 80

Interface vlan 100

Ip access-group abc in

请分析学员所配置 ACL 的问题及解决方法？

4. 实验。

拓扑结构如图 9-4 所示。

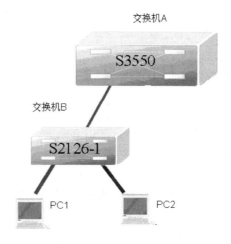

图 9-4　ACL 实验

在交换机 A 和交换机 B 上分别划分两个基于端口的 VLAN：VLAN100，VLAN200。
交换机 A 端口 1 设置成 Trunk 口。

VLAN	IP	Mask
100	192.168.100.1	255.255.255.0
200	192.168.200.1	255.255.255.0
Trunk 口		1/1 和 1/2

交换机 B 的配置如下。

VLAN	端口成员
100	1~8
200	9~16
Trunk 口	24

PC1~PC2 的网络设置如下。

设备	IP 地址	gateway	Mask
PC1	192.168.100.11	192.168.100.1	255.255.255.0
PC2	192.168.200.22	192.168.200.1	255.255.255.0

验证。

PC1 和 PC2 都通过交换机 A 连接到 Internet 上网。

（1）不配置 ACL，两台机器都可以上网；

（2）配置 ACL 后，PC1 和 PC2 都不能上网，更改 IP 地址后才可以上网。

实验：拓扑结构如图 9-4 所示。

所有配置初始条件同上。实验要求禁止 PC2 telnet 交换机 A。

（1）配置 ACL 之前，PC1 和 PC2 都可以 telnet 交换机 A，而 PC2 不可以 telnet 交换机 A。

（2）配置 ACL 后，PC1 可以 telnet 交换机 A，而 PC2 不可以 telnet 交换机 A。

第 10 章　在路由器中配置 DHCP 与 DNS

10.1　DHCP

　　DHCP 的全称是动态主机配置协议（Dynamic Host Configuration Protocol），DHCP 协议在 RFC2131 种定义，使用 UDP 协议进行数据报传递，使用的端口是 67 以及 68。

　　DHCP 是最常见的一种应用之一，它能自动给终端设备分配 ip 地址，子网掩码，默认网关和 DNS 服务器的地址。，同时 DHCP 也还可以给终端设备自动配置其他 options，比如 time zones，NTP servers 以及其他的配置内容，更有些厂家，利用自己开发的第三方软件，把自己的一些配置信息，利用 DHC 协议来实现对终端设备的自动配置。

　　DHCP 服务的系统最基本的构架：客户/服务器（client/server）模式，并且如果 client 和 server 不在同一个二层网络内（即广播可以到达的网络范围），则必须要有能够透过广播报文的中继设备，或者能把广播报文转化成单播报文的设备（CISCO 的 ios 就引经了这种功能）。

　　CISCO 的路由器（IOS12.0 T1 以后），可以配置为 DHCP 的中继设备，DHCP 的客户端设备，也可以配置为 DHCP 的服务器。同一个网段 DHCP 服务器可以有多个，这不会影响终端设备从服务器获取配置信息，终端设备以接受到的第一组配置信息为准。以后又服务器段返回的 DHCP 配置信息被抛弃。

　　DHCP 服务器往往遵守先来先服务的规则（first-come，first-served），或者说他能够建立一个 IP 地址和终端设备 MAC 地址之间的映射表（或者叫做 database），由此可以保证特定的终端（也就是特定的 MAC）每次开机后都能够获得此相同的 IP 地址。

　　下面是用 IP Helper Addresses 命令配置 DHCP 中继服务。

　　典型配置命令如下。

　　The ip helper-address configuration command allows the router to forward local DHCP requests to one or more centralized DHCP servers:

　　Router1#configure terminal

　　Enter configuration commands, one per line. End with CNTL/Z.

　　Router1(config)#interface Ethernet0

　　Router1(config-if)#ip helper-address 172.25.1.1 //指定 dhcp 服务器的地址，表示通过 Ethernet0 向该服务器发送 DHCP 请求包//

　　Router1(config-if)#ip helper-address 172.25.10.7 　//作用同上

　　Router1(config-if)#end

　　Router1#

　　关于以上配置的讨论如下。

　　（1）在客户端设备和 DHCP 服务器不在同一广播域内的时候，中间设备即路由器（路由功能的设备）必须能够转发这种广播包，具体到 cisco 的设备上，则启用 ip helper-address 命令，来实现这种中继。

（2）DHCP 服务器要给终端设备分配地址则需要掌握两个重要的信息，第一，该客户端设备所在网络的子网掩码，DHCP 服务器依据子网掩码的信息来判断，服务器该分配哪个 IP 地址，以使得该 ip 地址在那个子网内，第二，DHCP 服务器必须知道客户端的 MAC 地址，以维护 DHCP 服务器的 ip 地址和 MAC 之间的映射关系，由此保证同样一台客户机，每次启动后能获得和前一次相同的 ip 地址。

（3）配置了 ip helper-address 命令之后的路由器在中继 DHCP 请求时的工作过程如下。

① DHCP 客户端发送请求，由于没有 ip 地址，所以自己的源 IP 地址为 0.0.0.0，而且也不知道目的 DHCP 服务器的地址，所以目的地址为广播地址 255.255.255.255。该数据报中当然还包含其他信息，比如二层的信息，源 mac 地址，和目的 mac 地址 FFFFFFFFFFFF。

② 当路由器接收到该数据报的时候，他就用自己的接口地址（接收到数据报的接口）来取代源地址 0.0.0.0，并且用 ip help-address 命令中指定的地址（上例中为 172.25.1.1 以及 172.25.10.7）来取代目的地址 255.255.255.255。

③ 当 DHCP 服务器接收到路由器转发过来的 DHCP 请求包时，他有了足够的信息，(由源 IP 地址中的地址，确定客户机所在的子网掩码，由此分配相应地址池中的空闲地址，并且知道了客户记得 MAC 地址，把它写入自己的数据库，建立 IP 地址和 MAC 的映射关系）然后 DHCP 服务器做出响应，并且由路由器把数据报转发会客户端。(整个过程应该在客户机和服务器之间还有一次会话，由于这不是路由器 DHCP 配置的讨论重点，这里不介绍)

④ 例子中配置了两个 DHCP 服务器，我们必须分别用 ip helper-address 命令指明，路由器会转发 DHCP 请求包到所有的 DHCP 服务器上。很多企业的做法都是至少有两台 DHCP 服务器，有提高冗余和可靠性的作用。此时，如果客户端受到几个来自不同 DHCP 服务器的应答，则只选择最先接收到的应答数据报。

⑤ 必须要注意的是：ip helper-address 命令不仅仅只是转发 DHCP 请求包，事实上，在默认情况下，他还转发其他的 UDP 报(比如 DNS 请求）到 ip helper-address 命令所指定的服务器上，所以这种额外的数据流量可能会增加 DHCP 服务器链路的负担以及服务器 CPU 负担，可能会引起问题，关于解决办法，将在后面讨论。

最后，用 show ip interface 显示相关的 ip help-address 配置信息：

Router1#show ip interface Ethernet0
Ethernet0 is up, line protocol is up
Internet address is 192.168.30.1/24
Broadcast address is 255.255.255.255
Address determined by setup command
MTU is 1500 bytes
Helper addresses are 172.25.1.3
172.25.1.1
Directed broadcast forwarding is disabled
Router1#

在配置了 dhcp 中继的路由器上，禁止无意义 UDP 广播报的转发

问题的提出：

正如前面章节说描述的那样，路由器上配置 IP helper addresses 命令后，默认情况下路由器不仅转发 dhcp 请求，同时也转发其他的 UDP 报，这样很可能会增加 DHCP 服务器所在链

路的负担，同时也增加了 DHCP 服务器的 CPU 利用率，这可能会引起很严重的网络通信问题。

所以 cisco 的 ios 提供了限制 ip helpe-address 命令所带来的负面影响的方法。

解决实例：

CISCO 路由器允许用 no ip forward-protocol udp 命令来禁止对所无意义的 UDP 数据报的转发

Router1#configure terminal

Enter configuration commands, one per line. End with CNTL/Z.

Router1(config)#no ip forward-protocol udp tftp

//禁止转发 tftp 请求数据报文

Router1(config)#no ip forward-protocol udp nameserver

//禁止转发 nameserver 请求数据报文

Router1(config)#no ip forward-protocol udp domain

//禁止转发 domain 请求数据报文

Router1(config)#no ip forward-protocol udp time

//禁止转发 time 请求数据报文

Router1(config)#no ip forward-protocol udp netbios-ns

//禁止转发 netbios-ns 请求数据报文

Router1(config)#no ip forward-protocol udp netbios-dgm

//禁止转发 netbios-dgm 请求数据报文

Router1(config)#no ip forward-protocol udp tacacs

//禁止转发 tacacs 请求数据报文

Router1(config)#end

Router1#

关于配置的相关讨论：

（1）配置了 DHCP 中继的路由器，默认情况下也转发下列 UDP 广播报文。

（2）尤其是在 windows 的网络环境中，在没有配置 no ip forward-protocol udp 的情况下，DHCP 服务器会接受到来自各个不同网段的大量的 NetBIOS 请求报文，这通常是引起网络拥挤，阻塞的一个很大的原因，所以作为一个基本的配置准则，我们推荐你使用 no ip forward-protocol udp netbios-ns 和 no ip forward-protocol udp netbios-dgm 这两条配置命令来限制路由器向 DHCP 服务器转发 NetBIOS 请求报文。

（3）上面的实例中禁止了所有不必要的协议的转发，在实际的应用中，很多大公司通常只禁止 NetBIOS 请求报文的转发，这主要是因为 NetBIOS 报文是引起网络问题的关键原因所在。

（4）必须认识到，配置了 UDP 中继（ip hlpe-address x.x.x.x.）的路由器并没有实现针对不同协议，转发到不同的（或者说指定的服务器上）的功能。她会傻傻的，一股脑儿的把所有的协议（上表中所列的协议），义无反顾的发往所有的服务器。

例如，有 server1 为 DHCP 服务器（1.1.1.1）server2 为 dns 服务器（2.2.2.2）

在路由器上的配置如下：

Router1#configure terminal

Enter configuration commands, one per line. End with CNTL/Z.

Router1(config)#interface Ethernet0

Router1(config-if)#ip helper-address 1.1.1.1

Router1(config-if)#ip helper-address 2.2.2.2

Router1(config-if)#end

Router1#

实际效果是，不管是 server1 还是 server2 都将接收到包括 DHCP 请求、dns 请求以及其他 UDP 的请求报文。

配置路由器为 DHCP 客户端，使之动态获取 IP 地址。

问题的提出：

有时候，会希望自己的网络中的路由器动态获取 IP 地址（即配置路由器作为 DHCP 服务的客户端），这种情况不多见，因此不建议这么做，因为路由器作为网络中间设备需要有高度的可管理性以及可靠性，而动态地址使路由器管理变得更加复杂和不稳定。

但是，有一种情况比较适合配置路由器为 DHCP 客户端，那就是路由器作为局域网（或者说内部网）的边界连接到 isp 的时候。

解决实例：

用 ip address dhcp client-id 命令来配置路由器为 DHCP 的客户端，由此动态获取 ip 地址

Router1#configure terminal

Enter configuration commands, one per line. End with CNTL/Z.

Router1(config)#interface Ethernet0

Router1(config-if)#ip address dhcp client-id Ethernet0 //开启 DHCP 的客户端，以使得该接口动态的从 DHCP 服务器端获得 IP 地址

Router1(config-if)#end

Router1#

Interface Ethernet0 assigned DHCP address 172.25.1.57, mask 255.255.255.0

Router1#

关于配置的相关讨论：

（1）CISCO 的 IOS 在版本 12.1(2)T 之后，加入了 DHCP 客户端以及 DHCP 服务器端功能，也就是说，在这之前的 IOS 只能配置 DHCP 的中继功能（ip helper-address）。

（2）和普通的 DHCP 客户端一样，路由器配置为 DHCP 客户端后，也可以自动获得除 IP 地址以外的相关配置信息，例如网络掩码，默认网关，域名，DNS SERVER 的 IP 地址。但是，要记住如果路由器本身用命令静态配置了域名，则路由器自身静态配置的域名为最终配置结果，而对于 DNS SERVER 的信息，则是把动态获取的 DNS SERVER IP 地址以追加的方式加入到静态配置表中去。

（3）下面的输出是路由器动态获得默认路由的情况下的输出，输出显示由 DHCP 动态获得的路由条目为 S（静态），AD（管理距离为 254），这里值得注意的是 AD 自动被设置为 254，由此保证由 DHCP 获得的路由是作为最后路由被路由器选择的，也就是说只有在静态路由，以及其他动态路由协议的路由表中不存在相应的路由条目的时候才被选择。

Router1#show ip route

Codes: C - connected, S - static, I - IGRP, R - RIP, M - mobile, B – BGP

D - EIGRP, EX - EIGRP external, O - OSPF, IA - OSPF inter area

N1 - OSPF NSSA external type 1, N2 - OSPF NSSA external type 2

E1 - OSPF external type 1, E2 - OSPF external type 2, E – EGP

i - IS-IS, L1 - IS-IS level-1, L2 - IS-IS level-2, ia - IS-IS inter area

* - candidate default, U - per-user static route, o – ODR

P - periodic downloaded static route

Gateway of last resort is 172.25.1.1 to network 0.0.0.0

172.25.0.0/24 is subnetted, 1 subnets

C 172.25.1.0 is directly connected, Ethernet0

S* 0.0.0.0/0 [254/0] via 172.25.1.1

Router1#

（4）在 ISP 的解决方案中，一般都会给路由器分配域名以及 DNS server 地址等信息。

可用 show host 命令来查看相关的信息。下面的例子显示了通过 DHCP 获得域名，以及 DNS server 地址等信息。

Router1#show host

Default domain is oreilly.com

Name/address lookup uses domain service

Name servers are 255.255.255.255, 172.25.1.1

Host Port Flags Age Type Address(es)

None (temp, OK) 0 IP 192.168.22.57

Router1#

（5）一般可以用 show ip interface 命令来查看路由器通过 DHCP 获得的 ip 地址等相关信息，如下例。

Router1#show ip interface

Ethernet0 is up, line protocol is up

Internet address is 172.25.1.57/24

Broadcast address is 255.255.255.255

Address determined by DHCP

MTU is 1500 bytes

（6）最后，再次强调不推荐把路由器配置为 DHCP 的客户端。当然下面两种情况除外：

① 就是当路由器作为网络边界设备连接进 ISP 的时候，可以考虑（比如现在很流行的 ADSL 服务，往往就采用动态获取地址，这是不是一个很迷人的应用）

② 作为 funs 的娱乐手段，如果你觉得这个技术很有意思，想在其中遨游一番，你不妨躲进实验室好好的享受享受。

（7）到现在为止 CISCO 的路由器在配置为 DHCP 客户端的时候，并没有提供一种指定所要获取的信息的方法，也没有提供如何察看现有的动态获得的 IP 地址的所剩租期。

配置路由器为 DHCP 服务器，令其给 DHCP 客户端动态分配 IP 地址。

问题的提出：

把路由器配置为 DHCP 的服务器端，以对路由器下所连接的客户工作站进行 IP 地址的分配。

解决实例：

下面的配置命令，可以配置路由器为 DHCP 服务器，用以给 DHCP 客户端动态分配 IP 地址，如图 10-1 所示。

Router1#configure terminal

Enter configuration commands, one per line. End with CNTL/Z.

Router1(config)#service dhcp   //开启 DHCP 服务

Router1(config)#ip dhcp pool sspu_it_401   //定义 DHCP 地址池名称

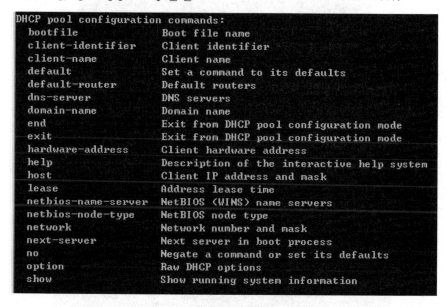

```
DHCP pool configuration commands:
  bootfile             Boot file name
  client-identifier    Client identifier
  client-name          Client name
  default              Set a command to its defaults
  default-router       Default routers
  dns-server           DNS servers
  domain-name          Domain name
  end                  Exit from DHCP pool configuration mode
  exit                 Exit from DHCP pool configuration mode
  hardware-address     Client hardware address
  help                 Description of the interactive help system
  host                 Client IP address and mask
  lease                Address lease time
  netbios-name-server  NetBIOS (WINS) name servers
  netbios-node-type    NetBIOS node type
  network              Network number and mask
  next-server          Next server in boot process
  no                   Negate a command or set its defaults
  option               Raw DHCP options
  show                 Show running system information
```

图 10-1　DHCP 配置选项参数

Router1(dhcp-config)#domain-name 401   //定义作用域的名称

Router1(dhcp-config)#network 192.168.1.0 255.255.255.0

//用 network 命令来定义网络地址的范围

Router1(dhcp-config)#default-router 192.168.1.254   //定义要分配的网关地址

Router1(dhcp-config)#dns-server 202.121.241.8   //定义 DNS 服务器地址

Router1(dhcp-config)#lease 8   //定义地址租约为 8 天

Router1(dhcp-config)#exit

Router1(config)#ip dhcp excluded-address 192.168.1.10   192.168.1.50

//该范围内的 ip 地址不能分配给客户端

Router1(config)#ip dhcp excluded-address 192.168.1.200 192.168.1.220

//该范围内的 ip 地址不能分配给客户端

Router1(config)#end

Router1#

在客户机使用自动获取 IP 的方式，向路由器发出 DHCP 请求，结果显示如图 10-2、10-3 所示。

```
C:\>ipconfig/renew

Windows IP Configuration

Ethernet adapter 本地连接 2:

        Connection-specific DNS Suffix  . : 401
        IP Address. . . . . . . . . . . . : 192.168.1.1
        Subnet Mask . . . . . . . . . . . : 255.255.255.0
        Default Gateway . . . . . . . . . : 192.168.1.254

C:\>
```

图 10-2　客户机利用 DHCP 获取 IP 参数

查看更详细的配置信息，可以使用如下命令获得。

```
C:\>ipconfig/all

Windows IP Configuration

        Host Name . . . . . . . . . . . . : RS002
        Primary Dns Suffix  . . . . . . . :
        Node Type . . . . . . . . . . . . : Unknown
        IP Routing Enabled. . . . . . . . : No
        WINS Proxy Enabled. . . . . . . . : No
        DNS Suffix Search List. . . . . . : 401

Ethernet adapter 本地连接 2:

        Connection-specific DNS Suffix  . : 401
        Description . . . . . . . . . . . : Realtek RTL8139/810x Fam
ernet NIC
        Physical Address. . . . . . . . . : 00-1B-B9-57-F0-6E
        Dhcp Enabled. . . . . . . . . . . : Yes
        Autoconfiguration Enabled . . . . : Yes
        IP Address. . . . . . . . . . . . : 192.168.1.1
        Subnet Mask . . . . . . . . . . . : 255.255.255.0
        Default Gateway . . . . . . . . . : 192.168.1.254
        DHCP Server . . . . . . . . . . . : 192.168.1.254
        DNS Servers . . . . . . . . . . . : 202.121.241.8
        Lease Obtained. . . . . . . . . . : 2007年11月14日 9:03:22
        Lease Expires . . . . . . . . . . : 2007年11月22日 9:03:22

C:\>
```

图 10-3　在客户机查看从 DHCP 获取的完整 IP 参数

关于配置的相关讨论：

（1）CISCO 路由器的 DHCP 服务器功能也是在 ios 12.0(1)T.以后才出现的，这一功能的出现，使我们没有必要在专门网络的中心（或者说企业本部）另外配置一台 DHCP server，从而降低了网络构建成本。

（2）在路由器上直接配置 DHCP 服务器相比于传统的在专门服务器上实现 DHCP 有其独到的优点。

① 由于传统的构建方法是，在企业的总部设立 DHCP 服务器，各分支机构通过路由器去获取 IP 地址，所以当 DHCP 服务器出现问题的时候，整个企业的网络都会受到影响，而如果把 DHCP 服务器功能设在各个分支机构的路由器上实现，则某个分支机构的路由器 DHCP 出现问题，就只能影响该分支机构的网络本身，而其他分支机构则不受任何影响。从而可见，实现了问题的局部化。

② 在各分支机构的路由器上实现 DHCP 服务器功能后，大量的 DHCP UDP 请求报文将

不会通过 wan link 转发到 中心机构上去，由此，相比于传统的方式，它有减少广域网负荷的优点。

　　③ 同样的道理，在各分支机构的路由器上实现 DHCP 服务器功能后，如果某条广域网连路坏了，本地的局域网依然能够正常运行

　　④ 基于路由器的 DHCP 具有很高的可管理性，它通过 ios 的命令界面是比较容易配置的。

　　（3）上边的配置例子，用 ip dhcp exclude-address 命令来指定不能用来被分配的 IP 地址，这种配置往往是很需要的（甚至说是必需的，几乎所有的；路有 DHCP 服务器配置中都会有），因为往往有一些地址会用来作为其他的用途，比如，至少应该保留路由器本身的地址不被分配给 DHCP 客户端，还有一些比如说网络服务器，打印机等，也往往会给他指定静态的地址，所以这一部分地址不允许路由器分配出去，上例中的 172.25.1.1 到 172.25.1.50 之间，172.25.1.200 到 172.25.1.255 的地址就做了保留。

　　（4）当路由器给客户端动态分配地址后，就会绑定（binding）分配的 ip 地址以及客户端设备的 mac 地址信息，保存在路由器的配置中，以便下一次相同的 mac 地址请求 DHCP 服务也能够获得同样的 ip 地址。下面给出的例子是用 show ip dhcp binding 命令显示的 ip binding 的信息。其中 Lease expiration 表示该 ip 地址，客户端还能占有的时间（当然客户端可以在期满之前再次发送 DHCP 请求报一个样报文，事实上 DHCP 的规范也是有这样的规定的，即在租期还有一半时间的时候就会发出 DHCP 请求，如果租期更新失败，那么再过剩下时间的一半的时候，会再次发出 DHCP 的请求，依此类推。）

```
Router1#show ip dhcp binding
IP address Hardware address Lease expiration Type
172.25.1.51 0100.0103.85e9.87 Apr 10 2003 08:55 PM Automatic
172.25.1.52 0100.50da.2a5e.a2 Apr 10 2003 09:00 PM Automatic
172.25.1.53 0100.0103.ea1b.ed Apr 10 2003 08:58 PM Automatic
Router1#
```

配置 DHCP 服务器的各种选项

问题的提出：

希望在 DHCP 服务器中配置各种参数，已用来动态分配给 DHCP 客户端。

解决方案：

你可以通过下面的命令来配置各种 DHCP 参数。

```
Router1#configure terminal
Enter configuration commands, one per line. End with CNTL/Z.
Router1(config)#ip dhcp pool ORAserver
Router1(dhcp-config)#host 172.25.1.34 255.255.255.0
Router1(dhcp-config)#client-name bigserver
Router1(dhcp-config)#default-router 172.25.1.1 172.25.1.3
；设置默认网关
Router1(dhcp-config)#domain-name oreilly.com
Router1(dhcp-config)#dns-server 172.25.1.1 10.1.2.3
；设置 DNS 服务器地址
Router1(dhcp-config)#netbios-name-server 172.25.1.1
```

```
Router1(dhcp-config)#netbios-node-type h-node
Router1(dhcp-config)#option 66 ip 10.1.1.1
Router1(dhcp-config)#option 33 ip 24.10.1.1 172.25.1.3
Router1(dhcp-config)#option 31 hex 01
Router1(dhcp-config)#lease 2
Router1(dhcp-config)#end
Router1#
```

关于配置的相关讨论：

（1）DHCP 可以动态分配除 IP 地址以外的默认路由、域名、域名服务器的地址，wins 服务器的地址等信息给客户端。在 RFC2132 种定义了大量的标准配置选项，可以在那里阅读到更加详细的信息。但是大部分的 DHCP 配置往往只是用到其中规定的很小的一部分常用选项。

（2）为了配置的简单化和易于理解，CISCO 提供了一些人类易于理解的别名来代替 RFC2132 种规定的配置选项。

既可以使用 CISCO 提供的用户友好的别名来配置，也可以用 option number 命令来配置，这两种方式 CISCO 的 ios 都是可接受的。

比如说：

RFC 2132 中的 option 6 是表示域名服务器的地址，则以下的两种命令行结果一样；

配置方式一：

```
Router1#configure terminal
Enter configuration commands, one per line. End with CNTL/Z.
Router1(config)#ip dhcp pool 172.25.2.0/24
Router1(dhcp-config)#dns-server 172.25.1.1
Router1(dhcp-config)#end
Router1#
```

配置方式二：

```
Router1#configure terminal
Enter configuration commands, one per line. End with CNTL/Z.
Router1(config)#ip dhcp pool 172.25.2.0/24
Router1(dhcp-config)#option 6 ip 172.25.1.1
Router1(dhcp-config)#end
Router1#
```

需要注意在配置路由器的时候输入的是配置 2 的命令，但是 show runining configuration 命令得到则是他的用户友好的别名，其实实际上结果是一样的。

（3）有些配置选项可以接受多个配置参数，例如默认路由以及域名服务器都可以接受最多八个地址的配置，上面例子中就分别配置了两个默认路由器（默认网关）和两个域名服务器的地址。

（4）为了配置的方便，也可以采用继承的方法来配置各种参数。如下例，首先配置父亲的 DHCP 地址池 ROOT（172.25.0.0/16），其次我们又配置了两个子地址池 172.25.1.0/24 和 172.25.2.0/24。这两个子地址池，能够自动继承父亲地址池的配置信息。当然，如果子地址池的配置信息和父亲地址池的配置信息重复，则子地址池的信息覆盖父亲地址池的配置信息。

Router1#configure terminal

Enter configuration commands, one per line. End with CNTL/Z.

Router1(config)#ip dhcp pool ROOT

Router1(dhcp-config)#network 172.25.0.0 255.255.0.0

Router1(dhcp-config)#domain-name oreilly.com

Router1(dhcp-config)#dns-server 172.25.1.1 10.1.2.3

Router1(dhcp-config)#lease 2

Router1(dhcp-config)#exit

Router1(dhcp)#ip dhcp pool 172.25.1.0/24

Router1(dhcp-config)#network 172.25.1.0 255.255.255.0

Router1(dhcp-config)#default-router 172.25.1.1

Router1(dhcp-config)#exit

Router1(dhcp)#ip dhcp pool 172.25.2.0/24

Router1(dhcp-config)#network 172.25.2.0 255.255.255.0

Router1(dhcp-config)#default-router 172.25.2.1

Router1(dhcp-config)#lease 0 0 10

Router1(dhcp-config)#end

Router1#

必须说明的是，DHCP 租期配置信息是唯一不能继承的 DHCP 配置选项，也就是说，必须为每个子地址池显式配置 DHCP 租期。如果该地址池没有配置 DHCP 租期。则路由器使用默认的租期（24 小时）。

（5）上面的实例中有几个用 option 配置的命令，其配置的意义为：

Router1(dhcp-config)#option 66 ip 10.1.1.1

Router1(dhcp-config)#option 33 ip 192.0.2.1 172.25.1.3

Router1(dhcp-config)#option 31 hex 01

option 66 ip 定义了 tftp 服务器。

Option 33 ip 定义了静态路由，告诉所有的终端设备将发往目的地 192.0.2.1 的数据报，首先发送到 172.25.1.3。

Option 31 规定了客户端使用 ICMP Router Discovery Protocol（IRDP）这个协议，客户端可以定期从本地路由器获得更新信息，用以决定自己的最新的默认网关地址。

关于 DHCP 的租期相关讨论和配置。

问题的提出：

DHCP 的租期（DHCP Lease Periods）是 DHCP 相关知识中，一个比较重要的该概念，这里单独列出来进行说明。

基本的配置如下：

Router1#configure terminal

Enter configuration commands, one per line. End with CNTL/Z.

Router1(config)#ip dhcp pool 172.25.2.0/24

Router1(dhcp-config)#lease 2 12 30

Router1(dhcp-config)#end

Router1#

关于配置的讨论：.

（1）lease 命令的基本格式是 lease [days] [hours] [minutes]

上面的例子，表示设定 DHCP 租约为 2 天 12 小时 30 分。可以配置最大值为 365 天 23 小时 59 秒，也可以设置最小值 1 秒。默认的 DHCP 租约是 1 天。

（2）一般的规则是，对于那种 DHCP 客户端数量比较大，并且客户端联入网络，断开网络比较频繁的场合，一般把租约的时间配置的比较短，这样子使得 ip 地址很快被收回，可以供另外的 DHCP 请求客户使用。比较经典的使用场合如飞机场的无线网络。但是越短的租约，也使得 DHCP 请求包过多，增加了网络的负担。

（3）相反的，在一个相对稳定的网络环境中，比如小型的办公室网络，由于客户端的数量变化不大，所以可以考虑适当的增加 DHCP 的租约。这样做的主要好处是可以减少 DHCP 服务器的负担。

（4）客户端在自己的租约还有一半的时候，就会向服务器发出更新租约的请求，如果成功，则租约从新恢复为完整的租期，如果失败，则又过剩下的一半租约后，再发出更新请求，如此规律，直到成功更新为止。

（5）在很多场合，默认的一天的租约是比较合理的，一般很少作修改。

（6）一种比较极端的配置是，规定租约为永久，即一旦客户端获得了 ip 地址后，只要不物理断网，以后就再也不会向服务器发送 DHCP 租约更新请求了。这种配置在现实中更加少见了。

配置命令如下：

Router1#configure terminal

Enter configuration commands, one per line. End with CNTL/Z.

Router1(config)#ip dhcp pool COOKBOOK

Router1(dhcp-config)#lease infinite //规定租约为无限制

Router1(dhcp-config)#end

Router1#

你可以用 show ip dhcp binding 命令察看 DHCP 租约。

Router1#show ip dhcp binding

IP address Hardware address Lease expiration Type

172.25.1.33 0100.0103.85e9.87 Infinite Manual

172.25.1.53 0100.0103.ea1b.ed Apr 11 2003 08:58 PM Automatic

172.25.1.57 0100.6047.6c41.a4 Apr 11 2003 09:17 PM Automatic

Router1#

10.2　DNS

DNS 服务器如果专门占用了一台服务器，对于一个小型网络来说是个浪费。如果路由器支持 DNS 服务功能，不如把它使用起来。下面把路由器中起用 DNS 服务功能的代码，示例如下。

Router1(config)#no　ip　domain-lookup
Router1(config)#ip　name-server　*.*.*.*
// 指定以哪个 IP 地址对外提供 DNS 服务
例如。
Router1(config)#no　ip　domain-lookup
Router1(config)#ip　name-server　202.121.241.8
// 首选 DNS 服务器地址
Router1(config)#ip　name-server　219.220.176.67
// 备份 DNS 服务器地址

【课后练习及实验】

1．什么是 DHCP 协议？

2．简述 DHCP 服务的系统最基本的构架是什么？

3．实验：为处于不同 VLAN 的 PC 机设置 DHCP 服务器。

拓扑结构如图 10-4 所示。

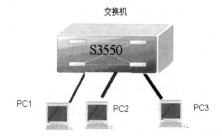

图 10-4　DHCP **实验**

在交换机上划分两个基于端口的 VLAN：VLAN100、VLAN200。

VLAN	IP	端口成员
100	192.168.100.1/24	1~8
200	192.168.200.1/24	9~16

配置两个地址池。

PoolA (network 192.168.100.0)		PoolB (network 192.168.200.0)	
设备	IP 地址	设备	IP 地址
默认网关	192.168.100.1	默认网关	192.168.200.1
DNS 服务器	192.168.1.1	DNS 服务器	192.168.1.1
Wins 的节点类型	H-node		
lease	3 天	lease	1 天

其中在 VLAN100 处，因为工作需要，特地将一台 MAC 地址为 xx-xx-xx-xx-xx-xx（根据具体的实验环境而定）的机器 PC1 分配固定的 IP 地址 192.168.100.88。

第 11 章 VoIP

11.1 VoIP 概 述

随着互联网语音技术（VoIP）的兴起，出现了一个新的名词：VoIP。VoIP 究竟是什么？VoIP（Voice over Internet Protocol，互联网语音）是一种以 IP 电话为主，并推出相应的增值业务的技术。VoIP 最大的优势是能广泛地采用 Internet 和全球 IP 互连的环境，提供比传统业务更多、更好的服务。VoIP 可以在 IP 网络上便宜的传送语音、传真、视频、和数据等业务，如统一消息、虚拟电话、虚拟语音/传真邮箱、查号业务、Internet 呼叫中心、Internet 呼叫管理、电视会议、电子商务、传真存储转发和各种信息的存储转发等。

自从 1995 年首次面世以来，VoIP 已经成为世界上使用最广泛的电话产品之一。到 2006 年底，VoIP 用户数量已经达到 3780 万，业界观察家表示，未来几年，这一数字将增长 5 倍。将打电话通过互联网传输的 VoIP 技术也是目前世界上最经济的电话技术之一。尽管存在一些严重的局限性，但许多 VoIP 服务一个月的费用还不到 20 美元。要弄清 VoIP 究竟是什么，你得明白以下问题。VoIP 是什么？VoIP 指的是在使用了互联网协议的网络上进行语音传输，其中的 IP 是代表互联网协议，它是互联网的中枢，互联网协议可以将电子邮件，即时消息以及网页传输到成千上万的 PC 或者手机上。VoIP 相对比较便宜，为什么？VoIP 电话不过是互联网上的一种应用。网络电话不受管制。因此，从本质上说，VoIP 电话与电子邮件，即时信息或者网页没有什么不同，它们均能在经过了互联网连接的机器间进行传输。这些机器可以是电脑或者无线设备，比如手机或者掌上设备等。

为什么 VoIP 服务有些要收钱，有些却免费？

VoIP 服务不仅能够沟通 VoIP 用户，而且也可以和普通电话用户通话，比如使用传统固话网络以及无线手机网络的用户。对这部分通话，VoIP 服务商必须要给固话网络运营商以及无线通信运营商支付通话费用。这部分的收费就会转到 VoIP 用户头上。网上的 VoIP 用户之间的通话可以是免费的。使用 VoIP，你需要做些什么？第一，你需要有互联网连接。这可以是最基本的拨号上网服务，或者更理想的宽带服务，你的网络连接速度越快，VoIP 的通话质量就越好。例如，高速宽带连接能够令你一面打电话，一面上网冲浪。在电脑上使用网络电话，还需要 VoIP 软件。你可以选择一种 VoIP 软件安装至台式电脑或笔记本电脑上。然后，电脑就可以进行网上通话了。如果想要将自己的家庭电话转化为 VoIP 拨号系统，则需要适配器的帮助。VoIP 软件可以单独预装在一种名为"模拟电话适配器"（analog telephone adapter）的硬件设备中，模拟电话适配器主要安装于家庭电话与宽带调制解调器之间。现在这些适配器的成本已经降低了不少，很多产品的价格已经在 100 美元以下，多数情况下，它们是赠送给购买 VoIP 服务的用户的。那么谁在销售 VoIP 呢？销售 VoIP 的组织各式各样。比如，有线电视运营商，他们一般将 VoIP 服务作为一种三位一体的服务包的一部分，另外两种服务是语音视频及其高速互联网服务。这些运营商一般会夸耀自己的 VoIP 服务是最好的，原因是 VoIP 通话是在有线电视运营商自己的私有网络上完成的。但是，这种保证也不尽然，要是需要给那些不是有线电视宽带网的用户打 VoIP 电话，事情就没有那么理想了。　此外，有些不拥有自己网络的通信公司也提供 VoIP 服务。这些公司的 VoIP 电话是依靠普通的互联网网络来承担的，这就意味着，VoIP 电话超出了运营商的控制，经过不由它们控制的网络时，就有可能受到网络堵塞以及安全问题的影响。还有越来越多的公司利用 VoIP 软件及其相关的收费服务来为用户提供网络电话，比如提供网络电话至固话的通信服务，这当中，最著名的要数位于卢森堡的 Skype 公司了。目前，Skype 的用户众多，一般情况下，每天都有大约 3 百万人使用 Skype 服务打电话。PC 至传统电话的费用是多少？一般来讲，每分钟低于 2 美分。例如，Skype 的 PC 至传统电话每分钟的费用大约是 1.7 美分。如果停电会出现什么情况？如果停电，传统电话会继续运转，但你的 VoIP 会无法使用。因为你的调制解调器需要电源才能工作。传统的电话系统（PSTN）可以单独给为你的电话提供电力，而宽带网络却不行。如果用 VoIP 电话拨打美国的 911 这样的紧急电话，会成功吗？　一般来讲，911 这样的电话无法通过 VoIP 服务来拨打。但是，美国的 VoIP 运营商被要求在一定的时间内提供这样的功能，这样一来，到一定时期，VoIP 也许可以拨打任何电话了。

　　VoIP 的收费情况如何？在美国，包月性质的 PC 至北美地区任何电话的 VoIP 服务费用大概是 25 美元。有些运营商的收费还要低些，为每月 15 美元，但这些运营商的数量很少。视拨打国家的不同，海外长途 VoIP 电话每分钟的费用在 2 到 15 美分之间。　关于用户服务，VoIP 用户目前尚未能够获得与传统电话用户一样的法律保障，绝大多数的 VoIP 运营商不提供任何形式的保障，整个互联网电话服务的质量仍然落后于传统电话服务。　VoIP 电话的安全性如何？目前，VoIP 遭受攻击的例子还少。但是，Skype 和 VoicePulse 公司对 VoIP 电话的加密方式曾经引起过人们的担忧。目前，大部分的 VoIP 电话系统都安装于企业当中，VoIP 电话的加密技术也都还用的是通用技术。

11.2　VoIP 的原理、架构及要求

　　从 Voice over IP 的字面意义，可以直译为通过 IP 网络传输的语音或影像信息，所以说 VoIP 就是一种可以在 IP 网络上互传模拟音频或视频的一种技术。简单地说，它是由一连串的转码、编码、压缩、打包等程序，好让该语音数据可以在 IP 网络上传输到目的端，然后再经由相反的程序，还原成原来的语音信息以供接听者接收。

　　进一步来说，VoIP 大致透过 5 道程序来互传语音讯号，首先是将发话端的模拟语音信号进行编码的动作，目前主要是采用 ITU-T G.711 语音编码标准来转换。第二道程序则是将语音封包加以压缩，同时并添加地址及控制信息，如此便可以在第三阶段中，也就是传输 IP 封包阶段，在浩瀚的 IP 网络中寻找到传送的目的端。到了目的端，IP 封包会进行译码还原的作业，最后并转换成喇叭、听筒或耳机能播放的模拟音频信号。

　　在一个基本的 VoIP 架构之中，大致包含 4 个基本元素：

　　（1）媒体网关（Media Gateway）：主要扮演将语音信号转换成为 IP 封包的角色。

　　（2）媒体网关控制器（Media Gateway Controller）：又称为网守 Gate Keeper 或呼叫服务器 Call Server。主要负责管理信号传输与转换的工作。

　　（3）语音服务器：主要提供电话不通、占线或忙线时的语音响应服务。

　　（4）信号网关（Signaling Gateway）：主要工作是在交换过程中进行相关控制，以决定通

话建立与否，以及提供相关应用的增值服务。

虽然 VoIP 拥有许多优点，但绝不可能在短期内完全取代已有悠久历史并发展成熟的 PSTN 公共交换电话网络，所以现阶段两者势必会共存一段时间。为了要让两者间能相互连接与沟通，势必要建立一个互通的接口及管道，而媒体网关器与网关管理器即扮演了中介的角色，因为他们具备将媒体数据流及 IP 封包转译成不同网络所支持的各类协议。

其运作原理是，媒体网关先将语音转换为 IP 数据包，然后交由媒体网关控制器加以控制管理，并决定 IP 数据包在网络中的传送路径。至于信号网关则负责将 SS7 信号（SS7 信令）格式转换为 IP 数据包。

网络电话若要走向符合企业级营运标准，必须达到以下几个基本要求。

（1）服务质量（QoS）保证：这是由 PSTN 过渡到 VoIP、IP PBX 取代 PBX 的最基本要求。所谓 QoS 就是要保证达到语音传输的最低延迟率（400 毫秒）及数据包遗失率（5%～8%），如此通话品质才能达到现今 PSTN 的基本要求及水准，否则 VoIP 的推行将成问题。

（2）99.9999% 的高可用性（High Available, HA）：虽然网络电话已成今后的必然趋势，但与发展已久的 PSTN 相较，其成熟度、稳定度、可用性、可管理性，乃至可扩充性等方面，仍有待加强。尤其在电信级的高可用性上，VoIP 必须像现今 PSTN 一样，达到 6 个 9（99.9999%）的基本标准。目前 VoIP 是以负载平衡、路由备份等技术来解决这方面的要求及问题，总而言之，HA 是 VoIP 必须达到的目标之一。

（3）开放性及兼容性：传统 PSTN 是属封闭式架构，但 IP 网络则属开放式架构，如今 VoIP 的最大课题之一就是如何在开放架构下，而能达到各家厂商 VoIP 产品或建设的互通与兼容，同时地造成各家产品在整合测试及验证上的困难度。目前的解决方法是透过国际电信组织不断拟定及修改的标准协议，来达到不同产品间的兼容性问题，以及 IP 电话与传统电话的互通性。

（4）可管理性与安全性问题：电信服务包罗万象，包括用户管理、异地漫游、可靠计费系统、认证授权等，所以管理上非常复杂，VoIP 营运商必须要有良好的管理工具及设备才能适应。同时 IP 网络架构技术完全不同于过去的 PSTN 电路网，而且长久以来具开放性的 IP 网络一直有着极其严重的安全性问题，所以这也形成网络电话今后发展上的重大障碍与首要解决的目标。

（5）多媒体应用：与传统 PSTN 相比，网络电话今后发展上的最大特色及区别，恐怕就在多媒体的应用上。在可预见的未来，VoIP 将可提供交互式电子商务、呼叫中心、企业传真、多媒体视频会议、智能代理等应用及服务。过去，VoIP 因为价格低廉而受到欢迎及注目，但多媒体应用才是 VoIP 今后蓬勃发展的最大促因，也是各家积极参与的最大动力。

11.3　VoIP 的协议

如何在浩瀚的 IP 广域网络中正确地寻找到要通话的对方并建立对答，同时也能依照彼此信息的处理能力来传送语音数据，这中间必须主要依靠国际电信组织所拟定的标准协议才能达到。如今，市面上的网络电话大致都会遵循 H.323、MGCP 及 SIP 等 3 种标准协议。虽然目前产品仍以支持 H.323 为多，但 SIP 的支持将会成为今后主流，见表 11-1。

表 11-1　VoIP 三大协议的比较

VoIP 三大协议比较表			
	H.323	SIP	MGCP
拟定组织	ITU-T	IETF	IETF
架构	P2P	P2P	主从式
设计对象	ISDN 及 ATM	Internet	Gateway
QoS	无	有	N/A
复杂度	高	低	主从式
扩充性	低	高	中
延伸性	中	高	低
编码	二进制	基于文本	N/A

11.3.1　H.323

ITU-T 国际电联第 16 研究组首先在 1996 年通过 H.323 第一版的制定工作，同时并在 1998 年完成第二版协议的拟定。原则上，该协议提供了基础网络（Packet Based Networks；PBN）架构上的多媒体通信系统标准，并为 IP 网络上的多媒体通信应用提供了技术基础。

H.323 并不依赖于网络结构，而是独立于操作系统和硬件平台之上，支持多点功能、组播和频宽管理。H.323 具备相当的灵活性，可支持包含不同功能节点之间的视频会议和不同网络之间的视频会议。

H.323 并不支持多播（Multicast）协议，只能采用多点控制单元（MCU）构成多点会议，因而同时只能支持有限的多点用户。H.323 也不支持呼叫转移，且建立呼叫的时间也比较长。

早期的视频会议多半支持 H.323 协议，例如微软 NetMeeting、Intel Internet Video Phone 等都是支持 H.323 协议的视频会议软件，它们后来成为了 VoIP 的前辈。

不过 H.323 协议本身具有一些问题，例如采用 H.323 协议的 IP 电话网络在接入端仍要经过当地的 PSTN 电路交换网。而之后制定出的 MGCP 等协议，目的即在于将 H.323 网关进行功能上的分解，也就是划分成负责媒体流处理的媒体网关（MG），以及掌控呼叫建立与控制的媒体网关控制器（MGC）两个部分。

虽然如今微软的 Windows Mesenger 则已经改为采用 SIP 标准，且 SIP 标准隐隐具有取代 H.323 的势头，但目前仍有许多网络电话产品依旧支持 H.323 协定。

11.3.2　SIP

SIP（Session Initiation Protocol）是由 IETF 所制定，其特性几乎与 H.323 相反，原则上它是一种比较简单的会话初始化协议，也就是只提供会话或呼叫的建立与控制功能。SIP 协议可支持多媒体会议、远程教学及 Internet 电话等领域的应用。

SIP 同时支持单点播送（Unicast）及群播功能，换句话说，使用者可以随时加入一个已存在的视频会议之中。在 ISO OSI 网络七层协议的分层属性上，SIP 属于应用层协议，所以可通过 UDP 或 TCP 协议进行传输。

SIP 另一个重要特点就是它属于一种基于文本的协议，采用 SIP 规则资源定位语言描述（SIP Uniform Resource Locators），因此可方便地进行撰改或测试作业，所以比起 H.323 来说，其灵活性与扩展性的表现较好。

SIP 的 URL 甚至可以嵌入到 Web 页面或其他超文本链接之中，用户只需用鼠标一点即可发出呼叫。所以与 H.323 相比，SIP 具备了快速建立呼叫与支持电话号码之传送等特点。

11.3.3 MGCP

而 MGCP 协定原则上与前两者皆不同，H.323 和 SIP 协议是专门针对网络电话及 IP 网络所提出的两套各自独立的标准，两者间并不兼容及互通。反观 MGCP 协议，则与 IP 电话网络无关，而只牵涉到网关分解上的问题，也因为如此，该协议可同时适用于支持 H.323 或 SIP 协议的网络电话系统。

MGCP 协议制定的主要目的即在于将网关功能分解成负责媒体流处理的媒体网关（MG），以及掌控呼叫建立与控制的媒体网关控制器（MGC）两大部分。同时 MG 在 MGC 的控制下，实现跨网域的多媒体电信业务。

由于 MGCP 更加适应需要中央控管的通信服务模式，因此更符合电信营运商的需求。在大规模网络电话网中，集中控管是件非常重要的事情，透过 MGCP 则可利用 MGC 统一处理分发不同的服务给 MG。

11.3.4 其他重要协议及技术

除了上述 3 大协议之外，还有许多左右 VoIP 通话品质及传输效率的重要协议与技术。在语音压缩编码技术方面，主要有 ITU-T 定义的 G.729、G.723 等技术，其中 G.729 提供了将原有 64Kbit/s PSTN 模拟语音，压缩到只有 8Kbit/s，而同时符合不失真需求的能力。

在实时传输技术方面，目前网络电话主要支持 RTP 传输协议。RTP 协议是一种能提供端点间语音数据实时传送的一种标准。该协议的主要工作在于提供时间标签和不同数据流同步化控制作业，收话端可以借由 RTP 重组发话端的语音数据。除此之外，在网络传输方面，尚包括了 TCP、UDP、网关互联、路由选择、网络管理、安全认证及计费等相关技术。

11.4 常见的 VoIP 产品

和许多早期网络设备一样，VoIP 最早是以软件的形态问世的，也就是纯粹 PC to PC 功能的产品。为了能贴近过去传统模拟电话的使用习惯及经验，之后才渐渐有电话形态的产品出现。对于企业而言，为了追求成本、语音及网络的整合、多媒体增值功能、更方便的集中式管理，而陆续出现了 VoIP 网关、IP PBX 或其他整合型的 VoIP 设备等解决方案。以下就这几种类型的 VoIP 产品做一简单介绍。

11.4.1 VoIP 软件

VoIP 软件不但是网络电话的原始形态，更是开启免费通话新世纪到来的开路先锋。对于熟悉计算机及网络操作的人而言，只要发收双方计算机上安装 VoIP 软件，即可穿越因特网相互通话，这实在是件既神奇又方便的事。

更重要的是，透过 VoIP 软件，不论是当地 PC to PC 的对话，抑或跨国交谈都几乎免费，同时网上并有许多免费的 VoIP 软件提供下载，也因为如此，.VoIP 才能紧紧锁住一般消费者乃至企业用户的目光。

但对于绝大多数的使用者而言，必须克服计算机软件安装及操作的门槛，还要安插耳机及麦克风，更要面对系统不稳定或当机的可能性，所以透过 PC 来打电话不但是件麻烦事，而且是一种与既有通话习惯不符的奇怪行径。

不论如何，VoIP 软件背后所潜藏的无限商机，不但吸收了许多人的目光，同时也成为 VoIP 兵家必争的焦点。从早期的视讯会议软件，到实时通信软件，再到今日造成风潮的 Skype 都是明显的例子。不论是 Wintel 阵营中的微软、Intel，抑或 Yahoo、AOL、Google、PC Home Online 等入口网站，甚或 ISP 厂商，全都卯足全劲进行各种抢摊作业。

其中，许多 ISP 并推出整合 VoIP 软件及 USB 话机的销售方案，例如 SEEDNet 的 Wagaly Walk 及 PC Home Online 的「PChome Touch-1」USB 话机。至于外形上与一般电话无异的 USB 话机，就是为营造出一种与传统电话外观及使用习性相同的一种解决方案。

目前市面上最热门的 VoIP 软件莫过于 Skype，该软件表示由于采用 P2P 技术，所以可以绕过服务器与防火墙的拦截，所以能在传输效能、话音及服务品质等方面皆有不错的表现。

Skype 大致分成可供免费下载的 Skype，以及需要购买点数、可用于 PC 拨打至市话、手机、国际电话的 Skype-out，以及从市话、手机拨打电话至 Skype 计算机的 Skype-in。

11.4.2　VoIP 网络电话

一般而言 VoIP 网络电话的又分成有线、无线 VoIP 网络电话，以及提供影像输出的 VoIP 视讯会议设备等不同类型的产品。由于 VoIP 网络电话机上具备 RJ45 网络接口端口，所以不需借由计算机主机，即可透过宽频、连接 IP 网络进行通话，同时使用习性上与传统电话一样，一般人很难分辨出其中的差异。

VoIP 网络电话较少用于个人家庭或 SOHO 市场，但却经常作为企业 VoIP 网络建设中的终端设备。但由于目前 VoIP 网络电话的价格仍高，所以仍不普遍，虽然之前，拜 SARS 之赐，促进了些 VoIP 视讯会议设备的销售业绩，但整体而言成长幅并不太大。

例如由合勤科技推出的 Prestige 2000W，即为一款 VoIP 无线网络电话机，透过 802.11b/g 的 AP 即可连上 IP 网络并与彼端的使用者通话。

此外，微软特别在 Win CE 5.0 中新增 VoIP 功能，除了强化与 Exchange Server 的整合性外，并提供信息整合及身份管理等功能，届时藉由 WinCE 开发出来的 VoIP 电话，将提供多人共享，但每人皆有私人专属账号的功能。

11.4.3　VoIP 网关器

除了 VoIP 软件之外，VoIP 网关器可说是最普遍常见的网络电话设备。不论是家用或商用领域中，VoIP 网关器可说扮演了由传统 PSTN 网络转输到 IP 网络的接口，换句话说，通过它可用传统的电话设备（乃至 PBX 交换系统）来打网络电话。

随着宽带的普及，很多用户都安装了 ADSL 调制解调器，市面上有一种称为网关的 AP 装置，目前内含频宽分享、无线网络、防火墙、入侵侦测等功能。为了同时搭上整合 VoIP 风潮的列车，ISP 业者遂推出 VoIP 网关器的相关服务方案。例如 SEEDNet 的 Wagaly Talk、亚太在线的 iCall gateway。此外，原本的网络设备商也不放过跨入 VoIP 领域的机会，不论是网络巨擘思科，抑或岱升、全景、康全、宏远电信、零壹或合勤科技等公司都有相应的产品推出。

图 11-1　H3C VG-10-41 网关　　　　　　　图 11-2　思科 AS5800 系列通用网关

11.4.4　VoIP PBX

在电信级的网络电话架构中，IP PBX 语音交换机扮演了相当重要的角色，它不但需要接手传统语音交换机的位置及功能，还要同时成为语音与信息整合的媒介。IP PBX 功能强大且多样化，能透过 Web-Based 接口提供使用者一个简单容易的操作环境。

依据思科常久在 IP PBX 的经验指出，在 IP 电话网络架构中，IP PBX 是一个可促使语音流量顺利传至所指定终端的设备。IP 电话将语音信号转换为 IP 封包后，由 IP PBX 通过信号控制决定其封包的传输方向。当此通话终点为一般电话时，其 IP PBX 便将 IP 封包送至 VoIP 网关器，然后由 VoIP 网关器转换 IP 封包，再回传到一般 TDM 的 PSTN 电路交换网。

2005 年，美国讯时捷的 IPX-100 就取得了骄人的销售业绩，成为 PBX 产品的一颗闪耀的新星，它除了为内部各级机构解决电话系统问题，还提供 IP 电话、会议、IP 呼叫服务中心（IP Call Center）、IP 虚拟办事处、分公司等功能。并且可以方便的接入国际、国内电信运营商 IP 网络，获得质优价廉的国际、国内 IP 长话服务。

总之，对于企业而言，IP PBX 具备降低基础建设成本、减低管理成本及增加工作效率之综合运用、降低转移至 IP 电话系统的风险等优点。

11.5　VoIP 穿越 NAT 和防火墙的方法

11.5.1　NAT/ALG 方式

普通 NAT 是通过修改 UDP 或 TCP 报文头部地址信息实现地址的转换，但对于 VoIP 应用，在 TCP/UDP 净载中也需带地址信息，ALG 方式是指在私网中的 VoIP 终端在净载中填写的是其私网地址，此地址信息在通过 NAT 时被修改为 NAT 上对外的地址。

此时当然要求 ALG 功能驻留在 NAT/Firewall 设备中，要求这些设备本身具备应用识别的智能。支持 IP 语音和视频协议（H323、SIP、MGCP/H248）的识别和对 NAT/Firewall 的控制，同时每增加一种新的应用都将需要对 NAT/Firewall 进行升级。

在安全要求上还需要作一些折衷，因为 ALG 不能识别加密后的报文内容，所以必须保证报文采用明文传送，这使得报文在公网中传送时有很大的安全隐患。

NAT/ALG 是支持 VoIP NAT 穿透的一种最简单的方式，但由于网络实际情况是已部署了大量的不支持此种特性的 NAT/FW 设备，因此，在实际应用中，很难采用这种方式。

11.5.2　MIDCOM 方式

与 NAT/ALG 不同的是，MIDCOM 的基本框架是采用可信的第三方（MIDCOM Agent）对 Middlebox（NAT/FW）进行控制，VoIP 协议的识别不由 Middlebox 完成，而是由外部的 MIDCOM Agent 完成，因此 VoIP 使用的协议对 Middlebox 是透明的。

由于识别应用协议的功能从 Middlebox 移到外部的 MIDCOM Agent 上，根据 MIDCOM 的架构，在不需要更改 Middlebox 基本特性的基础上，通过对 MIDCOM Agent 的升级就可以支持更多的新业务，这是相对 NAT/ALG 方式的一个很大的优势。

在 VoIP 实际应用中，Middlebox 功能可驻留在 NAT/Firewall，通过软交换设备（即 MIDCOM Agent）对 IP 语音和视频协议（H323、SIP、MGCP/H248）的识别和对 NAT/Firewall 的控制，来完成 VoIP 应用穿越 NAT/Firewall。

在安全性上，MIDCOM 方式可支持控制报文的加密，可支持媒体流的加密，因此安全性比较高。

如果在软交换设备上实现对 SIP/H323/MGCP/H248 协议的识别，就只需在软交换和 NAT/FW 设备上增加 MIDCOM 协议即可，而且以后新的应用业务识别随着软交换的支持而支持，此方案是一种比较有前途的解决方案，但要求现有的 NAT/FW 设备需升级支持 MIDCOM 协议，从这一点上来说，对已大量布署的 NAT/FW 设备来说，也是很困难的，同 NAT/ALG 方式有相同的问题。

11.5.3　STUN 方式

解决穿透 NAT 问题的另一思路是，私网中的 VoIP 终端通过某种机制预先得到出口 NAT 上的对外地址，然后在净载中所填写的地址信息直接填写出口 NAT 上的对外地址，而不是私网内终端的私有 IP 地址，这样净载中的内容在经过 NAT 时就无需被修改了，只需按普通 NAT 流程转换报文头的 IP 地址即可，净载中的 IP 地址信息和报文头地址信息是一致的。STUN 协议就是基于此思路来解决应用层地址的转换问题。

STUN 的全称是 Simple Traversal of UDP Through Network Address Translators，即 UDP 对 NAT 的简单穿越方式。应用程序（即 STUN CLIENT）向 NAT 外的 STUN SERVER 通过 UDP 发送请求 STUN 消息，STUN SERVER 收到请求消息，产生响应消息，响应消息中携带请求消息的源端口，即 STUN CLIENT 在 NAT 上对应的外部端口。然后响应消息通过 NAT 发送给 STUN CLIENT，STUN CLIENT 通过响应消息体中的内容得知其 NAT 上的外部地址，并将其填入以后呼叫协议的 UDP 负载中，告知对端，本端的 RTP 接收地址和端口号为 NAT 外部的地址和端口号。由于通过 STUN 协议已在 NAT 上预先建立媒体流的 NAT 映射表项，故媒体流可顺利穿越 NAT。

STUN 协议最大的优点是无需现有 NAT/FW 设备做任何改动。由于实际应用中，已有大量的 NAT/FW，并且这些 NAT/FW 并不支持 VoIP 的应用，如果用 MIDCOM 或 NAT/ALG 方式来解决此问题，需要替换现有的 NAT/FW，这是不太容易的。而采用 STUN 方式无需改动 NAT/FW，这是其最大优势，同时 STUN 方式可在多个 NAT 串联的网络环境中使用，但 MIDCOM 方式则无法实现对多级 NAT 的有效控制。

STUN 的局限性在于需要 VoIP 终端支持 STUN CLIENT 的功能，同时 STUN 并不适合支持 TCP 连接的穿越，因此不支持 H323。另外 STUN 方式不支持对防火墙的穿越，不支持对称 NAT（Symmetric NAT）类型（在安全性要求较高的企业网中，出口 NAT 通常是这种类型）穿越。

11.5.4　TURN 方式

TURN 方式解决 NAT 问题的思路与 STUN 相似，也是私网中的 VoIP 终端通过某种机制预先得公网上的服务地址（STUN 方式得到的地址为出口 NAT 上外部地址，TURN 方式得到地址为 TURN Server 上的公网地址），然后在报文净载中所要求的地址信息就直接填写该公网地址。

TURN 的全称为 Traversal Using Relay NAT，即通过 Relay 方式穿越 NAT。TURN 应用模型通过分配 TURN Server 的地址和端口作为私网中 VoIP 终端对外的接受地址和端口，即私网终端发出的报文都要经过 TURN Server 进行 Relay 转发，这种方式除了具有 STUN 方式的优点外，还解决了 STUN 应用无法穿透对称 NAT（Symmetric NAT）以及类似的 Firewall 设备的缺陷，同时 TURN 支持基于 TCP 的应用，如 H323 协议。此外 TURN Server 控制分配地址和端口，能分配 RTP/RTCP 地址对（RTCP 端口号为 RTP 端口号加 1）作为私网终端用户的接受地址，避免了 STUN 方式中出口 NAT 对 RTP/RTCP 地址端口号的任意分配，使得客户端无法收到对端发来的 RTCP 报文（对端发 RTCP 报文时，目的端口号缺省按 RTP 端口号加 1 发送）。

TURN 的局限性在于需要 VoIP 终端支持 TURN Client，这一点同 STUN 一样对网络终端有要求。此外，所有报文都必须经过 TURN Server 转发，增大了包的延迟和丢包的可能性。

11.5.5　VPDN

VPDN 是基于拨号接入（PSTN、ISDN）的虚拟专用拨号网业务，可用于跨地域集团企业内部网、专业信息服务提供商专用网、金融大众业务网、银行存取业务网等业务。

VPDN 采用专用的网络安全和通信协议，可以使企业在公共网络上建立相对安全的虚拟专网。VPN 用户可以经过公共网络，通过虚拟的安全通道和用户内部的用户网络进行连接，而公共网络上的用户则无法穿过虚拟通道访问用户网络内部的资源。

VPDN 技术适用于以下范围。

（1）地点分散，在各地有分支机构，移动人员特别多的用户，例如企业用户、远程教育用户。

（2）人员分散，需通过长途电信甚至国际长途手段联系的用户。

（3）对线路的保密和可用性有一定要求的用户。

此外，通过 VPDN 技术，可实现对特定站点的封闭，可向小 ISP 和大集团用户提供一次、多次端口批发业务。

VPDN 网络结构由局端（或称为中心端）和客户系统组成。VPDN 客户系统包括两部分：企业端与远端。通常企业端是企业的内部局域网，以专线方式接入 UNINET；远端是拨号客户，以拨号方式访问企业内部局域网。

VPDN （Virtual Private Dail-up Network，虚拟拨号专用网），业务名称为"网中网"，是指在中国公众多媒体通信网，在接入手段上的延伸，它以拨号方式实现，同时又允许专线接入，与其无缝结合，组成一个提供多种接入手段的虚拟专用网。

11.6　VoIP 应用需求分析

11.6.1　需求分析

客户对于 VoIP 功能的需求主要包括：

（1）能够直接连接现有的 IP 网及 PSTN 网，做到平滑过渡。充分利用原有网络资源，在不影响日常业务、不更改原有网络的构架下进行 VoIP 应用的扩展接入；

（2）应能提供接近于市话的通话效果，真正体现 VoIP 的实用能力，从而保证该项目建成后的真正大规模、有效益地应用；

（3）适应电话直接接入、公司 PBX 接入等复杂的用户 PSTN 环境；

（4）路由器在提供 VoIP 应用的同时，应能提供 DDN、帧中继、X.25 等广域网线路的接入；

（5）兼容其他主流设备。

11.6.2　解决方案特点分析

（1）不改变原有网络构架，通过增加锐捷 26 系列路由器就可以直接把用户 PSTN 系统接入 IP 网络，轻松实现 VoIP 应用的扩展接入。

（2）锐捷路由器不论是界面或操作配置都十分方便，各种功能均可与国外主流网络设备厂商完全兼容，方便系统管理员的日常维护。

（3）锐捷 26 系列 VoIP 路由器支持（Gatekeeper）功能，通过简单的配置连接到 Gatekeeper 上就可以与全省各地进行 VoIP 连接，而省略了烦琐的静态拨号对等体的配置，方便而高效。

（4）为了达到理想的通话效果，锐捷网络在 VoIP 路由器采用了大量的语音保障技术。

① 强大的 QoS 保障：可以为语音通话预留带宽，保障了在大数据量传输情况下的通话效果。

② 回波抑制：在锐捷系列路由器中采用了国际先进的 DSP 处理器以实现回波抑制。

③ 语音编码：锐捷 26 系列 VoIP 路由器支持 G.711（64kbps）、G.729（8kbps）、G.723（5.3kbps、6.3 kbps）等多种常用编码方式，客户可以根据自己的需要进行选择，其中 G.729（8kbps）是锐捷网络路由器的默认编码方式，能保证在低速线路下的高质量语音传输。

④ 延时和抖动处理：锐捷 VoIP 路由器在接收端采用了科学的缓冲处理方式。在不影响延时的情况下，对广域网线路抖动所带来的通话抖动进行弥补，最大限度地克服了物理线路所带来的影响。

⑤ 静音抑制技术：锐捷 VoIP 路由器能够对通话之间的空闲间隔进行智能判定，停止发

送语音数据包，从而减少不必要的带宽浪费，进一步提高在低速线路下的传输质量。

11.7 VoIP 配置实例

本方案介绍的是利用 RG-2632 路由器，通过 V35 连接线，实现了 Voice over IP 功能的过程。

某公司计划连接两个办公室：一个位于北京（BeiJing），另一个位于上海（Shanghai）。该公司在其两个远程办公室之间已经建立了可工作的 IP 连接。每个办公室有一个 PBX 内部电话网络，通过一个 E&M 接口连接到语音网络。北京和上海 办公室都使用 E&M 端口类型。每个 E&M 接口连接到路由器的两个语音接口连接端。在北京的用户拨 "0101111" 这一扩展号可接通上海分公司目标。在上海分公司的用户拨 "0211111" 扩展号可接通北京分公司的目标。图 11-3 是本连接示例的拓扑示意图。

首先应配置好 PBX，使所有的 DTMF 信号能通到路由器。若修改增益或电话端口，应确认电话端口仍然能接受 DTMF 信号。然后对图中路由器进行配置。

【网络拓扑】

图 11-3　VoIP 连接两个城市的分公司

【实验环境】

（1）两台带语音接口的 RG-2632 路由器，分别命名为 Beijing 和 Shanghai。

（2）两台 RG-2632 路由器通过串口线 V35 相连，Beijing 路由器为 DCE，Shanghai 路由器为 DTE。

（3）两部普通的语音电话。

【实验目的】

（1）学会 VoIP 的拨号点配置方法。
（2）学会把 IP 与号码绑定的方法。
（3）学会对语音接口属性进行配置。

【实验配置】

（1）上海路由器的配置
Router>enable
Password:******

Router#

Router(config)# hostname Shanghai

Shanghai(config)#interface serial 1/2

Shanghai(config-if)#Ip address 192.168.1.2 255.255.255.0

Shanghai(config-if)#Encapsulation ppp

Shanghai(config-if)#No shutdown

Shanghai(config-if) #end

Shanghai#ping 192.168.1.1

// 测试串行链路的连通性

Shanghai# config terminal

Shanghai (config)# dial-peer voice 12 pots

// 设置拨号对等体标识（要唯一）

Shanghai (config-dial-peer)#destination-pattern 021222

Shanghai (config-dial-peer)#port 2/0

Shanghai (config-dial-peer)#exit

Shanghai (config)# dial-peer voice 11 voip

Shanghai (config-dial-peer)#destination-pattern 0101111

// 北京的电话号码

Shanghai (config-dial-peer)#session target ipv4:192.168.1.1

// 北京端的接入 IP

Shanghai (config-dial-peer)#end

Shanghai#

（2）北京路由器的配置

Router>enable

Password:******

Router#

Router(config)# hostname Beijing

Beijing(config)#interface serial 1/2

Beijing(config-if)#Ip address 192.168.1.1 255.255.255.0

Beijing(config-if)#Encapsulation ppp

Beijing(config-if)#clock rate 64000

Beijing(config-if)#No shutdown

Beijing(config-if) #end

Beijing#ping 192.168.1.1

// 测试串行链路的连通性

Beijing# config terminal

Beijing (config)# dial-peer voice 11 pots

// 设置拨号对等体标识（要唯一）

Beijing (config-dial-peer)#destination-pattern 010111

Beijing (config-dial-peer)#port 2/0

Beijing (config-dial-peer)#exit

Beijing (config)# dial-peer voice 12 voip

Beijing (config-dial-peer)#destination-pattern 021222

// 上海的电话号码

Beijing (config-dial-peer)#session target ipv4:192.168.1.2

// 上海端的接入 IP

Beijing (config-dial-peer)#Voice-port 2/0

Beijing (config-dial-peer)#Voice-port 2/1

Beijing (config-dial-peer)#Voice-port 2/2

Beijing (config-dial-peer)#Voice-port 2/3

Beijing (config-dial-peer)#end

Beijing (config)# Line con 0

Line aux 0

Line vty 0 4

Login

（3）设置拨号属性

Beijing(config)#voice-port 2/0

Beijing(config-voice-port)#?

Voice-port commands:

busytone　　　　Configure busytone base frequency

// 配置遇忙提示音频率

caller-id　　　　Configure port caller id parameters

// 配置端口叫号标识参数

comfort-noise　　Use fill-silence option

// 配置全静音时的噪音填充选项

connection　　　Specify Trunking Parameters

// 配置干线参数

default　　　　　Set a command to its defaults

dialtone　　　　Configure dial tone ivr

// 配置拨号音

dtmf　　　　　　Config the argument of DTMF

dtmf-relay　　　Relay dtmf when local-exechange

echo-cancel　　Echo-cancellation option

end　　　　　　Exit from voice-port mode

exit　　　　　　Exit from voice-port configuration mode

fax　　　　　　Configure fax signal check

help　　　　　　Description of the interactive help system

input　　　　　Configure input gain for voice

no　　　　　　　Negate a command or set its defaults

output　　　　　Configure output attenuation for voice

| ring | Configure busytone ring |

// 配置振铃声

| show | Show running system information |

【课后练习及实验】

1．VoIP 大致通过哪 5 道程序来互传语音讯号？

2．基本的 VoIP 架构之中，一般包含哪 4 个基本元素？

3．简述 VoIP 的三大主流协定，各自的特点和区别。

4．简述 VoIP 穿越 NAT 和防火墙几种的方法。

5．完成虚拟实验，网络拓扑如图 11-4 所示，要求能够直接连接现有的 IP 网及 PSTN 网，做到平滑过渡。充分利用原有网络资源，在不影响日常业务、不更改原有网络的构架下进行 VoIP 应用的扩展接入；应能提供接近于市话的通话效果，真正体现 VoIP 的实用能力；适应电话直接接入、公司 PBX 接入等复杂的用户 PSTN 环境；路由器在提供 VoIP 应用的同时，应能提供 DDN、帧中继、X.25 等广域网线路的接入。

图 11-4　VoIP 实验

第12章 无线网络

12.1 无线局域网标准介绍

无线局域网是指以无线电波、激光、红外线等无线媒介来代替有线局域网中的部分或全部传输媒介而构成的网络。它不仅可以作为有线数据通信的补充和延伸，而且还可以与有线网络环境互为备份。

802.11 协议、蓝牙标准和 HomeRF 工业标准是无线局域网所有标准中最主要的竞争对手。它们各有优劣，各有自己擅长的应用领域，有的适合于办公环境，有的适合于个人应用，有的则一直被家庭用户所推崇。下面就介绍一下三种标准的具体情况。

1. 802.11 协议

802.11 是 IEEE 最初制定的一个无线局域网标准，主要用于解决办公室局域网和校园网中用户与用户终端的无线接入，主要限于数据存取，速率最高只能达到 2Mbps。由于它在速率和传输距离上都不能满足人们的需要，因此，IEEE（电气和电子工程师协会）随后又相继推出了 802.11b 和 802.11a 两个新标准，2001 年 11 月，第三个新的标准 802.11g 业已面世。尽管目前 802.11a 和 802.11g 备受业界关注，但从实际的应用上来讲，802.11b 已成为无线局域网（WLAN）的主流标准，被多数厂商所采用，并且已经有成熟的无线产品推向市场。这些产品包括：集成支持 802.11b 无线功能的 PC、支持网络接入的 802.11b 无线网络适配器以及相对应的网络桥接器等。生产这些产品的厂商大致可以分为两类，一类是著名的网络集成商，如：3Com、Cisco 等，他们的产品主要集中在适配器和桥接器领域；另外，很多 PC 厂商借助网络终端的先天优势，提供全面的无线局域网设备，IBM、HP、东芝为代表厂商，其中，IBM 凭借其在笔记本电脑上的绝对优势和参与制定无线标准的领导地位，提供最全面的无线解决方案，并已经在全球范围内大规模地推出了相应的产品。

目前，802.11b 无线局域网技术已经在美国得到了广泛的应用，它已经进入了写字间、饭店、咖啡厅和候机室等场所。没有集成无线网卡的笔记本电脑用户只需插进一张 PCMCIA 卡或 USB 卡，便可通过无线局域网连到因特网。在国内，支持 802.11b 无线局域网协议的产品不仅全面上市，而且像 IBM，还特别为用户和专业人士搭建了"体验中心"，让用户和媒体可以亲身体验无线局域网的便利和高效。

2. 蓝牙标准

蓝牙这个颇为奇怪的名字来源于十世纪丹麦国王哈洛德（Harold）的外号。据说，这位丹麦国王靠出色的沟通和说服能力统一了当时的丹麦和挪威。因为他非常爱吃蓝莓，牙齿经常被染蓝，所以得了蓝牙这个外号。1998 年 5 月，爱立信、诺基亚、IBM、东芝和英特尔公司五家著名 IT 厂商，在联合开展短程无线通信技术的标准化活动时提出了蓝牙技术，其宗旨是提供一种短距离、低成本的无线传输应用技术。1999 年下半年，著名的业界巨头微软、摩托罗拉、3Com、朗讯与蓝牙特别小组 Bluetooth SIG 等 5 家公司共同发起成立了蓝牙技术推广组织，从那时起，全球变开始掀起了蓝牙热潮。

蓝牙技术是一种用于替代便携或固定电子设备上使用的电缆或连线的短距离无线连接技术。其设备使用全球通行的、无需申请许可的 2.45GHz 频段，可实时进行数据和语音传输，其传输速率可达到 10Mbps，在支持 3 个话音频道的同时还支持高达 723.2Kbps 的数据传输速率。也就是说，在办公室、家庭和旅途中，无需在任何电子设备间布设专用线缆和连接器，通过蓝牙遥控装置可以形成一点到多点的连接，即在该装置周围组成一个"微网"，网内任何蓝牙收发器都可与该装置互通信号。而且，这种连接无需复杂的软件支持。蓝牙收发器的一般有效通信范围为 10 米，强的可以达到 100 米左右。

由于蓝牙在无线传输距离上的限定，它和个人网络通信用品有着不解之缘。因此，生产蓝牙产品的厂商除了网络集成厂商和传统 PC 厂商以外，还包括很多移动电话厂商。近一年，随着全球无线市场的不断扩大，蓝牙手机成为移动电话用户的新宠。实际上，依据目前的无线技术水平，一台蓝牙笔记本加上一部蓝牙手机就可以实现无线登录互联网。但是，在市场中能够同时支持 802.11b 和蓝牙的笔记本电脑确实不多，只有少数厂商拥有这样的技术与解决方案，IBM ThinkPad XTRA 各系列笔记本电脑的大多数产品和东芝部分笔记本电脑可以提供这样的支持。

3. HomeRF 工业标准

HomeRF 是由 HomeRF 工作组开发的，适合家庭区域范围内，在 PC 和用户电子设备之间实现无线数字通信的开放性工业标准。作为无线技术方案，它代替了需要铺设昂贵传输线的有线家庭网络，为网络中的设备，如笔记本电脑和 Internet 应用提供了漫游功能。

在美国联邦通信委员会（FCC）正式批准 HomeRF 标准之前，HomeRF 工作组已为在家庭范围内实现语音和数据的无线通信制订出一个规范，这就是共享无线访问协议（SWAP）。

SWAP 规范定义了一个新的通用空中接口，此接口支持家庭范围内语音、数据的无线通信。用户使用符合 SWAP 规范的电子产品可实现如下功能：在 PC 的外设、无绳电话等设备之间建立一个无线网络，以共享语音和数据；在家庭区域范围内的任何地方，可以利用便携式微型显示设备浏览 Internet；在 PC 和其他设备之间共享同一个 ISP 连接；家庭中的多个 PC 可共享文件、调制解调器和打印机；前端智能导入电话机可呼叫多个无绳电话听筒、传真机和语音信箱；从无绳电话听筒可以再现导入的语音、传真和 E-mail 信息；将一条简单的语音命令输入 PC 无绳电话听筒，便可以启动其他家庭电子系统；可实现基于 PC 或 Internet 的"多玩家"游戏。

SWAP 规范问世以后，除了扩展高性能、多波段无绳电话技术以外，还极大地促进了低成本无线数据网络技术的发展。但是，HomeRF 占据了与 802.11b 和 Bluetooth 相同的 2.4G 频率段，并且在功能上过于局限家庭应用，再考虑到 802.11b 在办公领域已取得的地位，恐怕在今后难以有较大的作为。调查显示，该标准在 2000 年的普及率高达 45%，但到了 2001 年已降至 30%，且逐渐丧失市场优势。特别是很多 PC 厂商并没有在自己的 PC 产品中对该项标准加以支持，也造成了其扩展上的障碍。看来，HomeRF 这项工业标准注定不会冲出"Home"。

12.2　无线网络设置时的几个要点

许多组织实现了无线网络连接。但是由于无线网络是非常新的概念，几乎没有太多关于这方面设置的详细讨论。在这里，将提供一些技巧帮助设置客户端和接入结点，讨论无线设备的设置方法和一些标准线路选择对无线设备的特殊影响方面的细节。

1. 客户端设置注意事项

无线网络界面可能出现 PCI、USB 和 PC 卡格式。USB 设备应该直接将计算机连接到强力的 hub 上，PCI 和 PC 卡设备应该被安装到插槽上，为天线提供最大的暴露空间。注意移动的电缆远离天线，使 RF 冲突最小化。在可能的地方使用防护电缆和扬声器。电子冲突将使物理链路质量下降，减少最大通信带宽。

当设置无线客户端，注意是否应该保存默认的设置。这些设置将使系统运行的更快，而且可以比较妥协的解决安全问题。有一些设置需要在接入结点中配置。确认它们是一样的。

Ad Hoc or Peer-To-Peer Networking：有些无线设备不使用接入结点就可以进行通信。这个能力增加了客户系统的弹性，但是它可能会危急一个中央管理网络的安全策略。

Encryption Keys：这些钥匙对加密数据起到作用。客户端和接入结点的设置必需相配。默认的钥匙是对于允许的客户端可以轻易地被加入网络，为了安全，钥匙应该被有规律的改变，来阻止入侵者破解密码。

Mobile IP：细胞无线网络允许客户端从一个无线结点漫步到另一个。在一个足够大的网络里，可以引起客户端进入不同的子网。一般情况下，会引起 IP 冲突，但使用移动 IP 创建一系列的转寄地址，可以使接入结点重新定为数据穿过子网。Mobile IP：不适宜在特殊的连续无线网络以外的网络里使用。

Rate Control：Rate Control 允许定义通信的速度。减少最大带宽，增加漫游的范围，减少能量的消耗，但得到最有价值的特性。默认设置是通常的最佳设置。在不同的区段将允许与之相适应的配置。

WEP：无线标准（802.11b）使用的加密计划称之为 WEP（Wired Equivalent Privacy，有线对等保密协议），它将补偿物理方面的安全漏洞。并不是所有的无线系统提供加密。默认的 802.11b 是国际可输出的 40 位加密，但是一些 US 模式也支持 128 位的加密。有时，默认设置中的加密是 disable 的，这个选项可以改为 enable。

WLAN Service Area：这个值类似网络工作组，除了同样工作区域的客户端能够和其他结点通信，配置不同的 WLAN 服务区域允许同种类型的多种无线网络在同样的物理区域交迭。有的时候，一个服务区域数量是默认的，比如 101。如果想改变它的设置，将冒一定的安全危险。

2. 是否需要多个 network profile

由于无线设备总是使用在不同的网络上，卖主网络设备总是将无线产品打包。尤其是 Windows 9x 的膝上型电脑，它不支持多种网络配置。使用的简易是非常重要的，尤其是小型办公室和家庭无线设置。

最小的网络也具备为同样的设备存储多个网络配置的能力。最先进的甚至可以转换默认打印机、modem 设置、区域代码、远程代码和共享网络配置。这些功能提供了弹性，但是如果转换太复杂会导致配置的失败。

为确保用户网络的可用性应仔细评测网络的 network profile。

3. Access Point 的特性

对于网络的设计，Access Point 是最重要的组件；它决定了可支持多少客户端、加密的水平、接入控制、登录、网络管理、客户端管理，它管理全部的家当。要像选择路由器那样小心选择接入结点。

　　Access Point 的网络能力，检测了它的物理特性。3Com 的 Access Point 包括一个 "Power Base-T" 连接器，能够 CAT-5 线发挥作用。这个设施安装在电不易被获取的地方。这个设备包括一系列端口，可配置或者可连接扩展的 modem。虽然这样做看起来和物理网络是对立的，但它允许定制路由包和过滤，甚至设置暂时网络（比如在网络带宽不够的贸易中）。其他的组件包括一个 USB 或者蓝牙接口。

4. Access Point 设置

　　Access Point 的初始配置因销售商的不同而不同。3Com 的 Access point 使用一个交叉电缆和一个终端来完成。Proxim HomeRF 无线网关使用优先的无线客户端来进行配置。其他设置 Access point 的方式包括 Web、Ethernet、Telnet 或者物理转换器。

　　有些 Access Point 需要密码。默认的密码容易获取，而且会使网络的安全变得脆弱，尤其是当设备可以远程配置的时候。在改变密码上要小心。如果密码丢失，你就不能改变设备的配置了。重新设置系统来清除密码的方式会将网络配置全部清除。

12.3　各种无线网络技术的比较

　　无线网络技术出现之前，用家里或者办公室里的电脑电缆是通过连接起来的。基于 IEEE 标准 802.11b（又名 Wi-Fi）的无线局域网（WLAN）技术可以解决您的这些问题。现在又有一种新的技术，称之为蓝牙，它又给你提供了另一些新的特性。

　　如果您现在创建无线 LAN，那么暂时不要使用蓝牙技术，因为蓝牙还没有十分成熟，而且成本也高。这时您应该选择 802.11b 的产品，使用 2.4-GHz 的 ISM（Industrial，Scientific，Medical）频率可以创建 11Mbps 的 WLAN。但是未来的情况将如何呢？虽然蓝牙遇到了种种困难，但是观察家认为它将是主流的技术。如果你正考虑迁移到 WLAN 上，是否应该等待蓝牙呢？

　　这就像一个苹果和桔子的问题：802.11b 和蓝牙，除了在协议上根本不同，在设计的完成上也完全不一样。802.11b 源于快速的、弹性无线网络技术—没有电线的 LAN。而蓝牙面向更广的市场。蓝牙不仅是替代 LAN 的技术，同时省去了笔记本，打印机，移动电话，PDA 和寻呼机之间的电缆连接。如果你对个人局域网的概念还不清楚，也是正常的，因为它还没有怎么普及。但是一旦你理解了它的核心概念，就会明白那些蓝牙狂热者们为什么坚信，即使现在蓝牙遇到重重困难，但它终将是胜利者。

　　无线个人局域网（WPANs）

　　只需看看这样一个公文包，就可以明白蓝牙的基本原理。它看起来像一个蛇窟。抓起一打互不兼容的连接电缆。连接 PALM 到笔记本上，连接笔记本到数字移动电话上，再连接到便携打印机上，连到电话线上，由于你总是行踪不定，电缆还要连接到便携的地理定位系统上（GPS）。所有的电缆看起来都差不多，而且互相交织在一起，这就有点讨厌了。

　　蓝牙从本质上看，它是通信协议，像 802.11b 一样，使用 2.4GHz 的 ISM 带宽，但它还包括硬件的特征；蓝牙的发展集中在创建一种低廉的集成的无线网络芯片，这种芯片能被植入最低价的具有数字通信能量的设备中（包括数字移动电话，打印机，modem，笔记本和桌面电脑，个人数字处理 PDA，寻呼机和 GPS 设备）。蓝牙的关键是透明：两个具备蓝牙能力的设备之间应该能在 30 英尺内方便地进行无线通信。假想一下，这将带来怎样的方便呢？如果你正在旅行，只要在你的旅馆必要的距离内，有一个具备蓝牙能力的连接点，你就可以通过蓝牙 PDA 上网或者收发 E-mail。

简而言之，WPAN 能够使个体的移动数字设备在无电缆连接的情况下实现互通。而且如果蓝牙的生产形成批量，它的芯片将非常便宜，可以在任何移动设备中置入。

在看到这样的令人激动的前景同时，也应该知道还有两个主要的问题还没有解决。第一，蓝牙出台之前，细节研究还需要很长的时间。卖主对蓝牙的反应很慢，这是在德国汉诺威交易展览会上大肆宣传呈现出主要的问题，会议出席者不能将他们的设备连接起来。

更令人烦恼的问题是：蓝牙将和已广泛使用的 WLAN 协议 802.11b 形成冲突；不能在同一范围内使用。简而言之，蓝牙的发展太慢，不能代替 WLAN 技术，相反还会形成干扰。这对消费者和卖主都是坏消息，当被告知你的 802.11b 网络将被关闭，代以蓝牙设备，你将作何反应？

有人提出一个新的协议：802.15，并想用它来解决这个问题。802.11b 和蓝牙是为不同的应用设计的，802.11b 是为 WLAN 设计的，而蓝牙是为个体数字设备的透明连接设计的。问题是，这两个无线技术互相干扰。这也正是 IEEE 忙于创建新的 WLAN 协议，802.15，它将全部的执行蓝牙协议，同时兼容 802.11b 的设备。

因此，在 802.15 浮出水面之前，802.11b 将短暂的存在。如果你需要一个小型的 WLAN，可以毫不犹豫的选择 802.11b，但是如果想得到主流技术的支持，恐怕要等待一段时间。

12.4　无线局域网的安全服务

自从 1999 年 9 月份 IEEE（电子和电气工程师协会）批准了 802.11b 标准以来，WEP 就成为无线局域网上应用的主要的加密机制，来对无线局域网上的数据流进行加密。不过目前许多企业并没有启动 WEP，主要是因为 WEP 的密钥管理和配置起来过于繁琐。尽管 META Group 已经承认了一些与 WEP 有关的漏洞，不过最近报道的一些攻击行为证明，该保密机制的漏洞要比并想象中的还要多。所以企业用户必须依据使用环境的机密要求程度，来对使用的应用软件进行评估。切入点是从无线局域网的连接上开始，考虑三个基本的安全服务：审计、认证和机密性。

从短期的解决方案来看，用户应该对已存在的 WLAN 的安全性重新进行评估。一些企业用户已经推迟或终止了在 WLAN 上 WEP 的开发和应用。在以后的 12 至 24 个月内，即在完整的解决方案出台之前，企业用户最好是配置附加的解决方案（例如使用防火墙和虚拟私有网 VPN），来保证网络安全。在今后的一段时期内，企业的 WLAN 将会通过特定的网关，集成为一个新的网络，其目标就是来解决安全、管理、漫游和服务质量（QoS）问题。

第 1 步：审计。

网络安全在 WLAN 上尤其显得重要，这是因为它很容易在网络内部增加新的访问节点。保护 WLAN 的第一步就是完成网络审计，实现对内部网络的所有访问节点都做审计，确定欺骗访问节点，建立规章制度来约束它们，或者完全从网络上剥离掉它们。从短期来看，企业应该使用一些能检测 WLAN 网络流量（以及 WLAN 访问节点）的网络监控产品或工具，例如 Sniffer Technologies 和 WildPackets 厂家的产品。不过，采取的这些措施能达到的安全程度毕竟还是有限的，因为它要求网络管理员要根据 WLAN 的信号来检测网络流量，知道网络内部的数据流量情况。到 2002 年末，WLAN 的提供商们（例如 3Com、Avaya、Cisco、Enterasys 和 Symbol）将会开发出新的能够检测远程访问节点的网络管理工具。企业用户应该形成一个管理政策，保证网络审计成为一个规范化的行为（至少每三个月检测一次），来限制具有欺骗访问行为的站点恣意进入 WLAN。

第 2 步：认证。

因为基于 WEP 标准的 WLAN 安全协议并不是可信的，用户必须考虑到提供商可能会留有后门。企业应该增加对 WLAN 用户的认证功能（例如使用 RADIUS）。到 2002 年末，提供商们将把 IEEE 802.1x 用户认证标准融入到 WLAN 产品中，成为解决基于 WEP 漏洞的一种替代方式。企业用户也可以配置入侵检测系统（IDS），作为一种检测欺骗访问站点的前期识别方式。入侵检测系统还能帮助管理员识别特定的、可能存在安全漏洞的访问点或网段，能够帮助络管理员发现入侵者的物理位置。

第 3 步：机密性。

许多企业并不会要求拥有第二步中提到的其他安全防护层。已经完成了 WLAN 机密性评估的企业用户就可以决定使用特定的网段来传输那些没有商业价值和不要求加密的信息（例如从货仓中扫描来的条形码数据等）。在这种情况下，使用基本的 WEP 功能就能完全满足需要，因为这是一种低级加密与低价值信息的结合。不过当用户在 WLAN 上交换机密商业信息，或者传送个人信息时，VPN（虚拟私有网）就成为保证隐私的最可信赖的方法了。META Group 提醒企业用户每个季度对网络使用情况进行一次评估，以决定根据网络流量来改变网络中机密性要求。

许多企业已经拥有 VPN，为远程访问提供连接。但是配置 VPN 并不是一个简单或者仅仅依靠经验的事情，而且目前制约 VPN 迅速发展的一个重要因素就是其可扩展性，当使用 802.11b 标准时，VPN 网关就很难进行扩展。当前的 VPN 设备能可能承受 40Mbps 至 100Mbps 的 IPSec（互联网安全协议）流量（运行 3DES 加密和 SHA-1 的哈希函数）——足够满足远程拨号用户或者 DSL 用户的使用。对于 802.11a 来说，每个用户的流量仅能提供到 1 Mbps 到 10 Mbps。对于使用 802.11b 的网络来说，如果要实现基本的网络服务（例如提供电子邮件和 HTTP 服务），企业在每个 100Mbps 的 VPN 网段上最多允许有 300 到 500 个用户。当应用软件带宽增加，或者访问点有 802.11a 节点时，就会降低到每个 100M 的 VPN 网段上只能承担 100 到 200 个用户。VPN 的一些不足：昂贵的网关（10 万至 50 万美元），缺乏普遍存在的客户支持，有限的漫游功能（这由终端设备决定），没有管理控制（因为有隧道流量）。

主要的 WLAN 提供商目前正忙于提供 WEP 漏洞的解决方案，包括 WEP 的后门漏洞、防火墙、入侵检测系统和 VPN 性能。新成长起来的提供商（例如 BlueSocket 和 Vernier Networks），则把目标瞄准于解决 WLAN 的可移动性、安全、QoS 和管理问题，还有可移植性。不过他们的产品还处在早期阶段。

12.5　SSID、MAC、WEP 和 VPN 保障 WLAN 安全

目前，无线局域网络产品主要采用的是 IEEE802.11b 国际标准。802.11 标准主要应用三项安全技术来保障无线局域网数据传输的安全。

第一项为 SSID（Service Set Identifier）技术，该技术可以将一个无线局域网分为几个需要不同身份验证的子网络，每一个子网络都需要独立的身份验证，只有通过身份验证的用户才可以进入相应的子网络，防止未被授权的用户进入本网络；

第二项为 MAC（Media Access Control）技术，应用这项技术，可在无线局域网的每一个

接入点（AP，Access Point）下设置一个许可接入的用户的 MAC 地址清单，MAC 地址不在清单中的用户，接入点（Access Point）将拒绝其接入请求；

第三项为 WEP（Wired Equivalent Privacy）加密技术，WEP 安全技术源自于名为 RC4 的 RSA 数据加密技术，以满足用户更高层次的网络安全需求。

目前，这些技术已发展成熟并得到了充分应用。例如英特尔公司在去年推出的 11Mbps 无线 LAN 产品系列，就全面支持 WEP 的密码编码功能，用最长 128bit 的密码键对数据进行编码后，在 AP 适配器上进行通信，密码键长度可选择 40 bit 或 128bit。利用 MAC 地址和预设网络 ID 来限制哪些网卡和接入点可以连入网络，完全可确保网络安全。对于那些非法的接收者来说，截听无线局域网的信号是非常困难的，从而可以有效防止黑客和入侵者的攻击。

此外，目前已广泛应用于局域网络及远程接入等领域的 VPN（Virtual Private Networking）安全技术也可用于无线局域网络，与 IEEE802.11b 标准所采用的安全技术不同，VPN 主要采用 DES、3DES 等技术来保障数据传输的安全。对于安全性要求更高的用户，专家建议，将现有的 VPN 安全技术与 IEEE802.11b 安全技术结合起来，是目前较为理想的无线局域网络的安全解决方案。

12.6　无线路由器的安装和配置要点

无线局域网如果要连接互联网，其中最主要的是要有一个连接互联网的终端，这个终端就是无线路由器或无线 AP。两者最大的区别就是无线路由器不仅有一个 WAN 口，一般都有四个 LAN 口，去除了无线的功能它就是有线的四口路由器，而无线 AP 则是只有一个 WAN 口，只是个单纯的无线覆盖。

12.6.1　无线路由器、AP 的硬件安装与连接

首先是硬件间的相互连接。如果选择了无线 AP，家里还有台式机，那么还应该准备一台有线交换机，但如果选择了无线路由器那就不需要交换机了。无线 AP，无线路由器的连接是差不多的，下面就以无线路由器来介绍一下。要在工作范围内选择一个合适的地点（使各个终端笼罩在无线路由器的无线范围内）放置好无线路由器后接通其电源，拉出其后端的天线，再用网线将其与 ADSL Modem 相连，如图 12-1 所示。

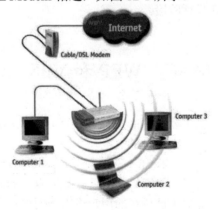

图 12-1　无线路由器的连接图

　　无线路由器自身有一根网线，可以它的 WAN 口连接到它的上级设备（比如交换机或者路由器，Internet 连接点如 ADSL 猫等），从而将其所覆盖的无线网络同其他网络（有线或者无线）连接起来。如果接入点是 ADSL 猫+宽带路由器，那你可按水晶头一端遵循 568A，而另一端遵循 568B 标准的方法（也就是交叉线）给无线网络接入点与 ADSL 猫+宽带路由器之间直连做好一根网线；当然，如果是无线网络接入点与之连接的是 HUB 或交换机，那么两端都遵循 568A 或 568B 标准（也就是平行线）即可。

　　但现在的无线路由器，或者无线 AP 的 WAN 口很多都有了自动翻转的功能，也就是说两种线交叉线或者平行线都可以，他都可以自己调整过来。

　　一般说来，连接上上级设备后，按无线路由器的默认配置也可以直接使用无线功能了。但是这样做在管理上以及安全上会显得保障。另外，不少的无线路由器都有设置向导，可以很方便地完成。首先拆下与 Modem 连接的网线连好路由器，同样按其默认 IP 地址进入 Web 设置界面。

　　设置的时候可以用交叉线连接到所使用的电脑上，一端接到无线路由器的 LAN 口上（注意不是 WAN 口），然后，打开 IE 浏览器，在地址栏输入无线路由器的默认 IP 地址（请参阅你的产品说明书，一般都为 http://192.168.1.1），接着会提示你输入无线路由器账号与密码进入配置程序，同样请参照说明书输入。

12.6.2　无线路由器、AP 的设置要点

　　第一步：注意无线路由器的 IP 地址。因为最终我们要把无线路由器和 Modem 相连，所以两者的 IP 地址不应该一样，请按照实际修改，只需要保证子网掩码一样即可。

　　第二步：跟 Modem 一样，这里我们也要开启无线路由器的 DHCP 服务功能。请找到相应选项开启。

　　第三步：确定 WAN 连接类型。如果上级提供了 DHCP 功能，可以选择"自动获取 IP 地址"。

　　第四步：记下路由器的 SSID（Service Set Iden Tifer）号，这是网卡能够正常接入此无线网络的验证标识。

　　这里还需要明确一些问题。一是启用动态 IP 地址后，会要求设定起始 IP 地址，这要根据你的无线路由器 IP 地址来，依照无线路由器 IP 地址最后一位的数字开始到 254 均可。

　　另一个是有些无线路由器会让你设定用户数量，这要依据你在起始 IP 地址中的设定来定，比如起始 IP 地址为 150，那么你最多可设的用户数就只能是 105（254-150+1）个。

　　只要完成好这几步，路由器就能工作了。

12.6.3　无线路由器、AP 网络工作不正常的解决方法

　　一个无线路由器，无线 AP 理论上能连接 254 台电脑，因为设置了不同的 SSID（也可设置 WEP 密码），所以不必担心其他不知名的用户接入你的网络。如果安装好后发现网络连接不正常，可做如下操作。

　　（1）测试信号强度。如果能够从有线客户端 Ping 通接入点但是从无线客户端却不行的话，则接入点可能有问题。可利用无线 AP 程序提供的测量信号强度的功能检查一下信号强度，如太弱则可能该无线 AP 出现了质量问题。如果是信号状态差造成的（信号状态可以用 Windows XP 的"无线网络连接"或"无线接入点"的附带软件进行检测）。

使用 Windows XP 时，只要点击任务栏中网络连接图标，就会显示出显示连接状态的窗口。如果显示有 4 根或 5 根绿线则信号状态不错，如果只有 1、2 根，就可断定信号状态不好，则可调整 AP 和无线网卡的摆放位置及天线角度，以达到最佳信号强度。

（2）尝试改变信道。如果突然发现无线 AP 信号微弱，却没有做任何物理上的改动。可尝试改变接入点和一个无线用户的信道或可以尝试添加外置天线等方法，看看是否能增强信号。因为一些新型无线电话（或微波炉等）也运行在 2.4GHz 频率上（使用 802.11b 无线网络相同频率），这可能会干扰无线网络。

（3）检查 SSID 配置。在加入其他无线网络时一定要更改 SSID 配置，如果 SSID 配置不正确，你就不能够 Ping 通接入点，也就不能连通网络。

（4）检查 WEP 密钥。很多无线网络配置问题都和 WEP 协议有关，解决 WEP 问题需要特别仔细。此外，要 WEP 起作用，接入点和客户端的配置都要正确。有些客户端的配置看起来毫无问题，但就是不能够使用 WEP 和接入点进行通信，在这样的情况下，可重启接入点，恢复默认值，然后重新进行 WEP 配置，就可以使用了。

（5）用鼠标右键点击任务栏中的无线网络图标。在下一级菜单上选择"查看可用的无线网络"命令，将会看到无线网络连接对话窗口。该对话窗口显示了任何在现在的信道上，而没有连接的无线网络的 SSID。如果无线网络的名字出现在这个列表里，表明没有连接到网络上，如果连接是好的话，则配置可能存在问题。此外，需要正确输入 WEP 密码（如果有的话），否则不能连接到那个无线网络中去。

12.7　无线路由器的配置实例

下面以家庭占有率很高的 TP-LINK 无线路由器为例，介绍如何对其进行配置与管理，以便让大家了解一般家庭宽带无线路由器的配置与管理过程。

要对家庭宽带路由器进行配置管理，通常可以通过浏览器，用 WEB 方式访问与修改其参数。只要打开浏览器，在地址栏中输入 http://192.168.1.1（默认的 LAN 口地址），就可以看到路由器的界面如图 12-2 所示。

图 12-2　路由器管理界面

12.7.1　查看和设置路由器内口（LAN）地址

从 LAN 口设置中，可以看到内口的 MAC 地址与 IP 地址与子网掩码。从内口的地址和子网掩码中，可知，内网计算机只能设置的 IP 范围为 192.168.1.2～192.168.1.254，网关地址为 192.168.1.1，同时也可以把地址 192.168.1.1 作为首选的 DNS 服务器地址。

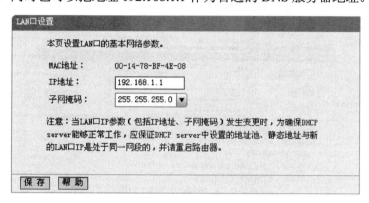

图 12-3　路由器 LAN 口设置

如果想在内网中使用另一个网段的地址，可以更改 LAN 口的 IP 地址与子网掩码。比如我想在内网中使用 192.168.0.X 的网段，则可以把 LAN 口的地址更改为 192.168.0.1，子网掩码还是 255.255.255.0。如果想在子网中使用 10.1.0.0 的网段，并拥有更多的地址范围，可以把 LAN 口的地址更改为 10.1.0.1，子网掩码更改为 255.255.0.0。

需要注意的是，内网地址一定与 LAN 口地址属于同一个网段，并且子网掩码相同，同时也要保证 DHCP 中分配的地址范围是可用于访问 LAN 口的有效范围。

12.7.2　设置广域接口参数

在 WAN 口设置里，首先要设置广域网的连接类型，比如是 PPPoE、动态获取 IP 的方式和静态指定 IP 的方式。

如果广域接口所连的局域网中设置了 DHCP 服务，只要获取了合法的 IP 参数，就可以上外网了，则选动态获取 IP 的连接方式。

如果广域接口所连的局域网中只要设置了正确的 IP 参数，就可上外网，则选指定 IP 地址的连接方式。

但在家庭里用得更多的，还是第一种方式：PPPoE。这种方式把 PPP 协议的点对点认证方式和以太网协议结合进来，实现了既方便 ISP 计费管理又利用了以太网的快速与低成本的结合。

首先要设置的是上网的账号，包括用户名与密码。若遗志用户名与密码，可以在宽带账单或者电话单（包含宽带费）上看到设备号，再用设备号打电信的宽带服务热线，在要求提供验证用户信息后，可重获得用户名及密码。

图 12-4 是选择了 PPPoE 协议以后，要设置的拨号属性设置。

为了实现更可靠的连接或者为了节省费用，还可以根据需要设置对应的连接模式。

（1）接需连接：有客户访问连接才拨号连接，如果一定时间内没有访问请求，将自动断开广域连接。此种类型适合于按时间计费的上网类型，有没有客户访问请求时断开连接可以节省费用。但断线时间设得过短的话，也容易造成经常断线重拨，因此要视具体的应用情况。

（2）自动连接：这种是要求一直在线的连接方式，适用于包月的上网用户。如果由于电源掉电或者线路问题，都在重启或者线路恢复后马上主动连接。

（3）定时连接：这种适合于用于时间访问控制，比如学校或者是有特殊访问时间管理的场合，要求只有特定的时间才能连接外网时，就使用这种策略。

（4）手动连接：这种要求管理员手动去进行广域连接。

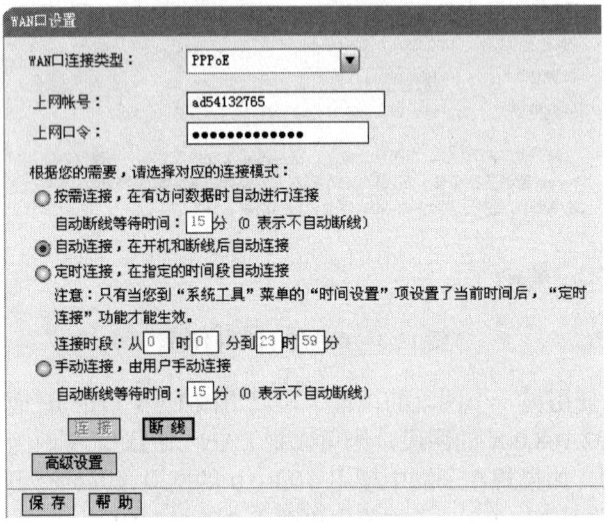

图 12-4　路由器 WAN 口设置

12.7.3　MAC 地址克隆

有时候，为了网络管理的方便，在交换上把特定端口与 MAC 绑定，以限制只有特定的网卡或者路由器接口才能接到此交换机端口上。也有些局域网把 IP 地址与 MAC 地址进行绑定，这样便能限制只有这个 MAC 地址的网络接口，才能连接到这个交换机端口上，或者只有这个 MAC 地址的网络接口，才能使用这个 IP 地址。

如果路由器想占用本来属于别的网卡的交换机端口，或者占用本属于别的计算机的 IP 地址，则可以使用 MAC 地址克隆的方式，来达到取代前者的目的。

下图是路由器中设置 MAC 地址克隆的操作界面，如果想恢复原来的 MAC 地址，也可以使用恢复出厂 MAC 的方法复原出厂时的 MAC 地址。

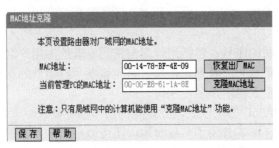

图 12-5　修改路由器 LAN 口 MAC 地址

12.7.4　无线网络基本参数和安全认证的设置

在无线网络基本设置里，可以查看和更改 SSID（服务设置标识）号，设置它工作的频段及模式（速度与协议），还可以启用或者禁止无线服务、路由器广播其 SSID 号、安全设置功能。

在同一个区域中，如果有多个无线路由器，最好把它们的工作频段分开，这样就避免了他们在物理层上互相干扰，能发挥出它们更大的接入速度，和提供更多的接入用户。

无线路由器一般都自带四个 LAN 接口，如果只有有线网络连接设备，而没有无线网络接入设备，则可以把无线路由器的无线功能禁止，这样可以降低信号辐射和防止别人利用无线信号偷偷接入网络。

如果让不熟悉您的无线网络的人，也方便地接入您的无线网络，您可以让路由器广播您的 SSID 号，让他们容易接入您的无线网络。如果您的无线网络，是只让你们几个固定的用户使用，而不想让其他人发现与使用，就可以禁止 SSID 广播，这样能提高无线网络的安全性。

如果为了在进行无线网络通信时，提高数据链路层的保密性，可以使用加密协议进行保护。无线路由器现在一般都能提供几种加密协议，其中 WEP 协议是比较常用的一种。它可以指定安全选项、密码格式选项以及设定特定的连接密钥。如果您在无线路由器中设置了连接密钥，那在客户端就必须记住密钥，不然是不能连接上无线路由器的。

针对不同的安全等级要求，可以设置不同的密钥长度。但要知道安全与速度、效率是成反比的，互相矛盾的。选择了过长的密钥长度，在发送和接收数据时就得花比较多的时间进行加解密，这对于没有多少安全要求的场合，会是一种浪费。

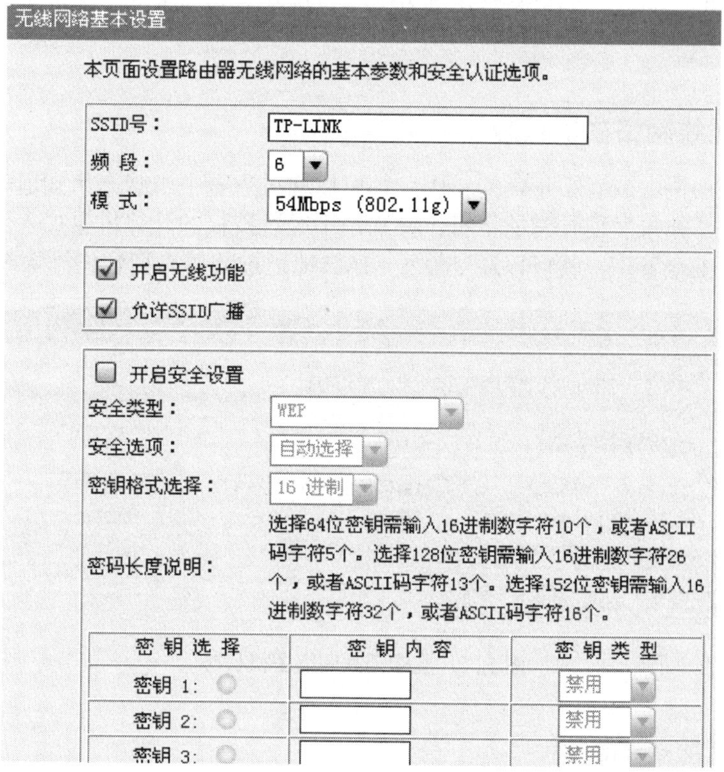

图 12-6　修改路由器无线网络基本设置

12.7.5　无线网络 MAC 地址过滤设置

为了让只有特定 MAC 地址的计算机才能接入无线网，可以在无线路由器当中设置 MAC 地址过滤，让没有经过允许的计算机不能接入无线网络。

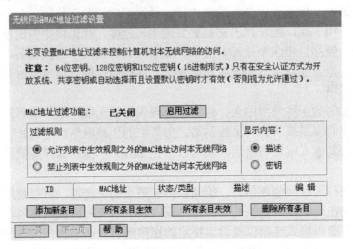

图 12-7　无线网络 MAC 地址过滤设置

在过滤策略里，有两种基本的策略，即黑名单的方式与红名单的方式。如果选择允许列表中生效规则之外的 MAC 地址访问本无线网络，就是黑名字方式。即在列表中的是不能访问的，不在的则可以访问。如果是禁止列表中生效规则之外的 MAC 地址访问本无线网络，就是红名单方式了。

12.7.6　查看无线网络主机状态

如果对于网络慢，或者不正常的原因，都可以通过查看主机状态来知道多少计算机已经加入了无线网络。如果发现异常的主机，特别是不经过授权的计算机也加入到无线网络中，那就说明没做好安全管理，就可以通过设置 MAC 地址过滤等来把它们排除在网络之外。

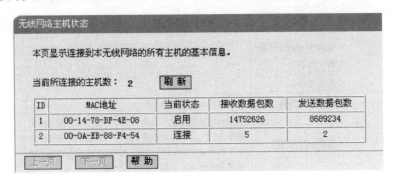

图 12-8　查看无线网络主机状态

12.7.7　DHCP 服务的配置

为了使内部网络的客户计算机能自动获取 IP 参数，可以在无线路由器中设置 DHCP 服务，以实现 IP 参数的自动分配与绑定管理。从图 12-9 中可以看出，可以设置是否启用 DHCP，分配的起始 IP 范围，结束范围，租约等。也可以在选项设置里设置其默认网关地址、首选 DNS 服务器地址与备用 DNS 服务器地址。

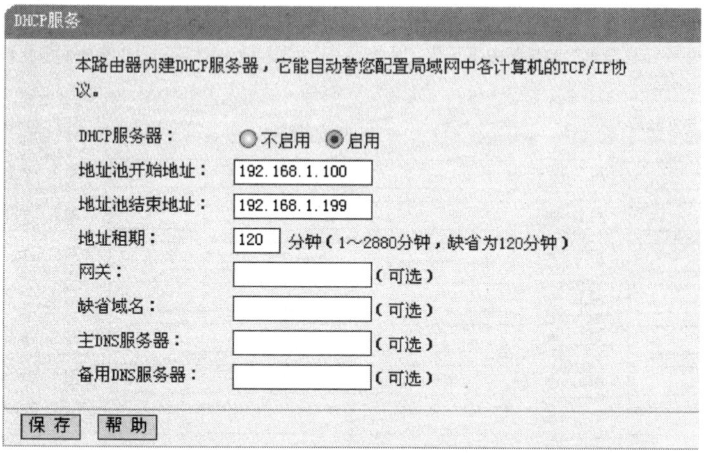

图 12-9　修改无线网络路由器 DHCP 的配置

12.7.8　指定对外提供服务的端口访问绑定

有时候，也需要把内部的一些服务器让外部网络的用户访问，而内部服务器使用的是内部地址，因为外部 IP 是不能直接访问的，这就必须使用端口绑定的方式了。比如内网是 192.168.1.0 的网段，而内部有一台 WEB 服务器地址是 192.168.1.10，而此时广域网接口的地址是 202.121.241.9，该怎样让外部网络的用户能访问到此 WEB 服务器的内容呢？可以在下图的服务器端口中，输入 80，IP 地址栏里输入 192.168.1.10，协议选择 TCP。这样，当外网用户在浏览器中输入地址：http://202.121.241.9 时，看到的内容，将是内网服务器 192.168.1.10 上的 WEB 内容。

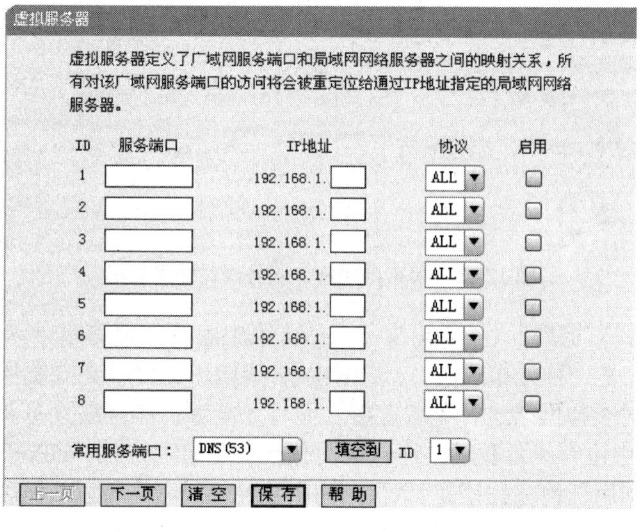

图 12-10　指定内网服务器的广域访问方法（指定 WAN 接口 IP 及端口号）

如果是一些特殊的应用程序，它们使用多条连接，这样就不能在简单的 NAT 路由下工作了，必须在 NAT 路由下工作。

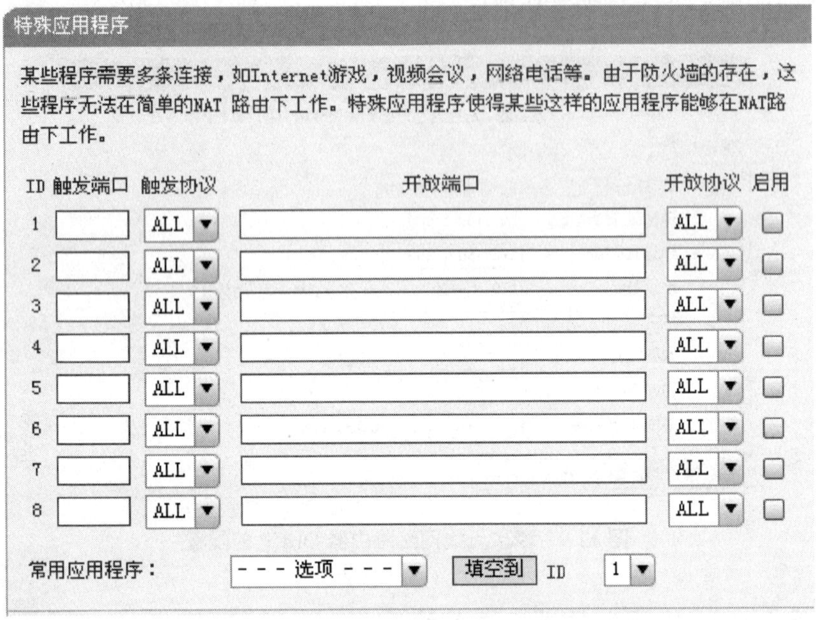

图 12-11 指定内网特定服务的广域访问方法

12.7.9 防火墙设置

设置内网的战斗区，即暴露给外网的 IP 地址，这有利于外网对特定主机的访问。如果设置为 DMZ 主机，就必须注意自身的安全防护，因为此时防火墙已经不再对该主机进行保护了。

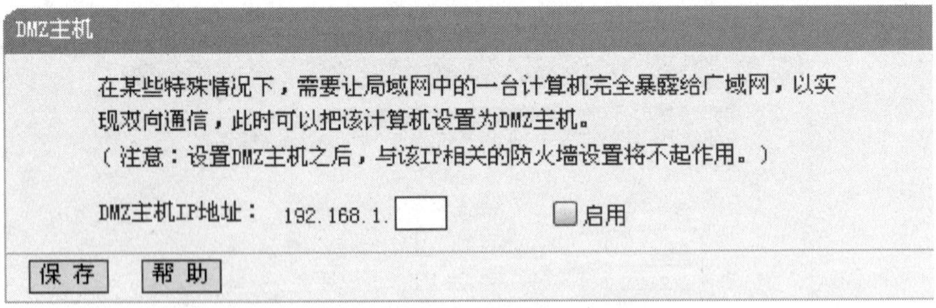

图 12-12 指定内网特定服务器对外网暴露

UPnP 是各种各样的智能设备、无线设备和个人电脑等实现遍布全球的对等（P2P）网络连接的结构。UPnP 是一种分布式的，开放的网络架构，它可以充分发挥 TCP/IP 和网络技术的功能，不但能对类似网络进行无缝连接，而且还能够控制网络设备及在它们之间传输信息。在 UPnP 架构中没有设备驱动程序，取而代之的是普通协议。UPnP 是独立的媒介。在任何操作系统中，利用任何编程语言都可以使用 UPnP 设备。可以设置开户或关闭 UPnP 设备。

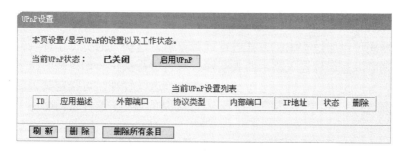

图 12-13　对 UPnP 设置进行管理

　　为了实现安全管理，可以开启防火墙，启用规则，可以通过 IP 地址、域名、MAC 地址的策略来进行访问控制。如果没有安全上的考虑，而仅仅看重速度，那最好什么策略都不要，也就是不要开启防火墙了。

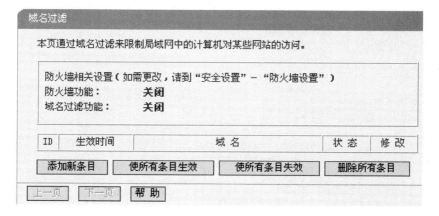

图 12-14　防火墙管理界面

图 12-15　通过域名限制内网不能访问哪些网站

12.7.10　路由器在外网远程访问的配置

无线路由器还可以通过 WEB 方式进行远程管理，这极大的提供了便利性。如想禁止孩子在家上网，则可以在远程进入路由器去配置，对它进行禁止。如果临时家里上网的情况有些变动，需要调整，也可以在远程进行操作。要进行远程管理，可指定其外网访问地址。如果为了安全性高一些，可以把默认的端口号 80 改为别的端口，这样访问时加上端口号再进行访问就好了。

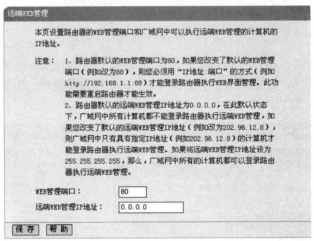

图 12-16　指定从 WAN 接口配置路由器的 IP 地址及端口号

12.7.11　高级选项设置

无线路由器还具有防止 DoS 攻击的功能，通过进行数据包统计，分析 ICMP、SYN、UDP 洪泛攻击，可以对攻击源进行阻止。

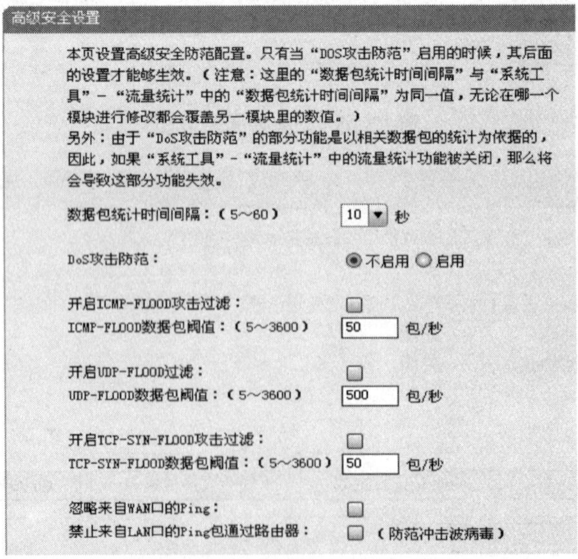

图 12-17　防范来自 WAN 接口的 DoS 攻击

如果在小型网络里，还可以设置静态路由，以使各个子网能连通。静态路由有三个区域：目标网络号、掩码号、要经过的第一个路由接口地址。

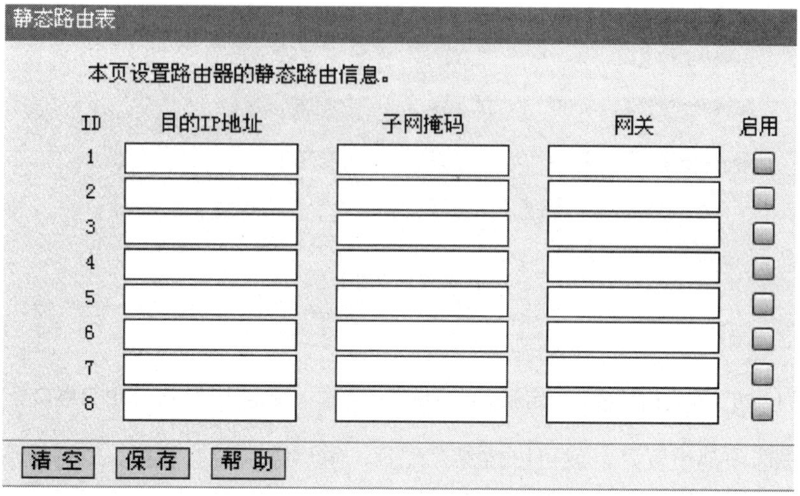

图 12-18 添加静态路由表

如果宽带经常重新拨号或者更改广域接口的 IP 地址，那么用户在外网访问十分不便，有时甚至访问不到，因为 IP 已经变了，而用户还用以前的值来访问。如果有一个 DDNS 服务器，能把一个域名与路由器广域网接口的 IP 地址保持同步更新，那么使用这个域名来访问这个路由器的广域接口就没有问题了。

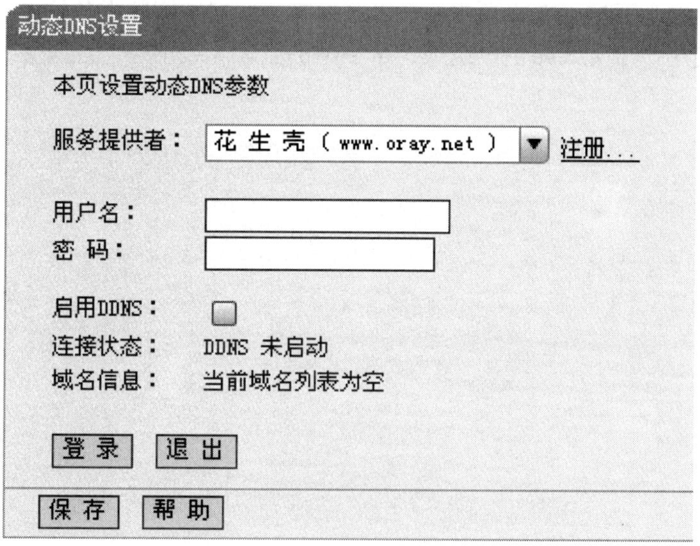

图 12-19 利用 DDNS 实现 WAN 接口 IP 的实时跟踪

如果由于管理或者服务质量的需要，还可以进行流量统计管理，可以看到每个 IP 的流量分别是多少，是哪种类型的多。

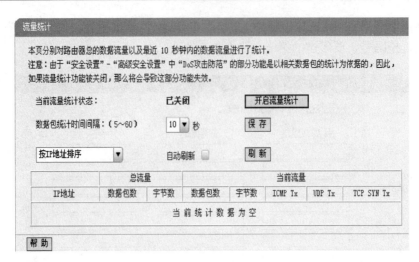

图 12-20　指定内网某些特定服务的广域访问方法（指定 WAN 接口 IP 及端口号）

　　等到这些选项都设置好，就可以按保存配置，重启路由器。这样，这些配置就永久保存下来了，除非使用复位命令清除配置，恢复出厂设置。

【课后练习及实验】

1．什么是无线局域网？
2．简述无线局域网中最主要的几个标准，以及它们的优劣？
3．简述无线网络设置时的几个要点。
4．简述无线局域网三个基本的安全服务。
5．802.11 标准主要应用哪三项安全技术来保障无线局域网数据传输的安全？
6．实验：使用一个无线路由，组成一个小型的宽带无线网络，注意无线路由器的配置。

第 13 章　网络优化与安全措施

为了确保网络的安全性，对网络中的关键设备和关键链路要进行备份。如两核心交换机之间的多条链路，核心层交换机与汇聚层交换机之间的备份链路等。但是如果设计不好，这些冗余设备和备份链路所构成的环路将引起：

- 广播风暴；
- 单帧的多次递交；
- MAC 地址表的不稳定等诸多不利影响。

为防止这些，对冗余链路有两种技术：生成树技术和链路捆绑技术。

13.1　生成树协议

13.1.1　生成树协议基本术语

生成树协议（spanning-tree protocol，STP）起源于 DEC 公司的"网桥到网桥"协议，后来，IEEE 802 委员会制定了生成树协议的规范 802.1d。其作用是，在冗余链路中，解决网络环路问题。生成树协议通过生成树算法（SPA）生成一个没有环路的网络，当主要链路出现故障时，能够自动切换到备份链路，保证网络的正常通信。

生成树协议通过从软件层面修改网络物理拓扑结构，构建一个无环路的逻辑转发拓扑结构，提高了网络的稳定性和减少网络故障的发生率。

生成树协议有以下基本术语。

- 网桥协议数据单元（Bridge Protocol Data Unit，BPDU）
- 网桥号（Bridge ID）
- 根网桥（Root bridge）
- 指定网桥（Designated bridge）
- 根端口（Root port）
- 指定端口（Designated port）
- 非指定端口（NonDesignated port）

1. BPDU（网桥协议数据单元）

网桥协议数据单元（BPDU），是生成树协议中的"hello 数据包"，每隔一定的时间间隔（2 秒，可配置）发送，它在网桥之间交换信息。生成树协议就是通过在交换机之间周期发送网桥协议数据单元（BPDU）来发现网络上的环路，并通过阻塞有关端口来断开环路的。

网桥协议数据单元主要包括以下字段：Protocol ID、Version、Message Type、Flag、Root ID（根网桥 ID）、Cost of Path（路径开销）、Bridge ID（网桥 ID）、Port ID（端口 ID）、计时

器包括：Message Age、Maximum Time、Hello Time、Forward Delay（传输延迟）。其作用为：

Protocol ID（2 字节）和 Version（1 字节）是生成树协议相关的信息和版本号，通常固定为 0。Message Type（1 字节）：分为两种类型，配置 BPDU 和拓扑变更通告 BPDU。 Flag（1 字节）：与拓扑变更通告相关的状态和信息。Root ID（8 字节）：根网桥号由 2 字节优先级和 6 字节 MAC 组成。Cost of Path：路径开销是从交换机到根桥的方向累计的花费值。Bridge ID：发送自己的网桥 ID。Port ID：发送自己的端口 ID，端口 ID 由 1 字节端口优先级和 1 字节端口 ID 组成。Maximum Time：当一段时间未收到任何 BPDU，生存期达到 Max Age 时，网桥则认为该端口连接的链路发生故障，默认 20 秒。Hello Time：发送 BPDU 的周期，默认为 2 秒。Forward Delay：BPDU 全网传输延迟，默认 15 秒。

2. 网桥号

网桥号（Bridge ID）用于标识网络中的每一台交换机，它由两部分组成，2 字节优先级和 6 字节 MAC 组成。优先级从 0～65535，缺省为 32768。对不同的 VLAN，通常有一个累加值，如 VALN1 为 32769，VALN1 为 32770 等，可通过改变优先级设置来改变网桥号。

3. 根网桥

具有最小网桥号的交换机将被选举为根网桥，根网桥的所有端口都不会阻塞，并都处于转发状态。

4. 指定网桥

对交换机连接的每一个网段，都要选出一个指定网桥，指定网桥到根网桥的累计路径花费最小，由指定网桥收发本网段的数据包。

5. 根端口

整个网络中只有一个根网桥，其他的网桥为非根网桥，根网桥上的端口都是指定端口，而不是根端口，而在非根网桥上，需要选择一个根端口。根端口是指从交换机到根网桥累计路径花费最小的端口，交换机通过根端口与根网桥通信。根端口（RP）设为转发状态。

6. 指定端口

每个非根网桥为每个连接的网段选出一个指定端口，一个网段的指定端口指该网段到根网桥累计路径花费最小的端口，根网桥上的端口都是指定端口。指定端口（DP）设为转发状态。

7. 非指定端口

除了根端口和指定端口之外的其他端口称为非指定端口，非指定端口将处于阻塞状态，不转发任何用户数据。

13.1.2　生成树协议中的选择原则

1. 根网桥的选举原则

在全网范围内选举网桥号（Bridge ID）最小的交换机为根网桥，网桥号由交换机优先级和 Mac 地址组合而成，从而可通过改变交换机的优先级别来改变根网桥的选举。

选举步骤如下：

（1）所有交换机首先都认为自己是根；

（2）从自己的所有可用端口发送"配置 BPDU"，其中包含自己的网桥号，并作为根；

（3）当收到其他网桥发来的"配置 BPDU"时，检查对方交换机的网桥号，若比自己小，则不再声称自己是根（不再发送 BPDU 了）；

（4）当所有交换机都这样操作后，只有网络中最小网桥号的交换机还在继续发送 BPDU，因此它就成为根网桥了。

2. 最短路径的选择

（1）首先比较路径开销

比较本交换机到达根网桥的路径开销，选择开销最小的路径

（2）其次比较网桥号

如果路径开销相同，则比较发送 BPDU 交换机的网桥号（Bridge ID）

（3）其三，比较发送者端口号（Port ID）

① 如果发送者网桥号相同，即同一台交换机，则比较发送者交换机的 Port ID

② Port ID：端口号由 1 字节端口优先级和 1 字节端口 ID 组成

③ 端口默认的优先级为 128

（4）最后，比较接收者的端口号（Port ID）

如不同链路发送者的 Bridge ID 一致（即同一台交换机），那比较接收者的 Port ID

3. 选举根端口和指定端口

生成树协议中的选举如图 13-1 所示，一旦选好了最短路径，就选好了根端口和指定端口。

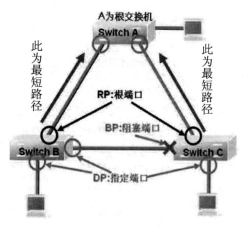

图 13-1 生成树协议中的选举

4. 生成树的工作过程

（1）首先进行根桥的选举。每台交换机通过向邻居发送 BPDU，选出网桥 ID 最小的网桥作为网络中的根桥。

（2）确定根端口和指定端口。计算出非根桥的交换机到根桥的最小路径开销，找出根端

(最小的发送方网桥 ID)和指定端口(最小的端口 ID)。

(3)阻塞非根网桥上非指定端口。阻塞非根网桥上非指定端口以裁剪冗余的环路,构造一个无环的拓扑结构。这个无环的拓扑结构是一棵树,根桥作为树干,没裁剪的活动链路作为向外辐射的树枝。在处于稳定状态的网络中,BPDU 从根桥沿着无环的树枝传送到网络的各个网段。

13.1.3 生成树协议端口的状态

生成树经过一段时间(默认值是 50 秒左右)稳定之后,所有端口要么进入转发状态,要么进入阻塞状态。

图 13-2 显示了生成树端口状态的转换过程,它指出了网络中的每台交换机在刚加电启动时,每个端口都要经历生成树的四个状态:阻塞、侦听、学习、转发。在能够转发用户的数据包之前,端口最多要等 50 秒时间,其中 20 秒阻塞时间(Max Age)、加 15 秒侦听延迟时间(Forward Delay)、加 15 秒学习延迟时间(Forward Delay)。

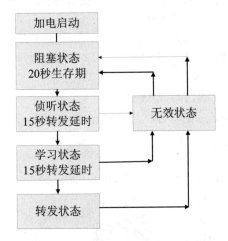

图 13-2　生成树端口状态的转换过程

(1)阻塞状态 Blocking。刚开始,交换机的所有端口均处于阻塞状态。在阻塞状态,能接收和发送 BPDU,不学习 MAC 地址,不转发数据帧。此状态最长时间为 20 秒。

(2)侦听状态 Listening。在侦听状态,能接收和发送 BPDU,不学习 MAC 地址,不转发数据帧,但交换机向其他交换机通告该端口,参与选举根端口或指定端口。根端口和指定端口将转入到学习状态;既不是根端口也不是指定端口的成为非指定端口,将退回到阻塞状态,此状态最长持续时间为 15 秒。

(3)学习状态 Learning。在学习状态,接收 BPDU,接收数据帧,从中学习 MAC 地址,建立 MAC 地址表,但仍不能转发数据帧。

(4)转发状态 Forwarding。在转发状态,正常转发数据帧。

(5)无效状态。无效状态不是正常的生成树协议状态,当一个接口处于无外接链路、被管理性关闭时,暂时处于无效状态,并向阻塞状态过渡。

通常,在一个大中型网络中,整个网络拓扑稳定为一个树型结构大约需要 50 秒,因而生成树协议的收敛时间过长。

192 路由与交换技术

13.1.4 生成树的重新计算

在 Switch A 和 Switch C 之间的连线没有断开时，Switch A 的 f0/24、f0/1 端口为指定端口；Switch C 的 f0/1 端口为根端口，f0/2 端口为非指定端口，处于阻塞状态。当 Switch A 和 Switch C 之间的连线断开后，拓扑结构发生改变，生成树重新开始计算，如图 13-3 所示，Switch C 的 f0/2 端口从非指定端口改变为根端口，生成树为 Switch A→Switch B→Switch C。

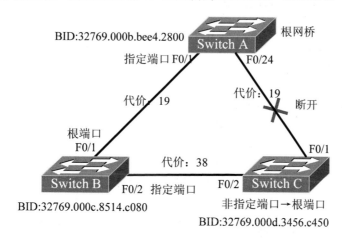

图 13-3 生成树的重新计算

13.1.5 生成树的配置命令汇总

对锐捷的系列交换机 Spanning Tree 的缺省配置如下。
- 生成树协议为 MSTP
- STP 是关闭
- STP Priority 是 32768
- STP port Priority 是 128
- STP port cost 根据端口速率自动判断
- Hello Time 2 秒
- Forward-delay Time 15 秒
- Max-age Time 20 秒

可通过 spanning-tree reset 命令让 spanning tree 参数恢复到缺省配置。
（1）启动生成树协议
Switch(config)# Spanning-tree
（2）关闭生成树协议
Switch(config)# no Spanning-tree
（3）配置生成树协议的类型
Switch(config)# Spanning-tree mode stp/rstp/mstp
锐捷系列交换机默认使用 MSTP 协议
（4）配置交换机优先级
Switch(config)# Spanning-tree priority <0-61440>

必须是 4096 的倍数，共 16 个，缺省为 32768。

（5）优先级恢复到缺省值

Switch(config)# no　spanning-tree priority

（6）配置交换机端口的优先级

Switch(config)# interface *interface-type*　*interface-number*

Switch(config-if)# spanning-tree　port-priority　*number*

（7）恢复参数到缺省配置

Switch(config)# spanning-tree reset

（8）显示生成树状态

Switch# show spanning-tree

（9）显示端口生成树协议的状态

Switch# show spanning-tree interface fastethernet <0-2/1-24>

13.2　快速生成树协议

13.2.1　RSTP 快速生成树协议

生成树协议 IEEE 802.1D 作为一种纯二层协议，通过在交换网络中建立一个最佳的树型拓扑结构，在冗余的基础上避免了环路。由于它收敛慢，且浪费了冗余链路的带宽，使其在实际应用中并不多见。作为 STP 的升级版本，IEEE 802.1W RSTP（Rapid Spannning Tree Protocol）快速生成树协议解决了收敛慢的问题，使得收敛速度最快在 1 秒以内，但是仍然不能有效利用冗余链路作负载均衡（总是要阻塞一条冗余链路）。

IEEE 802.1W RSTP 除了从 IEEE 802.1D 沿袭下来的根端口、指定端口外，还定义了两种新的端口：备份端口和替代端口。

备份端口是指定端口 Designated port 的备份口，当一个交换机有两个端口都连接在一个 LAN 上，那么高优先级的端口为指定端口 Designated port，低优先级的端口为备份端口 Backup port。

替代端口是根端口的替换口，一旦根端口失效，该口就立刻变为根端口。它提供了替代当前根端口所提供路径、到根网桥的路径。

这些 RSTP 中的新端口实现了在根端口故障时，替代端口到转发端口的快速转换。

与 IEEE 802.1D STP 不同的是，IEEE 802.1W RSTP 只定义了 3 种状态：放弃、学习和转发。

实际上，直接连接 PC 机的交换机端口，不需要阻塞和侦听状态，往往因为交换机的阻塞和侦听时间，使 PC 机不能正常工作，如自动获取 IP 地址的 DHCP 客户机，一旦启动，就要发出 DHCP 请求，而此请求可能会在交换机 50 秒的延时时间内超时；同时微软的客户机在向域服务器请求登录时也会因为交换机 50 秒的延时时间而宣告登录失败。直接与终端相连的交换机端口称为边缘端口，将其设置为快速端口，快速端口当交换机加电启动或有一台终端 PC 机接入时，将会直接进入转达发状态，而不必经历阻塞、侦听状态。

根或指定端口在拓扑结构中发挥着积极作用，而替代或备份端口不参与主动拓扑结构。

因此在收敛了的稳定网络中，根和指定端口处于转发状态，替代和备份端口则处于放弃状态。

综上所述，快速生成树协议对生成树协议主要做了以下几点改进。

改进 1：更加优化的 BPDU 结构。

改进 2：在接入层交换机（非根交换机）中，为根端口和指定端口设置了快速切换用的替换端口（Alternate Port）和备份端口（Backup Port）两种端口角色，当根端口、指定端口失效的时候，替换端口、备份端口就会无时延地进入转发状态。

改进 3：自动监测链路状态，对应点到点链路为全双工，共享式为半双工。

改进 4：在只连接了两个交换端口的点到点链路中（全双工），指定端口只需与下游网桥进行一次握手就可以无时延地进入转发状态。

改进 5：直接与终端相连而不是与其他网桥相连的端口为边缘端口（Edge Port）。边缘端口可以直接进入转发状态，不需要任何延时。边缘端口必须是 access 端口，在交换机的生成树配置中，必须人工设置。

RSTP 的工作过程：

当交换机从邻居交换机收到一个劣等 BPDU（宣称自己是根交换机的 BPDU），意味着原有链路发生了故障。则此交换机通过其他可用链路向根交换机发送根链路查询 BPDU，此时如果根交换机还可达，根交换机就会向网络中的交换机宣告自己的存在。使首先接收到劣等 BPDU 的端口，很快就转变为转发状态，之间省略了 max age 阻塞时间。

RSTP 和 STP 都属于单生成树 SST（SingleSpanning Tree）协议，同样有一些局限性。

（1）整个交换网络只有一棵生成树，当网络规模较大时，收敛时间较长，拓扑改变的影响面也较大。

（2）在网络结构不对称的情况下，单生成树就会影响网络的连通性。

（3）当链路被阻塞后将不承载任何流量，造成了冗余链路带宽的浪费，对环状城域网更为明显。

13.2.2　MSTP 多实例生成树协议

生成树协议 STP、快速生成树协议 RSTP 都是基于端口的，生成树协议 STP 不仅收敛慢同时也不能有效地利用冗余链路；快速生成树协议 RSTP 收敛快，但仍浪费了冗余链路的带宽。IEEE 802.1S MSTP 是多实例生成树协议，它是基于 VLAN 的，不仅继承了快速生成树协议 RSTP 收敛快的优点，而且有效地利用了冗余链路的带宽，因此在实际工程应用中，大多选用 IEEE 802.1S MSTP 多实例生成树技术。

MSTP 把多个具有相同拓扑结构的 VLAN 映射到一个实例（Instance）里，这些 VLAN 在端口上的转发状态取决于对应实例在 MSTP 里的状态。一个实例就是一个生成树进程，在同一网络中有很多实例，就有很多生成树进程。利用干道（trunks）可建立多个生成树（MST），每个生成树进程具有独立于其他进程的拓扑结构，从而提供了多个数据转发的路径和负载均衡，提高了网络容错能力，也不会因为一个进程（转发路径）的故障影响到其他进程（转发路径）。MSTP 能够使用 instance（实例）关联 VLAN 的方式来实现多链路负载分担。

图 13-4 描述了 MSTP 的实现过程。

（1）三台交换机上都有 VLAN 10 和 VLAN 20，在三台交换机上全部启用 MST（锐捷的交换机缺省时启用的是 MSTP）。建立 VLAN 10 到 Instance 10 和 VLAN 20 到 Instance 20 的映射，从而把原来的一个物理拓扑，通过 Instance 到 VLAN 的映射关系逻辑上划分成两个逻辑拓扑，分别对应 Instance 10 和 Instance 20。

（2）改变 S3550-1 在 VLAN10 中的桥优先级为 4096，保证其在 VLAN 10 的逻辑拓扑中被选举为根桥。同时调整 S3550-1 在 VLAN20 中的桥优先级为 8192，保证其在 VLAN20 的逻辑拓扑中的备用根桥位置。

（3）同理，保证 S3550-2 在 VLAN20 中成为根桥，在 VLAN10 中成为备用根桥。

（4）其效果是，Instance 10、Instance 20 分别对应一个生成树进程，共有两个生成树进程存在，它们独立地工作，在 Instance 10 的逻辑拓扑中 S2126G 到 S3550-2 的链路被阻塞，在 Instance 20 的逻辑拓扑中 S2126G 到 S3550-1 的链路被阻塞，它们各自使用自己的链路，从而使整个网络中，冗余链路被充分利用。

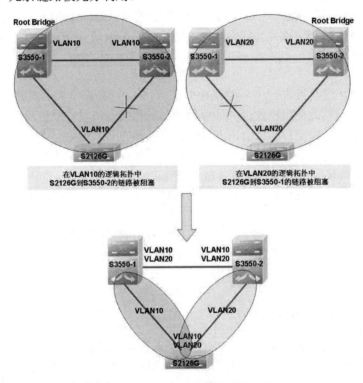

图 13-4　MSTP 多实例生成树协议

13.2.3　MSTP 的配置

（1）对 S2126G 进行配置（主要步骤）。

在 S2126G 中，创建 vlan 10、vlan 20（步骤略）。

S2126G(config)# spanning-tree mode mst	//选择生成树模式为 MST
S2126G (config)# spanning-tree mst configuration	//进入 MST 配置模式
S2126G (config-mst)# instance 10 vlan 10	//将 VLAN10 映射到 Instance 10
S2126G (config-mst)# instance 20 vlan 20	//将 VLAN20 映射到 Instance 20
S2126G (config)# spanning-tree	//开启生成树

（2）对 S3550-1 进行配置（主要步骤）。

在 S3550-1 中，创建 vlan 10、vlan 20（步骤略）。

S3550-1(config)# spanning-tree mode mst	//选择生成树模式为 MST
S3550-1 (config)# spanning-tree mst configuration	//进入 MST 配置模式
S3550-1 (config-mst)# instance 10 vlan 10	//将 VLAN10 映射到 Instance 10
S3550-1 (config-mst)# instance 20 vlan 20	//将 VLAN20 映射到 Instance 20
S3550-1 (config)# spanning-tree mst 10 priority 4096	//将 S3550-1 设置为 Instance10 的根桥
S3550-1 (config)# spanning-tree mst 20 priority 8192	

//将 S3550-1 设置为 Instance20 的备用根桥

S3550-1 (config)# spanning-tree	//开启生成树

（3）对 S3550-2 进行配置（主要步骤）。

在 S3550-2 中，创建 vlan 10、vlan 20（步骤略）。

S3550-2(config)# spanning-tree mode mst	//选择生成树模式为 MST
S3550-2 (config)# spanning-tree mst configuration	//进入 MST 配置模式
S3550-2 (config-mst)# instance 10 vlan 10	//将 VLAN10 映射到 Instance 10
S3550-2 (config-mst)# instance 20 vlan 20	//将 VLAN20 映射到 Instance 20
S3550-2 (config)# spanning-tree mst 20 priority 4096	//将 S3550-2 设置为 Instance20 的根桥
S3550-2 (config)# spanning-tree mst 10 priority 8192	

//将 S3550-2 设置为 Instance10 的备用根桥

S3550-2 (config)# spanning-tree	//开启生成树

（4）配置注意点。

① 一定要选择 Spanning-tree 的模式。

② 要使各个交换机的 Instance 映射关系保持一致,否则将导致交换机间的链路被错误阻塞。

③ 在配置完 S3550-1 在 Instance 10 中的根桥优先级后，还要将其设置成另一个实例 Instance 20 的备用根桥。否则当 Instance 20 的主要链路失效后，可能导致 S2126G 被选举为根桥，使得 VLAN 20 的所有流量都必须经过 S2126G 这个接入层交换机，导致 S2126G 因负荷太重而当机。

④ 必须在配置完 MST 的参数后再打开生成树协议，否则可能出现 MST 工作异常。

⑤ 所有没有指定到 Instance 关联的 VLAN 都被归纳到 Instance 0，在实际工程中需要注意 Instance 0 的根桥指定。

（5）在 S3550-1 交换机上用 show spanning-tree 及 show vlan，结果如下。

S3550-1# show vlan

VLAN	Name	Status	Ports
1	default	active	Fa0/1 ,Fa0/2 ,Fa0/3 ,Fa0/4
			Fa0/5 ,Fa0/6 ,Fa0/7 ,Fa0/8
			Fa0/9 ,Fa0/10,Fa0/11,Fa0/12
			Fa0/13,Fa0/14,Fa0/15,Fa0/16
			Fa0/17,Fa0/18,Fa0/19,Fa0/20
			Gi0/25,Gi0/26,Gi0/27,Gi0/28
10	VLAN0010	active	Fa0/21,Fa0/23
20	VLAN0020	active	Fa0/22,Fa0/24

S3550-1# show span
StpVersion : MSTP
SysStpStatus : Enabled
BaseNumPorts : 28
MaxAge : 20
HelloTime : 2
ForwardDelay : 15
BridgeMaxAge : 20
BridgeHelloTime : 2
BridgeForwardDelay : 15
MaxHops : 20
TxHoldCount : 3
PathCostMethod : Long
BPDUGuard : Disabled
BPDUFilter : Disabled

MST 0 vlans mapped : 1-9,11-19,21-4094
BridgeAddr : 00d0.f8b6.c0a1
Priority : 32768
TimeSinceTopologyChange : 0d:0h:1m:50s
TopologyChanges : 0
DesignatedRoot : 800000D0F88C32A4
RootCost : 0
RootPort : Fa0/21
CistRegionRoot : 800000D0F88C32A4
CistPathCost : 200000

MST10 vlans mapped : 10
BridgeAddr : 00d0.f8b6.c0a1
Priority : 4096
TimeSinceTopologyChange : 0d:7h:7m:31s
TopologyChanges : 0
DesignatedRoot : 100A00D0F8B6C0A1
RootCost : 0
RootPort : 0

MST20 vlans mapped : 20
BridgeAddr : 00d0.f8b6.c0a1
Priority : 8192
TimeSinceTopologyChange : 0d:7h:7m:31s

TopologyChanges : 0

DesignatedRoot : 101400D0F8B6BDA1

RootCost : 200000

RootPort : Fa0/23

（6）在 S3550-2 交换机上用 show vlan 及 show spanning-tree，结果如下。

S3550-2# show vlan

VLAN	Name	Status	Ports
1	default	active	Fa0/1 ,Fa0/2 ,Fa0/3 ,Fa0/4
			Fa0/5 ,Fa0/6 ,Fa0/7 ,Fa0/8
			Fa0/9 ,Fa0/10,Fa0/11,Fa0/12
			Fa0/13,Fa0/14,Fa0/15,Fa0/16
			Fa0/17,Fa0/18,Fa0/19,Fa0/20
			Gi0/25,Gi0/26,Gi0/27,Gi0/28
10	VLAN0010	active	Fa0/21,Fa0/23
20	VLAN0020	active	Fa0/22,Fa0/24

S3550-2# show span

StpVersion : MSTP

SysStpStatus : Enabled

BaseNumPorts : 28

MaxAge : 20

HelloTime : 2

ForwardDelay : 15

BridgeMaxAge : 20

BridgeHelloTime : 2

BridgeForwardDelay : 15

MaxHops : 20

TxHoldCount : 3

PathCostMethod : Long

BPDUGuard : Disabled

BPDUFilter : Disabled

MST 0 vlans mapped : 1-9,11-19,21-4094

BridgeAddr : 00d0.f8b6.bda1

Priority : 32768

TimeSinceTopologyChange : 0d:0h:4m:55s

TopologyChanges : 0

DesignatedRoot : 800000D0F88C32A4

RootCost : 0
RootPort : Fa0/23
CistRegionRoot : 800000D0F88C32A4
CistPathCost : 200000

MST10 vlans mapped : 10
BridgeAddr : 00d0.f8b6.bda1
Priority : 8192
TimeSinceTopologyChange : 0d:7h:10m:39s
TopologyChanges : 0
DesignatedRoot : 100A00D0F8B6C0A1
RootCost : 200000
RootPort : Fa0/21

MST20 vlans mapped : 20
BridgeAddr : 00d0.f8b6.bda1
Priority : 4096
TimeSinceTopologyChange : 0d:7h:10m:39s
TopologyChanges : 0
DesignatedRoot : 101400D0F8B6BDA1
RootCost : 0
RootPort : 0

（7）在 S2126G 交换机上用 show vlan 及 show spanning-tree，结果如下。
S2126#show vlan

VLAN	Name	Status	Ports
1	default	active	Fa0/1 ,Fa0/2 ,Fa0/3 Fa0/4 ,Fa0/5 ,Fa0/6 Fa0/7 ,Fa0/8 ,Fa0/9 Fa0/10,Fa0/11,Fa0/12 Fa0/13,Fa0/14,Fa0/15 Fa0/16,Fa0/17,Fa0/18 Fa0/19,Fa0/20
10	VLAN0010	active	Fa0/21,Fa0/23
20	VLAN0020	active	Fa0/22,Fa0/24

S2126# show span
StpVersion : MSTP
SysStpStatus : Enabled
BaseNumPorts : 24

MaxAge : 20

HelloTime : 2

ForwardDelay : 15

BridgeMaxAge : 20

BridgeHelloTime : 2

BridgeForwardDelay : 15

MaxHops : 20

TxHoldCount : 3

PathCostMethod : Long

BPDUGuard : Disabled

BPDUFilter : Disabled

MST 0 vlans mapped : 1-9,11-19,21-4094

BridgeAddr : 00d0.f88c.32a4

Priority : 32768

TimeSinceTopologyChange : 0d:0h:6m:35s

TopologyChanges : 0

DesignatedRoot : 800000D0F88C32A4

RootCost : 0

RootPort : 0

CistRegionRoot : 800000D0F88C32A4

CistPathCost : 0

MST10 vlans mapped : 10

BridgeAddr : 00d0.f88c.32a4

Priority : 32768

TimeSinceTopologyChange : 0d:7h:16m:49s

TopologyChanges : 0

DesignatedRoot : 100A00D0F8B6C0A1

RootCost : 200000

RootPort : Fa0/23

MST20 vlans mapped : 20

BridgeAddr : 00d0.f88c.32a4

Priority : 32768

TimeSinceTopologyChange : 0d:7h:16m:49s

TopologyChanges : 0

DesignatedRoot : 101400D0F8B6BDA1

RootCost : 200000

RootPort : Fa0/21

13.3　链　路　聚　合

在交换式的网络中实现冗余的方式主要有两种：生成树协议和链路捆绑技术。其中生成树协议是一个纯二层协议，链路捆绑技术既可在二层接口上也可在三层接口上使用。

13.3.1　二层链路聚合

1．二层链路聚合的基本概念

把多个二层物理链接捆绑在一起形成一个简单的逻辑链接，这个逻辑链接我们称之为链路聚合，这些二层物理端口捆绑在一起称为一个聚合口 Aggregate port（AP）。

AP 是链路带宽扩展的一个重要途径，符合 IEEE 802.3ad 标准。它可以把多个端口的带宽叠加起来使用，形成一个带宽更大的逻辑端口，同时当 AP 中的一条成员链路断开时，系统会将该链路的流量分配到 AP 中的其他有效链路上去，实现负载均衡和链路冗余。

AP 技术一般应用在交换机之间的骨干链路上，或者是交换机与大流量的服务器之间。聚合端口合适 10M、100M、1000M 以太网。锐捷网络交换机一个 AP 最大支持 8 条链路，不同设备支持的最多聚合端口组不同。

AP 可以根据报文的源 MAC 地址、目的 MAC 地址或 IP 地址进行流量平衡，即把流量平均地分配到 AP 组成员链路中去。

当接入层和汇聚之间创建了一条由三个百兆组成的 AP 链路时，在用户侧接入层交换机上，来自不同的用户主机数据，源 MAC 地址不同，因此二层 AP 基于源 MAC 地址进行多链路负载均衡方式。而在汇聚层交换机上发往用户数据帧的源 MAC 地址只有一个，就是本身的 SVI 接口 MAC。因此二层 AP 基于目的 MAC 地址进行多链路负载均衡方式。

链路聚合的注意点：

（1）聚合端口的速度必须一致；

（2）聚合端口必须属于同一个 VLAN；

（3）聚合端口使用的传输介质相同；

（4）聚合端口必须属于同一层次，并与 AP 也要在同一层次。

2．配置 aggregate port 的命令汇总

（1）将一个接口范围加入到一个 AP 中，如果这个 AP 不存在，自动创建这个 AP 端口

Switch# configure terminal

Switch(config)# interface range fastEthernet 0/xx - yy

Switch(config-if-range)# port-group *port-group-number*

（2）调整二层 AP 负载均衡模式的配置

Switch(config)# aggregatePort load-balance dst-mac　　　//选择基于目的 MAC 的负载均衡方式

Switch(config)# aggregatePort load-balance src-mac　　　//选择基于源 MAC 的负载均衡方式

（3）查看聚合端口的汇总信息

Switch# show aggregateport　summary

（4）查看聚合端口的流量平衡方式

Switch# show aggregateport load-balance

（5）举例

S3550-1(config)# interface range fastEthernet 0/1 - 2　　//选择 S3550-1 的 F0/1 和 F0/2 接口

S3550-1(config-if-range)# port-group 1　　　　　　　　//将 F0/1 和 F0/2 接口加入 AP 组 1

S3550-1# show aggregatePort 1 summary

AggregatePort MaxPorts SwitchPort Mode　　Ports

------------- -------- ---------- ------ -----------------------

Ag1　　　　　　8　　　　　Enabled　　Access Fa0/1 , Fa0/2

从上可以看到 Ag1 已经被正确配置，F0/1 和 F0/2 成为 AP 组 1 的成员。

13.3.2　三层链路聚合

1. 三层链路聚合技术及配置

三层链路的 AP 和二层链路 AP 技术其本质相同，都是通过捆绑多条链路形成一个逻辑端口来增加带宽，保证冗余和负载分担的目的。三层链路冗余技术较二层链路冗余技术丰富得多，配合各种路由协议可以轻松实现三层链路冗余和负载均衡。

建立三层 AP 首先应手动建立汇聚端口，并将其设置为三层接口（no switchport）。如果直接将交换机端口加入的话，会出现接口类型不匹配，命令无法执行的错误。以两台 S3550 的 fastEthernet 0/1 – 2 端口聚合为例，配置步骤如下。

S3550-1(config)# interface aggregatePort 1　　//手工建立汇聚端口 Ag 1

S3550-1(config-if)# no switchport　//将 Ag1　设置为三层接口

S3550-1(config)# interface range fastEthernet 0/1 - 2　//选择 S3550-1 的 F0/1 和 F0/2 接口

S3550-1(config-if-range)# no switchport　//将 F0/1 和 F0/2 设置为三层接口

S3550-1(config-if-range)# port-group 1　　//将 F0/1 和 F0/2 接口加入 AP 组 1

注意：建立三层 AP 需要首先手动建立汇聚端口，并将其设置为三层接口。如果直接将交换机端口加入的话，会出现接口类型不匹配，命令无法执行的错误。

三层 AP 也需要选择负载均衡模式，锐捷网络推荐使用基于源—目 IP 对的方式，配置如下。

S3550-1(config)# aggregatePort load-balance ip

//设置 AP 的负载均衡模式为基于源—目 IP 对

2. 基于 OSPF 的三层链路冗余技术

基于 OSPF 的三层链路冗余技术在大型园区网络中使用广泛。对两台核心交换设备分别有两条出口（分别接两台路由器）冗余备份的网络中，可在核心设备的两条上行链路上做负载均衡。但如果在出口路由器上需要做 NAT 转换，负载均衡就很难实现。但可通过调整 cost 的值实现链路冗余和负载分担。

对两台核心交换设备有一条出口（接一台路由器）的拓扑结构中，不需要通过人工调整 cost 值来实现流量分担。只需要更改 OSPF 的参考带宽，由 OSPF 自动实现负载均衡功能。

13.4　网关级冗余技术 VRRP 的实现

在网络结构上，通过冗余链路技术，保证了园区网络级别的冗余，但对使用网络的终端用户来说，也需要一种机制来保证其与园区网络的可靠连接，这就是网关级冗余技术。锐捷网络设备使用 VRRP 技术来实现网关级的冗余。

VRRP 是一种容错协议，它保证当主机的下一跳路由器失效时，可以及时地由另一台路由器来替代，从而保持通讯的连续性和可靠性。VRRP 协议通过交互报文的方法将多台物理路由器模拟成一台虚拟路由器，网络上的主机与虚拟路由器进行通信。一旦 VRRP 组中的某台物理路由器失效，其他路由器自动将接替其工作。

13.4.1　单 VLAN 的 VRRP 应用

在只有一个 VLAN 的网络中，VRRP 的典型应用如图 13-5 所示，图中所有设备和用户都处于 VLAN 10 中，对于用户来说，其电脑的网关被设置为虚拟路由器 S3550-3 的 IP 地址，实际上真正进行转发的设备是 S3550-1，而 S3550-2 作为冗余。一旦 S3550-1 出现故障，S3550-2 将自动接替其工作，对用户来说是感觉不到这种变化的。

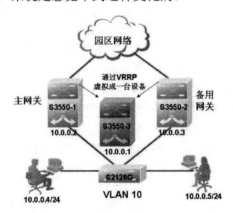

图 13-5　VRRP 应用示意图

在单 VLAN 中，VRRP 的基本配置如下。

（1）S3550-1 的配置

S3550-1(config)# interface Vlan 10　　　　　　//进入 S3550-1 VLAN10 的 SVI 接口

S3550-1(config-if)# ip add 10.0.0.2 255.255.255.0　//设置 IP 地址为 10.0.0.2

S3550-1(config-if)# standby 1 ip 10.0.0.1　　　//将 S3550-1 的接口放入 VRRP 组 1，
并设置组 1 的虚拟 IP 为 10.0.0.1

S3550-1(config-if)# standby 1 priority 101　　　　//调整 S3550-1 在 VRRP 组 1 中的优
先级，
使其成为 VRRP 组 1 的主网关，缺省值为 100

（2）S3550-2 的配置

S3550-2(config)# interface Vlan 10　　　　　　//进入 S3550-2 VLAN10 的 SVI 接口

S3550-2(config-if)# ip add 10.0.0.3 255.255.255.0　//设置 IP 地址为 10.0.0.2

S3550-2(config-if)# standby 1 ip 10.0.0.1　　　　//将 S3550-2 的接口放入 VRRP 组 1，
并设置组 1 的虚拟 IP 为 10.0.0.1

13.4.2　多 VLAN 的 VRRP 应用

在实际的工程项目中，绝大多数情况都是处于多 VLAN 的环境。在多 VLAN 的情况下，如果使用 S3550-1 作为主网关，S3550-2 仅仅用做冗余的话，将是对网络资源的一种极大浪费。多 VLAN 中的 VRRP 路由器负载分担模式本质上是单 VLAN 中 VRRP 应用模型的拓展。如图 13-6 所示，可针对不同的 VLAN，建立相应的 VRRP 组，通过优先级调整来使得路由器在多个 VLAN 中充当不同的角色，这样可以让流量均匀分布到链路和设备上，从而实现冗余和流量分担的目的。这种应用思想和 MST 的多 VLAN 流量分担相似，也是基于 VLAN 实现逻辑拓扑的划分。

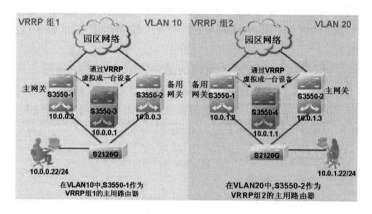

图 13-6　多 VLAN 环境下的 VRRP 应用

在多 VLAN 环境下，实现 VRRP 路由器负载分担的基本配置如下。

（1）S3550-1 的配置

S3550-1(config)# interface Vlan 10　　　　　　//进入 S3550-1 VLAN10 的 SVI 接口

S3550-1(config-if)#ip add 10.0.0.2 255.255.255.0　　//设置 IP 地址为 10.0.0.2

S3550-1(config-if)# standby 1 ip 10.0.0.1　　　　//将 S3550-1 的 VLAN 10 接口放入
VRRP 组 1，并设置组 1 的虚拟 IP 为 10.0.0.1

S3550-1(config-if)# standby 1 priority 101　　　//调整 S3550-1 在 VRRP 组 1 中的优先级，
使得其成为 VRRP 组 1 的主网关，缺省值为 100

S3550-1(config)# interface Vlan 20　　　　　　//进入 S3550-1 VLAN 20 的 SVI 接口

S3550-1(config-if)#ip add 10.0.1.2 255.255.255.0　　//设置 IP 地址为 10.0.0.2

S3550-1(config-if)#standby 2 ip 10.0.1.1　　　　//将 S3550-1 的 VLAN 20 接口放入
VRRP 组 2，并设置组 2 的虚拟 IP 为 10.0.1.1

（2）S3550-2 的配置

S3550-2(config)# interface Vlan 10　　　　　　//进入 S3550-2 在 VLAN10 的 SVI 接口

S3550-2(config-if)#ip add 10.0.0.3 255.255.255.0　　//设置 IP 地址为 10.0.0.3

S3550-2(config-if)# standby 1 ip 10.0.0.1　　　　//将 S3550-2 的 VLAN 10 接口放入
VRRP 组 1，并设置组 1 的虚拟 IP 为 10.0.0.1

S3550-2(config)# interface Vlan 20　　　　　//进入 S3550-2 在 VLAN 20 的 SVI 接口

S3550-2(config-if)#ip add 10.0.1.2 255.255.255.0　　//设置 IP 地址为 10.0.1.2

S3550-2(config-if)#standby 2 ip 10.0.1.1　　　//将 S3550-2 的 VLAN 20 接口放入

VRRP 组 2，并设置组 2 的虚拟 IP 为 10.0.1.1

S3550-2(config-if)# standby 2 priority 101　　　　　//调整 S3550-2 在 VRRP 组 2 中的优

先级，使得其成为 VRRP 组 2 的主网关，缺省值为 100

　　经过以上配置后，最终在 VLAN10 中建立 VRRP 组 1，S3550-1 被当选为主网关，S3550-2 成为备用网关，而在 VLAN 20 中建立 VRRP 组 2，S3550-2 被当选为主网关，S3550-1 成为备用网关。

13.4.3　冗余技术的综合使用实例 MSTP+VRRP

　　由于每种冗余技术都工作在特定的层面上，所以在实际网络应用中需要多种冗余技术结合起来才能保证网络的可靠性。这里同时使用 MSTP 和 VRRP 技术来实现基于 VLAN 的链路冗余和网关冗余。

　　如图 13-7 所示，这是一个大型园区网络的某个汇聚节点的拓扑图，共有两个 VLAN：VLAN10 和 VLAN20，在接入层交换机 S2126G 到汇聚层交换机 S3550 中，使用了双核心 S3550-1、S3550-2 的双链路备份。其目的是提高安全性和合理的流量分担。为了实现这个目标，必须把 MSTP 和 VRRP 结合起来使用，如图 13-8 所示。

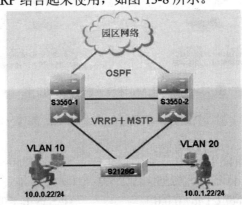

图 13-7　冗余技术的综合应用

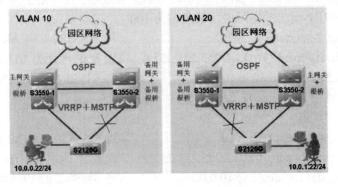

图 13-8　VRRP+MSTP 示意图

在这个案例中，通过调整桥优先级选出各个 VLAN 的根桥，再调整 VRRP 的优先级使得这台根桥同时成为对应 VRRP 组的主网关（要注意在一个 VLAN 中根桥的位置和 VRRP 主网关的位置必须保持一致，否则会造成网络故障）。主要步骤如下。

（1）先建立 VLAN 10 到 Instance 10 、VLAN 20 到 Instance 20 的映射。

（2）改变 S3550-1 在 VLAN 10 中的桥优先级为 4096，保证其在 VLAN 10 的逻辑拓扑中被选举为根桥。同时在 VLAN 20 中的桥优先级为 8192，保证其在 VLAN 20 的逻辑拓扑中的备用根桥位置。

（3）将 S3550-1 的 VLAN 10 接口放入 VRRP 组 1，并设置组 1 的虚拟 IP 为 10.0.0.1；调整 S3550-1 在 VRRP 组 1 中的优先级，使其成为 VRRP 组 1 的主网关；将 S3550-1 的 VLAN 20 接口放入 VRRP 组 2，并设置组 2 的虚拟 IP 为 10.0.1.1，使其成为 VRRP 组 2 的备用网关。

（4）同理，保证 S3550-2 在 VLAN 20 中成为根桥、VRRP 组 2 的主网关，在 VLAN 10 中成为备用根桥、VRRP 组 1 的备用网关。

正常情况下，两个 VLAN 用户的数据流量分别通过不同的上行链路和网关进入园区网络，实现了链路和网关的负载均衡。同时当故障发生时，MSTP 保障二层冗余链路切换功能，而 VRRP 保证备用网关的倒换，两种技术有机地结合，实现了网络的冗余备份。

具体配置如下。

（1）S3550-1 在 VLAN10 和 VLAN20 中的配置

```
S3550-1(config)# spanning-tree mode mst                    //选择生成树模式为 MST
S3550-1 (config)# spanning-tree mst configuration          //进入 MST 配置模式
S3550-1 (config-mst)# instance 10 vlan 10                   //将 VLAN10 映射到 Instance 10
S3550-1 (config-mst)# instance 20 vlan 20                   //将 VLAN20 映射到 Instance 20
S3550-1 (config)# spanning-tree mst 10 priority 4096        //将 S3550-1 设置成 Vlan10 的根桥
S3550-1 (config)# spanning-tree mst 20 priority 8192        //将 S3550-1 设置成 Vlan20 的备用根
桥
S3550-1(config)# interface Vlan 10                          //进入 S3550-1 VLAN10 的 SVI 接口
S3550-1(config-if)#ip add 10.0.0.2 255.255.255.0           //设置 IP 地址为 10.0.0.2
S3550-1(config-if)# standby 1 ip 10.0.0.1                   //将 S3550-1 的 VLAN 10 接口放入
VRRP 组 1，并设置组 1 的虚拟 IP 为 10.0.0.1
S3550-1(config-if)# standby 1 priority 101                  //调整 S3550-1 在 VRRP 组 1 中的优
先级，使得其成为 VRRP 组 1 的主网关
S3550-1(config)# interface Vlan 20                          //进入 S3550-1 VLAN 20 的 SVI 接口
S3550-1(config-if)#ip add 10.0.1.2 255.255.255.0           //设置 IP 地址为 10.0.0.2
S3550-1(config-if)#standby 2 ip 10.0.1.1                    //将 S3550-1 的 VLAN 20 接口放入
VRRP 组 2，并设置组 2 的虚拟 IP 为 10.0.1.1
S3550-1 (config)# spanning-tree                             //开启生成树
```

（2）S3550-2 在 VLAN10 和 VLAN20 中的配置

```
S3550-2(config)# spanning-tree mode mst                    //选择生成树模式为 MST
S3550-2 (config)# spanning-tree mst configuration          //进入 MST 配置模式
S3550-2 (config-mst)# instance 10 vlan 10                   //将 VLAN10 映射到 Instance 10
S3550-2 (config-mst)# instance 20 vlan 20                   //将 VLAN20 映射到 Instance 20
```

　　S3550-2 (config)# spanning-tree mst 20 priority 4096　//将 S3550-2 设置为 Vlan20 的根桥
　　S3550-2 (config)# spanning-tree mst 10 priority 8192　//将 S3550-2 设置为 Vlan10 的备用根桥
　　S3550-2 (config)# spanning-tree　　　　　　　　　　//开启生成树
　　S3550-2(config)# interface Vlan 10　　　　　　　　//进入 S3550-2 在 VLAN10 的 SVI 接口
　　S3550-2(config-if)#ip add 10.0.0.3 255.255.255.0　//设置 IP 地址为 10.0.0.3
　　S3550-2(config-if)# standby 1 ip 10.0.0.1　　　　//将 S3550-2 的 VLAN 10 接口放入 VRRP 组 1，并设置组 1 的虚拟 IP 为 10.0.0.1
　　S3550-2(config)# interface Vlan 20　　　　　　　//进入 S3550-2 在 VLAN 20 的 SVI 接口
　　S3550-2(config-if)#ip add 10.0.1.2 255.255.255.0　//设置 IP 地址为 10.0.1.2
　　S3550-2(config-if)#standby 2 ip 10.0.1.1　　　　//将 S3550-2 的 VLAN 20 接口放入 VRRP 组 2，并设置组 2 的虚拟 IP 为 10.0.1.1
　　S3550-2(config-if)# standby 2 priority 101　　　//调整 S3550-2 在 VRRP 组 2 中的优先级，使得其成为 VRRP 组 2 的主网关

13.5　交换机端口安全

13.5.1　端口安全概述

1. 常用的攻击

通常，在局域网内部，常常受到一些攻击。

（1）MAC 攻击

每秒发送成千上万个随机源 MAC 的报文，在交换机的内部，大量广播包向所有端口转发，使 MAC 地址表空间很快就被不存在的源 MAC 地址占满，没有空间学习合法的 MAC 地址。

（2）ARP 的攻击

攻击者不断向对方计算机发送有欺诈性质的 ARP 数据包，数据包内包含有与当前设备重复的 MAC 地址，使对方在回应报文时，由于简单的地址重复错误而导致不能进行正常的网络通信。一般情况下，受到 ARP 攻击的计算机会出现两种现象。

① 不断弹出"本机的 XXX 段硬件地址与网络中的 XXX 段地址冲突"的对话框。

② 计算机不能正常上网，出现网络中断的症状。

由于这种攻击是利用 ARP 请求报文进行"欺骗"的，防火墙会误认为这是正常的请求数据包，不予拦截，所以普通的防火墙很难抵挡这种攻击。

（3）IP、MAC 地址欺骗

攻击者用网络盗用别人的 IP、或 MAC 地址，进行网络攻击。

端口安全的目的就是防止局域网的内部攻击对用户、网络设备所造成的破坏，如 MAC 地址攻击、ARP 攻击、IP/MAC 地址欺骗等。

2. 端口安全定义

所谓端口安全，是指通过限制允许访问交换机上某个端口的 MAC 地址以及 IP 地址（可选）来实现对该端口输入的严格控制。当为安全端口（打开了端口安全功能的端口）配置了安全地址后，除了源地址为这些安全地址之外，该端口将不转发其他任何报文。同时，可以将 MAC 地址和 IP 地址绑定起来作为安全地址，也可以通过限制端口上能包含的最大安全地址个数，如最大个数为 1，使连接这个端口的工作站（其地址为配置的安全地址）将独享该端口的全部带宽。

交换机端口安全的基本功能包括：

（1）限制交换机端口的最大连接数；

（2）端口的安全地址绑定，如在端口上同时绑定 IP 和 MAC 地址，也可以防 ARP 欺骗；在端口上绑定 MAC 地址，并限定安全地址数为 1，可以防恶意 DHCP 请求。

3. 安全违例的处理方式

如果违反了端口安全，有 3 种处理模式：

（1）protect：当安全地址个数满后，安全端口将丢弃未知名地址（不是该端口的安全地址中的任何一个）的包，这也是缺省配置；

（2）restrict：当违反端口安全时，将发送一个 Trap 通知；

（3）shutdown：当违反端口安全时，将关闭端口并发送一个 Trap 通知。

4. 配置端口的一些限制

配置端口安全时有如下一些限制。

（1）一个安全端口不能是一个 aggregate port。

（2）一个安全端口不能是 SPAN 的目的端口。

（3）一个安全端口只能是一个 access port。

（4）端口安全和 802.1x 认证端口是互不兼容的，不能同时启用。

（5）安全地址是有优先级的，从低到高的顺序是：

① 单 MAC 地址；

② 单 IP 地址/MAC 地址+IP 地址（谁后设置谁生效）。

（6）单个端口上的最大安全地址个数为 128 个。

（7）在同一个端口上不能同时应用绑定 IP 的安全地址和安全 ACL，这两种功能是互斥的。

（8）支持绑定 IP 地址的数量是有限制的。详细的参数见表 13-1。

表 13-1　参数描述

序号	设备型号	支持绑定 IP 地址的最大值	备　　注
1	S21 系列	百兆端口 20 个，千兆端口 110 个；	包括 IP+MAC 绑定/单 IP 的绑定
2	S3550 系列	百兆端口 20 个，千兆端口 110 个；	
3	S3750 系列	百兆端口 20 个，千兆端口 120 个；	
4	S3760 系列	整机支持 1000 个；	

13.5.2　端口安全的配置

1. 启动端口安全功能

Switch(config-if)# switchport port-security　　　//打开该接口的端口安全功能

2. 端口安全最大连接数配置

Switch(config-if)# switchport port-security maximum value
// 设置接口上安全地址的最大个数，范围是 1－128，缺省值为 128

3. 端口地址绑定

　　Switch(config-if)# switchport port-security mac-address mac-address　ip-address ip-address
//手工配置接口上的安全地址 MAC 地址及 IP 地址

4. 设置处理违例的方式

Switch(config-if)# switchport port-security violation{protect|restrict |shutdown} //设置处理违例的方式
　　当端口因为违例而被关闭后,在全局配置模式下使用命令 errdisable　　recovery 将接口从错误状态中恢复过来。

5. 在 S21 系列交换机上配置端口安全

（1）在 fastethernet 0/1 口上，配置最大安全地址的个数为 1，违例的处理模式是 protect；
（2）在 fastethernet 0/2 口上，绑定 MAC 地址为 00d0.f801.a2b3 的主机，违例的处理模式为 restrict；
（3）在 fastethernet 0/3 口上，绑定 IP 地址为 192.168.100.23 的主机，违例的处理模式为 protect；
（4）在 fastethernet 0/4 口上，绑定 MAC 地址为 00d0.f80b.1234、IP 地址为 192.168.0.10 的主机，违例的处理模式为 shutdown；

Switch# configure terminal
Switch(config)# interface fastEthernet 0/1
Switch(config-if)# switchport mode access
Switch(config-if)# switchport port-security
Switch(config-if)# switchport port-security maximum 1
Switch(config-if)# switchport port-security violation protect
Switch(config-if)# exit
Switch(config)# interface fastEthernet 0/2
Switch(config-if)# switchport mode access
Switch(config-if)# switchport port-security
Switch(config-if)# switchport port-security mac-address 00d0.f801.a2b3
Switch(config-if)# switchport port-security violation restrict
Switch(config-if)# exit

Switch(config)# interface fastEthernet 0/3

Switch(config-if)# switchport mode access

Switch(config-if)# switchport port-security

Switch(config-if)# switchport port-security ip-address 192.168.100.23

Switch(config-if)# switchport port-security violation protect

Switch(config-if)# exit

Switch(config)# interface fastEthernet 0/4

Switch(config-if)# switchport mode access

Switch(config-if)# switchport port-security

Switch(config-if)# switchport port-security mac-address 00d0.f80b.1234 ip-address 192.168.0.10

Switch(config-if)# switchport port-security violation shutdown

Switch(config-if)#^Z

Switch# show port-security

Secure Port   MaxSecureAddr(count) CurrentAddr(count) Security Action

------------ -------------------- ------------------ ----------------

Secure Port	MaxSecureAddr(count)	CurrentAddr(count)	Security Action
Fa0/1	1	0	Protect
Fa0/2	128	1	Restrict
Fa0/3	128	1	Protect
Fa0/4	128	1	Shutdown

Switch# show port-security address

Vlan Mac Address   IP Address   Type   Port   Remaining Age(mins)

---- --------------- --------------- ---------- -------- --------------------

Vlan	Mac Address	IP Address	Type	Port	Remaining Age(mins)
1	-	192.168.100.23	Configured	Fa0/3	-
1	00d0.f801.a2b3		Configured	Fa0/2	-
1	00d0.f80b.1234	192.168.0.10	Configured	Fa0/4	-

13.6　综　合　案　例

1. 网络结构

　　某学校网络拓扑模拟图如图 13-9 所示，接入层设备采用 S2126-1G 交换机，在接入交换机上划分了办公网 VLAN 20，和学生网 VLAN 30。为了保证网络的稳定性，接入层和汇聚层通过两条链路相连，汇聚层交换机采用 S3760-1，在 S3760-1 上有网管 VLAN 40。汇聚层交换机通过 VLAN 10 中的接口 F0/10 与 R2632-1 相连，R2632-1 通过广域网口和 R2632-2 相连。R2632-2 以太网口连接一台 WEB 服务器。本实验中只要完成 S3760-1、S2126-1 的基本配置，S3760-2、S2126-2 的配置类推。其中相关 IP 地址设置如下。

　　VLAN 10：　172.16.1.2/24

　　VLAN 20：　192.168.20.1/24

VLAN 30： 192.168.30.1/24

VLAN 40： 192.168.40.1/24

R2632-1:

F1/0：172.16.1.2/24

S1/2：192.168.1.1/24

R2632-2:

F1/0：10.1.1.1/24

S1/2：192.168.1.2/24

FTPServer：1.1.1.18/24

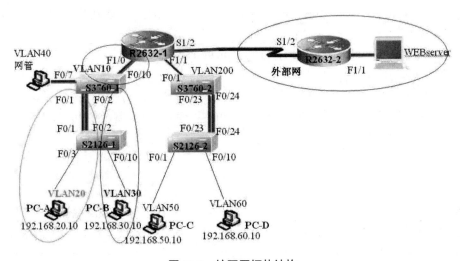

图13-9 校园网拓扑结构

2. 实验要求

（1）在S3760-1与S2126-1两台设备创建相应的VLAN（15分）

① S2126-1的VLAN 20 包含F0/3-6端口；

② S2126-1的VLAN 30 包含F0/10-15端口；

③ 在S3760-1的VLAN 40接口包含F0/7。

（2）S3760-1与S2126-1两台设备利用F0/1与F0/2 建立TRUNK链路（10分）

① S2126-1的F0/1和S3760-1的F0/1建立TRUNK链路；

② S2126-1的F0/2和S3760-1的F0/2建立TRUNK链路。

（3）S3760-1与S2126-1两台设备之间提供冗余链路（10分）

① 配置快速生成树协议实现冗余链路；

② 将S3760-1设置为根交换机。

（4）在R2632-1和R2632-2上配置接口IP地址（10分）

① 根据拓扑要求为每个接口配置IP地址；

② 保证所有配置的接口状态为UP。

（5）配置三层交换机的路由功能（12分）

① 配置S3760-1实现VLAN 20、VLAN 30、VLAN 40之间的互通（7分）；

② S3760-1通过VLAN10中的F0/10接口和R2632-1相连，在S3760-1上PING路由器

A 的 F1/0 地址，PING 得通。（5 分）

（6）配置交换机的端口安全功能（5 分）

① 在 S2126-1 上设置 F0/8 为安全端口；

② 安全地址最大数为 4 个；

③ 违例策略设置为 protect。

（7）R2632-1 和 R2632-2 配置广域网链路（5 分）

① 将链路层协议封装为 PPP 协议

② 配置 PAP 协议提高链路安全性

（8）配置静态路由（18 分）

① 在 S3760-1、路由器 A、路由器 B 上分别配置静态路由，实现全网互通

（9）为保证服务器安全，在 R2632-1 上配置安全策略（15 分）

① 学生不可以访问 WEB 服务器地址；

② 学生可以访问其他网络的任何资源；

③ 办公网可以访问 WEB 服务器，但是不能访问 WEB 服务器的 telnet 服务；

④ 办公网的其他网络访问不做限制。

（10）在 S2126-1 上运行 show spanning-tree 和 show running-config

（11）在 S3760-1 上运行 show spanning-tree 、show running-config、show ip route、ping 172.16.1.1

（12）在 R2632-1 上运行 show running-config、show ip interface brief 、show ip route、 show access-lists、ping 172.16.1.2 、ping 192.168.10.1 、ping 192.168.20.1、 ping 192.168.40.1

（13）在 R2632-2 上运行 show running-config、show ip interface brief 、show ip route

3. S2126-1 的配置

```
S2026F-1> en
S2026F-1# conf    t
S2026F-1(config)# host    S2126G
S2126G(config)# vlan 20
S2126G (config-vlan)# exit
S2126G(config)# vlan 30
S2126G (config-vlan)# exit
S2126G(config)# int    range fa 0/3-6
S2126G(config-if-range)# swi mode acc
S2126G(config-if-range)# swi acc vlan 20
S2126G(config-if-range)# exit
S2126G(config)# int range fa 0/10-15
S2126G(config-if-range)# swi mode acc
S2126G(config-if-range)# swi acc vlan 30
S2126G(config-if-range)#exit
S2126G(config)# int range fa 0/1-2
S2126G(config-if-range)# swi mode trunk
```

S2126G(config-if-range)# exit

S2126G(config)# spanning-tree

S2126G(config)# spanning-tree mode rstp

S2126G# show spanning-tree

S2126G# show run

4. S3760-1 的配置

S3760-1> en

Password:

S3760-1# conf   t

S3760-1(config)# host S3760-1

S3760-1(config)# int fa 0/10

S3760-1(config-if)# no switchport

S3760-1(config-if)# exit

S3760-1(config)# vlan 20

S3760-1(config-vlan)# exit

S3760-1(config)# vlan 30

S3760-1(config-vlan)# exit

S3760-1(config)# vlan 40

S3760-1(config-vlan)# exit

S3760-1(config)# int fa0/7

S3760-1(config-if)# swi mode acc

S3760-1(config-if)# vlan 10

S3760-1(config-if)# exit

S3760-1(config)# int range fa 0/1-2

S3760-1(config-if-range)# swi mode trunk

S3760-1(config-if-range)# exit

S3760-1(config)# spanning-tree

S3760-1(config)# spanning-tree mode   rstp

S3760-1(config)# spanning-tree priority 4096

S3760-1(config)# int vlan 10

S3760-1(config-if)# ip add 172.16.1.2   255.255.255.0

S3760-1(config-if)# no shut

S3760-1(config-if)# int vlan 20

S3760-1(config-if)# ip add 192.168.20.1 255.255.255.0

S3760-1(config-if)# no shut

S3760-1(config-if)# int vlan 30

S3760-1(config-if)# ip add 192.168.30.1 255.255.255.0

S3760-1(config-if)# no shut

S3760-1(config-if)# int vlan 40

S3760-1(config-if)# ip add 192.168.40.1 255.255.255.0
S3760-1(config-if)# no shut
S3760-1(config-if)# exit
S3760-1(config)# int fa　0/10
S3760-1(config-if)# swi mode acc
S3760-1(config-if)# swi acc vlan 10
S3760-1(config-if)# ^Z
S3760-1# ping 172.16.1.1
S3760-1# conf　t
S3760-1(config)# ip route　0.0.0.0　0.0.0.0　172.16.1.1
S3760-1(config)# exit
S3760-1# show run
S3760-1# show spanning-tree
S3760-1# show ip route
S3760-1# ping 172.16.1.1

5. R2632-1 的配置

R2632-2> en
Password:
R2632-2# conf　t
R2632-2 (config)# host RA
RA(config)# int s1/2
RA(config-if)# ip add 192.168.1.1　255.255.255.252
RA(config-if)# no shut
RA(config-if)# clock rate 64000
RA(config-if)# int fa 1/0
RA(config-if)# ip add 172.16.1.1 255.255.255.0
RA(config-if)# no shut
RA# show ip route
RA# conf t
RA(config)# int s1/2
RA(config-if)# enca ppp
RA(config-if)# ppp pap sent-username ruijie pass 0 123
RA(config-if)# exit
RA(config)# ip route 192.168.20.0.0 255.255.0.0 172.16.1.2
RA(config)# ip route 0.0.0.0 0.0.0.0 192.168.1.2
RA(config)# access-list 100 deny ip 192.168.30.0 0.0.0.255 host 10.1.1.18
RA(config)# access-list 100 deny tcp 192.168.20.0 0.0.0.255 host 10.1.1.18 eq 23
RA(config)# access-list 100 permit ip any any
RA(config)# int fa 1/0

RA(config-if)# ip access-group 100 in

RA# show   run

RA# show ip int brie

Interface	IP-Address(Pri)	OK?	Status
serial 1/2	192.168.1.1/30	YES	UP
serial 1/3	no address	YES	DOWN
FastEthernet 1/0	172.16.1.1/24	YES	UP
FastEthernet 1/1	no address	YES	DOWN
Null 0	no address	YES	UP

RA# show ip route

Codes: C - connected, S - static,   R - RIP
            O - OSPF, IA - OSPF inter area
            N1 - OSPF NSSA external type 1, N2 - OSPF NSSA external type 2
            E1 - OSPF external type 1, E2 - OSPF external type 2
            * - candidate default

Gateway of last resort is 192.168.1.2 to network 0.0.0.0

S*   0.0.0.0/0 [1/0] via 192.168.1.2

C   172.16.1.0/24 is directly connected, FastEthernet 1/0

C   172.16.1.1/32 is local host.

S   192.168.0.0/16 [1/0] via 172.16.1.2

C   192.168.1.0/30 is directly connected, serial 1/2

C   192.168.1.1/32 is local host.

C   192.168.1.2/32 is directly connected, serial 1/2

RA# show access-lists

Extended IP access list 100 includes 3 items (total 10 matches):

      deny   ip 192.168.30.0 0.0.0.255 host 10.1.1.18

      deny   tcp 192.168.20.0 0.0.0.255 host 10.1.1.18 eq telnet

      permit ip any any (10 matches)

RA# ping 172.16.1.2

Sending 5, 100-byte ICMP Echoes to 172.16.1.2, timeout is 2 seconds:

   < press Ctrl+C to break >

!!!!!

Success rate is 100 percent (5/5), round-trip min/avg/max = 1/1/1 ms

RA# ping 192.168.10.1

Sending 5, 100-byte ICMP Echoes to 192.168.10.1, timeout is 2 seconds:

   < press Ctrl+C to break >

.....

Success rate is 0 percent (0/5)

RA# ping 192.168.20.1

Sending 5, 100-byte ICMP Echoes to 192.168.20.1, timeout is 2 seconds:

  < press Ctrl+C to break >

!!!!!

Success rate is 100 percent (5/5), round-trip min/avg/max = 1/1/1 ms

RA# ping 192.168.40.1

Sending 5, 100-byte ICMP Echoes to 192.168.40.1, timeout is 2 seconds:

  < press Ctrl+C to break >

!!!!!

Success rate is 100 percent (5/5), round-trip min/avg/max = 1/1/1 ms

6.　R2632-2 的配置

R2632-2> en

R2632-2# conf　t

R2632-2 (config)# host RB

RB(config)# int fa 1/0

RB(config-if)# ip add 10.1.1.1 255.255.255.0

RB(config-if)# no shut

RB(config-if)# no ip add

RB(config-if)# int lo0

RB(config-if)# ip add 10.1.1.1 255.255.255.0

RB(config-if)# no ip add

RB(config-if)# int fa 1/0

RB(config-if)# ip add 10.1.1.1 255.255.255.0

RB(config-if)# no shut

RB(config-if)# exit

RB# conf　t

RB(config)# int s1/2

RB(config-if)# ip add 192.168.1.2 255.255.255.252

RB(config-if)# no shut

RB(config-if) # exit

RB(config)# int s1/2

RB(config-if)# enca ppp

RB(config-if)# ppp authentication pap

RB(config-if)# exit

RB(config)# username ruijie pass 0 123

RB(config)# ip route 0.0.0.0 0.0.0.0 192.168.1.1

RB(config)# exit

```
RB# show run
RB# show ip int brie
Interface                       IP-Address(Pri)        OK?           Status
serial 1/2                      no address             YES           DOWN
serial 1/3                      192.168.1.2/30         YES           UP
FastEthernet 1/0                10.1.1.1/24            YES           UP
FastEthernet 1/1                no address             YES           DOWN
Loopback 0                        no address             YES           DOWN
Null 0                            no address             YES           UP
RB#show ip route
```

Codes: C - connected, S - static,   R - RIP
          O - OSPF, IA - OSPF inter area
          N1 - OSPF NSSA external type 1, N2 - OSPF NSSA external type 2
          E1 - OSPF external type 1, E2 - OSPF external type 2
          * - candidate default

Gateway of last resort is 192.168.1.1 to network 0.0.0.0
```
S*      0.0.0.0/0 [1/0] via 192.168.1.1
C       10.1.1.0/24 is directly connected, FastEthernet 1/0
C       10.1.1.1/32 is local host.
C       192.168.1.0/30 is directly connected, serial 1/3
C       192.168.1.1/32 is directly connected, serial 1/3
C       192.168.1.2/32 is local host.
```

【课后练习及实验】

1．为什么要使用冗余链路？它主要有什么技术？

2．简述生成树协议中最短路径的选择过程。

3．简述生成树的工作过程。

4．生成树端口有哪四个状态，各自的含义是什么？

5．什么是 RSTP？

6．简述 MSTP 的实现过程。

7．什么是 VRRP？

8．实验：按网络拓扑图 13-10 搭建网络，配置 PC 机的 IP 地址，不必配置默认网关。

（1）配置完各个交换机后启动全局生成树协议。查看各个设备中的 spanning-tree 状态后，通过改变三层交换机 C 的优先级，使得三层交换机 C 成为根（root）。

（2）在交换机中启动 MSTP 协议，使其通讯。

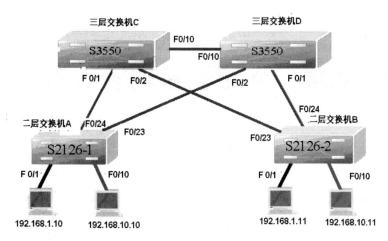

图 13-10　网络安全实验 1

9. 实验按图 13-11 拓扑图搭建网络，配置 PC 机的 IP 地址，不必配置默认网关.配置交换机 C 和 D，划分 VLAN10 和 VLAN100，将端口 1 和 10 分别配置成 VLAN10 和 VLAN100。将交换机 C 和 D 的端口 1 到 4 成为聚合组 1 的成员端口，进入聚合组 1，配置其为封装端口，测试连通性后，去除其中 1 号线缆，查看连通性。

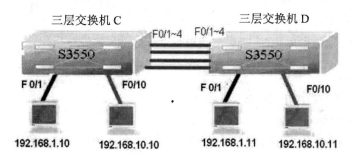

图 13-11　网络安全实验 2

第 14 章　网络设备的管理和维护

14.1　Telnet 的 使 用

要使用 telnet 方式，远程对网络设备进行配置，首先必须在本地用 CONSOLE 配置网络设备时，设置它们的远程登录密码。一旦有多种途径对网络设备进行配置，就必须设置特权模式的密码。

14.1.1　交换机的 Telnet 使用

1. 在本地，利用 CONSOLE 口，对交换机进行配置。

（1）配置交换机远程登录密码

Switch(config)# enable secret level 1 0 cisco（注：将交换机远程登录密码配置为"cisco"）

（2）配置交换机特权模式口令

Switch (config)# enable secret level 15 0 cisco（注：将交换机特权模式口令配置为"cisco"）

2. 在远端计算机上，使用 Telnet 模式登录到交换机。登录步骤如下。

（1）运行 cmd

（2）Telnet　交换机的 IP 地址

　　　　Password: cisco

（3）开始进入配置，如 enable，用 S2126# copy startup-config tftp 等

14.1.2　路由器的 Telnet 使用

（1）在本地，利用 CONSOLE 口，对路由器配置远程登录密码

RA(config)# line VTY 0 4　　// 进入路由器线路配置模式

RA(config-line)# login　　// 配置远程登录

RA(config-line)# password star　　// 设置路由器远程登录密码为 star

RA(config-line)# end

（2）配置路由器特权模式口令

RA(config)#enable password cisco

或

RA(config)#enable secret cisco

（注：将路由器特权模式口令配置为"cisco"）

在远端计算机上，使用 Telnet 模式登录到交换机。登录步骤如下。

（1）运行 cmd

（2）Telnet　路由器 F 1/0 的 IP 地址

Password: cisco

（3）开始进入配置，如 enable，用 R2632# copy startup-config tftp 等

14.2　交换机的管理与维护

交换机的管理与维护包括：

（1）备份交换机的配置；

（2）恢复交换机的配置；

（3）当交换机的特权密码丢失时，进行密码恢复或更改；

（4）对交换机的操作系统进行升级。

而要完成交换机的管理与维护，首先要配置一个 tftp 服务器。

14.2.1　为交换机配置一个 tftp 服务器

配置 tftp 服务器的步骤如下。

（1）选一台计算机上作为 tftp 服务器，在此计算机上拷贝 StartTftp 文件。

（2）将此计算机的一根用于检测的网线插到交换机的一个端口上，如 fastethernet 0/1。并配置此网卡的 IP 地址与对应交换机所在端口（fastether 0/1）的 VLAN 在同一网段内。假定此网卡的 IP 地址为：192.168.1.10。

（3）配置交换机的管理 IP 地址。

Switch(config)# interface vlan 1　　　　　//进入交换机管理接口配置模式

Switch(config-if)#　ip address 192.168.1.1　255.255.255.0　//配置交换机管理接口 IP 地址

Switch(config-if))# no shutdown　　　　　　//开启交换机管理接口

（4）在计算机的 COMMAND 窗口用 PING 192.168.1.1，看是否连通，若不通，重新检查以上步骤。

（5）在计算机上运行 StartTftp，使其成为 TFTP 服务器，如图 14-1 所示。在此指定一个存放配置文件或系统文件的文件夹。并使此窗口一直开着。

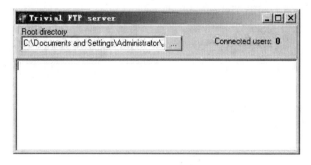

图 14-1　TFTP 服务器

（6）关闭 Windows 防火墙或其他网络防火墙（瑞星网络防火墙、金山安全中心等），如图 14-2 所示。

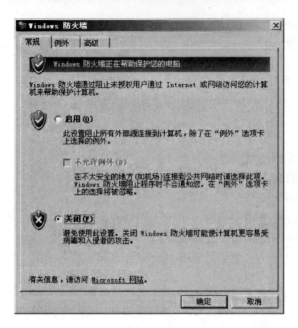

图 14-2 Windows 防火墙对话框

14.2.2 利用 tftp 备份还原交换机配置文件

如果 tftp 服务器同时也作为配置终端，对交换机进行配置，则将 tftp 服务器的 COM 口接到交换机的 console 口上，或保持机房的原拓扑结构不变，使其在配置网卡启用。

当然也可一台计算机作为 tftp 服务器，而另一台计算机作为配置终端，对交换机进行配置。

在这里，将 tftp 服务器作为配置终端。

1. 备份交换机配置文件

（1）在配置计算机上进入配置模式。

（2）保存交换机的当前配置。

Switch# copy running-config startup-config

（3）备份交换机配置到 TFTP 服务器。

Switch# copy startup-config tftp

Address of remote host　192.168.1.10　　　　// 按提示输入 TFTP 服务器 IP 地址

Destination filename [config.text]?　　　　　　// 选择要保存的配置文件名称

%Success : Transmission success,file length 302

（4）在 TFTP 服务器上的缺省目录下显示是否有 config.text 文件存在

2. 从 tftp 服务器上恢复交换机配置

（1）删除原有的配置文件。

switch# delete flash:config.text

（2）在 TFTP 服务器的缺省目录下已有 config.text 文件存在时，将此文件加载配置到交换机的初始配置文件中。

Switch# copy tftp　startup-config

Source filename　?config.text　　　// 按提示输入源文件名

Address of remote host　192.168.1.10　　//按提示输入 TFTP 服务器的 IP 地址

%Success : Transmission success,file length 302

（3）重启交换机，使新的配置生效。

Switch# reload　　// 重启交换机

System configuration has been modified. Save? [yes/no]:n　　//选择 no

Proceed with reload? [confirm]　　// 按回车确认

14.2.3　交换机操作系统的升级

（1）检查交换机的 IOS 版本，显示操作系统文件

Switch# show ver

Switch# dir

查看是否有一个文件为 s2126g.bin

（2）为交换机创建一个管理 VLAN（或用已有的 VLAN 1），并为该 VLAN 分配 IP 地址

Switch# conf　t

Switch(config)# int vlan 1

Switch(config-if)# ip address 192.168.10.14 255.255.255.0

Switch(config-if)# no shut

（3）将 TFTP 服务器的一根网线插入到交换机一个口上，并配置 TFTP 服务器的 IP 地址为 192.168.10.114，使其与交换机在同一网段。并从 TFTP 服务器的 CMD 中能 PING 通交换机 192.168.10.14。

（4）启动 TFTP 服务器，并将升级文件 s2126g.bin 放在 TFTP 服务器的目录下。若没有，可先从 FLASH 中拷贝出来,到 TFTP 服务器的目录下。

copy flash:s2126g.bin tftp://192.168.10.114/S2126G.bin

（5）拷贝 TFTP 服务器上的升级文件到交换机的 Flash 中。

copy tftp://192.168.10.114/S2126G.bin flash:s2126g.bin

升级成功后会提示 "%Success : Transmission success"。

（6）在特权模式下使用命令 reload 重新启动交换机，使交换机工作在新的版本下，或关闭交换机的电源，再打开电源以重新启动交换机。

（7）再次显示交换机的 IOS 版本。

Switch# show ver

14.2.4　交换机密码丢失处理方法

当交换机的特权配置密码忘记时，通常需要在保留原配置的基础上进行密码破解。步骤如下。

（1）关闭交换机（下电）。

（2）打开超级终端，设置端口如下：每秒位数 57600，数据位 8，奇偶校验 无，停止位

1，数据流控制 无。

（3）打开交换机（上电）并不停地按"Esc"。直到出现"Continue with configuration dialog[y/n]:"输入：Y。如图 14-3 所示。

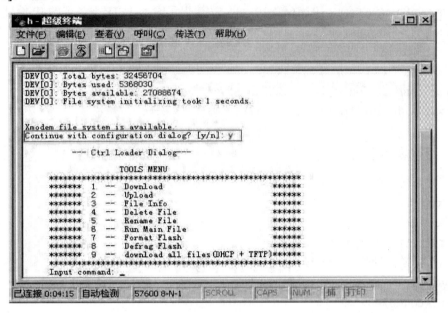

图 14-3　工具菜单

（4）在工具菜单中，选 5，Rename filename 出现如下信息。

input filename: config.text　　// 输入原文件

input filename: config.old　　// 输入新文件

① 关闭交换机的电源，再打开电源以重新启动交换机，使"超级终端"的配置为默认配置。

② 这时进入交换机的特权模式已不需要密码了。

③ 在交换机的特权模式中执行如下命令：

Switch#rename config.old　config.text　　// 恢复用户原有配置

Switch#copy start run

Switch#config t

Switch(config)#enable password cisco　　// 重新设置的特权模式口令为 cisco

Switch(config)#exit

Switch#wr

至此，交换机口令恢复完毕。

14.2.5　删除交换机的配置

当对交换机进行了很多的配置，但配置有错，要删除相关的配置，按如下命令操作。

Switch# enable

password:　　　　　　　　　　　// 输入 15 级密码

Switch(config)# delete flash:config.text　　　　　　// 清除现有配置文件

Switch(config)# delete flash:vlan.dat   // 清除现有 vlan 的设置
Switch(config)# copy flash:config.bak flash:config.text   // 覆盖备份配置文件
(config)#reload   // 重启

14.3 路由器的管理与维护

14.3.1 为路由器配置一个 tftp 服务器

配置 tftp 服务器的步骤如下。

（1）选一台计算机上作为 tftp 服务器，在此计算机上拷贝 StartTftp 文件。

（2）将此计算机的一根用于检测的网线插到路由器的一个以太网端口上，如 fastethernet
1/0。并配置此网卡的 IP 地址与对应路由器所在端口（fastethernet 0/1）在同一网段内。假定
此网卡的 IP 地址为：192.168.0.137。

（3）配置路由器的端口 IP 地址。

RouterA(config)# interface fastethernet 1/0

RouterA(config-if)# ip address 192.168.0.138 255.255.255.0

RouterA(config-if)# no shutdown

（4）在计算机的 COMMAND 窗口用 PING 192.168.0.138，看是否连通，若不通，重新检
查以上步骤。

（5）在计算机上运行 StartTftp，使其成为 TFTP 服务器。如图 14-1 所示。在此指定一个
存放配置文件或系统文件的文件夹。并使此窗口一直开着。

（6）关闭 Windows 防火墙或其他网络防火墙（瑞星网络防火墙、金山安全中心等），如
图 14-2 所示。

14.3.2 利用 tftp 备份还原路由器配置文件

如果 tftp 服务器同时也作为配置终端，对路由器进行配置，则将 tftp 服务器的 COM 口接
到路由器的 console 口上，或保持机房的原拓扑结构不变，使其配置网卡启用。

当然也可一台计算机作为 tftp 服务器，而另一台计算机作为配置终端，对路由器进行配
置。

在这里，我们将 tftp 服务器又作为配置终端。

（1）备份路由器配置

RouterA#copy running-config tftp

// 备份路由器的当前配置文件到 TFTP 服务器

Address or name of remote host   ?   192.168.0.137   // 输入 TFTP 服务器 IP

Destination filename   ? config.text   // 输入下载后生成的文件名

Building configuration...

Accessing tftp://192.168.0.137/running-config...

Success : Transmission success,file length 1024

或者：

RouterA#copy startup-config tftp　　// 备份路由器的初始配置文件到 TFTP 服务器
Address or name of remote host　?192.168.0.137　　　//输入 TFTP 服务器 IP
Destination filename　?config.text　　　　　　　　//输入下载后生成的文件名
Building configuration...
Accessing tftp://192.168.0.137/running-config...
Success : Transmission success,file length 1024
（2）恢复路由器配置
RouterA#delete flash:config.text　　//删除路由器原有配置信息
RouterA#copy tftp startup-config　　// 恢复配置到路由器的初始配置文件中
Address or name of remote host ?　192.168.0.137　　//输入 TFTP 服务器的 IP
Source filename　?config.text　　　　　　　　　//输入文件名
Accessing tftp://192.168.0.137/config.text...
Write file to flash successfully//
RouterA# copy startup-config running-config　　// 将初始配置文件拷贝到路由器的当前配置文件中

14.3.3　路由器的升级

（1）检查路由器的 IOS 版本，显示操作系统文件。
R2632# show ver
R2632# dir
查看是否有一个文件为 rgnos.bin
（2）启用 TFTP 服务器，并将升级文件放在 TFTP 服务器的目录下,若没有,可先从 FLASH 中拷贝出来。
R2632#copy flash:rgnos.bin　tftp:// 192.168.0.137/ rgnos.bin
（3）拷贝 TFTP 服务器上的升级文件到路由器的 FLASH 中。
R2632#copy tftp:// 192.168.0.137/ rgnos.bin　flash:rgnos.bin
成功后会提示 "%Success : Transmission success"。
（4）在特权模式下使用命令 reload 重新启动路由器，使路由器工作在新的版本下，或关闭路由器的电源，再打开电源以重新启动路由器。
（5）再次显示路由器的 IOS 版本

14.3.4　路由器的密码恢复

（1）使用 CONSOLE 管理方式登录路由器，由于口令遗忘无法进入特权模式。
（2）用超级终端连接路由器，使端口参数配置正常。
（3）将路由器电源拔掉再插上，然后在超级终端界面中不停地按 "Ctrl + C"（对于 RG-R2501+、RG-R2620 系列路由器，快速不停地按键盘的 Ctrl + Pause Break）直到出现主菜单选择，如图 14-4 所示。

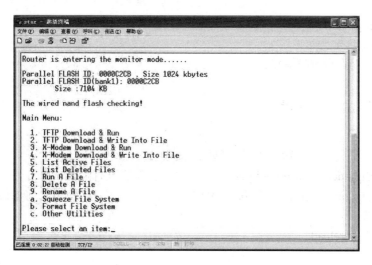

图 14-4　工具菜单

（4）选择第 9 项"Rename A File"，在"Old file name"输入"config.text"，在"New file name"输入"config.old"，如图 14-5 所示。

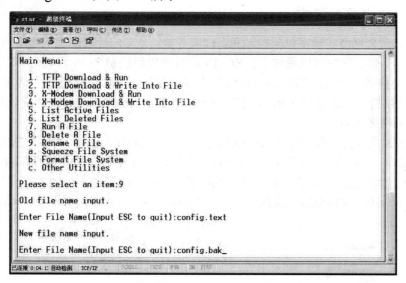

图 14-5　更改配置文件的名称

（5）关闭路由器的电源，再打开电源以重新启动路由器，使"超级终端"的配置为默认配置。

（6）这时进入路由器的特权模式已不需要密码。

（7）在路由器的特权模式中执行如下命令。

R2632# rename config.old　　config.text　　//恢复用户原有配置

R2632# copy start　　run

R2632# config t

R2632(config)# enable password abcdef　　//设置的特权模式口令为 abcdef

R2632(config)# exit

R2632# wr

至此，路由器口令恢复完毕。

14.3.5　删除路由器的配置

R2632#enable

password:　　　　　　　　// 输入 15 级管理员密码

R2632(config)#delete flash:config.text　　　　　　// 删除现有配置文件

R2632(config)#copy flash:config.bak　flash:config.text　　　//使用之前备份的配置文件覆盖配置文件

R2632(config)#reload　　　　　　　　　　//重启

14.4　RCMS 的 管 理

14.4.1　RCMS 的拓扑结构

RCMS 是锐捷网络实验室机架控制和管理服务器，是专门针对现代网络实验室开发的统一管理控制服务器。学生可以通过 RG-RCMS 同时管理和控制 8~16 台的网络设备，不需要进行控制线的拔插，采用图形界面，管理起来简单方便，还可以在做完网络实验后，利用 RG-RCMS 提供的"一键清"功能，把连接在 RG-RCMS 上的网络设备进行统一的配置清除，方便下一次的网络实验。

RG-RCMS 系列目前有两种产品：RG-RCMS-8 和 RG-RCMS-16，RG-RCMS-8 有一个 8 口异步口接口，1 条 8 爪鱼水晶头线缆，可以同时管理和控制 8 台网络设备；RG-RCMS-16 有一个 16 口异步口接口，2 条 8 爪鱼水晶头线缆，可以同时管理和控制 16 台网络设备；另外它们都有 2 个 10/100M 快速以太网口，1 个 Console 端口。拓扑连接如图 14-6。

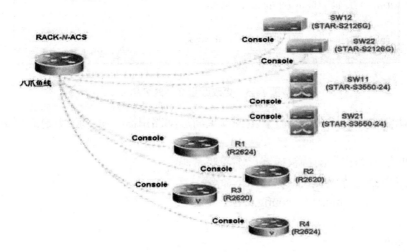

图 14-6　RCMS 的拓扑连接

　　实验室的拓扑连接如图 14-7 所示，实验室内有多个机架（如 8 组就有 8 个机架），每个机架都由一个 RG-RCMS 控制，根据不同的规模，所连接的网络设备个数不同。另一方面，可按机架数分不同的实验桌（如 8 组实验桌），实验桌的学生个数根据计算机的个数而定。所有 8 组实验桌上的计算机都互联到一组二层交换机上，并在同一网段内。这些二层交换机同各组 RCMS 一起连接到一个三层交换机上。从而使得每台计算机都能访问配置每组 RCMS，也能配置各组中的网络设备。

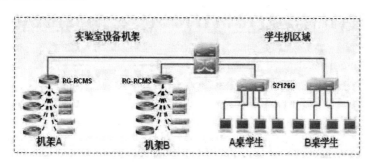

图 14-7　实验室拓扑结构示意图

　　假定实验室内有 8 组 RCMS，每组 RCMS 的 IP 地址为：192.168.0.100，192.168.1.100，192.168.2.100，192.168.3.100，192.168.4.100，192.168.5.100，192.168.6.100，192.168.7.100。RCMS 的 WEB 访问端口为 8080，则任何一台计算机对第 1 组 RCMS 的访问界面如图 14-8 所示。

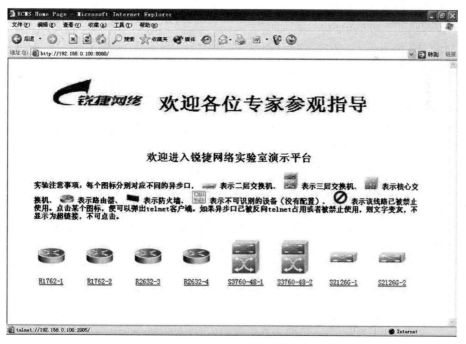

图 14-8　RCMS 的管理界面

RACK 有如下特点：

（1）统一管理和控制实验台上的多台网络设备；

（2）无需拔插控制台线，便可以实现同时管理和控制多台网络设备；

（3）良好的兼容性；

（4）提供"统一清"功能，统一清除实验台上网络设备的配置，方便多次实验（RCMS）；

（5）图形界面，简单方便（RCMS）。

14.4.2　RCMS 常用的管理命令

RCMS 常用的管理命令如下。

（1）执行一键清。

RCMS# execute flash:clear.txt

执行 flash 中的 clear.txt 文件，清除 RCMS 所连接的所有设备的配置。

（2）清除某条线路的连接。

RCMS# clear line x

当某一网络设备被其他同学所占用，而长时间不被释放时，可采用此命令强行使其释放，清除所连接的线路。

（3）退出已登录过的设备。

RCMS# disconnect　[num]

Num 是线路序号，当自己曾登录过某一设备时，用此命令退出已登录过的设备。

（4）查看当前 RCMS 所有已登录的设备。

RCMS# show line

查看有哪些设备正被使用。

（5）查看当前有哪些用户。

RCMS# show user

查看哪些设备被哪些用户所使用

（6）在 CMD 中，通过 TELNET 的方式对 RACK 进行登录管理。

telnet [ip] [num]

如 telnet 192.168.0.100

一旦用户登录到某设备后，可用"Ctrl+shift+6，x"退出此设备，回到 RCMS，但对此设备并没有断开连接，必须使用 disconnect 断开连接，以便他人使用。

用户可以同时登录多台实验设备，利用 Ctrl+shift+6 退回到 RCMS，然后根据登录设备的顺序，按 1、2、3 键切换到不同的登录设备。

在特权模式下可用 show line 或 show user 查看当前 RCMS 服务器已登录的设备。用 Clear line 5 强制断开某一台设备的连接。

14.4.3　一键清功能

1. "一键清"功能的使用步骤

（1）事先用记事本编辑好可以清除配置的脚本文件，如 clear.txt。

（2）使用 tftp 服务器，将此脚本文件传送到 RCMS 的 flash 中。

比如 TFTP 服务器的 IP 地址为：192.168.0.137，脚本文件的名称为 clear.txt，放在 TFTP

服务器的缺省目录下。可以在 RCMS 的特权用户模式下，执行如下指令：RCMS# copy tftp://
192.168.0.137/clear.txt　flash:clear.txt。

通过回答"y"，最后出现成功传送的消息，"Success : Transmission success，file length 993"

（3）通过 Telnet 登录到 RCMS 中。

（4）用 dir 显示 flash 中的所有文件，查是否有 clear.txt 存在 RCMS# dir。

（5）用 Execute 命令执行脚本文件 clear.txt，从而清除 RCMS 所连接的所有设备的配置。
RCMS# execute flash:clear.txt

2. 一个典型的"一键清"脚本的说明

例如：RCMS 设备的 IP 为 192.168.1.1，其异步口 1～4 分别挂接着实验设备，则在 RCMS
上，用于清除实验设备的批处理文件可以这么写：

//The device is Red-Giant R2632
///port 2001
configure terminal
line tty 1
no login local
no login
end
clear line tty 1
telnet 192.168.1.1 2001
@@
disable
enable
password1
delete flash:config.text
reload in 000:01
&x
disconnect 1
///The device is Red-Giant R2632
///port 2002
configure terminal
line tty 2
no login local
no login
end
clear line tty 2
telnet 192.168.1.1 2002
@@
disable
enable

password2
delete flash:config.text
reload in 000:01
&x
disconnect 1
///The device is Red-Giant S3760
//port 2003
configure terminal
line tty 3
no login local
no login
end
clear line tty 3
telnet 192.168.1.1 2003
@@
Disable
enable
password3
delete flash:config.text
reload in 000:01
&x
disconnect 1
///The device is Red-Giant S2126G
///port 2004
configure terminal
line tty 4
no login local
no login
end
clear line tty 4
telnet 192.168.1.1 2004
@@
Disable
enable
password4
delete flash:config.text
reload
n
y
&x

disconnect 1

【课后练习及实验】

1. 交换机的管理与维护包括哪几方面？并进行实验练习。
2. 路由器的管理与维护包括哪几方面？并进行实验练习。
3. 改写"一键清"脚本，使得运行改写程序后，可以清空一台交换机的配置。

参 考 文 献

［1］斯桃枝. 计算机网络系统集成 ［M］. 北京：北京大学出版社，2006.

［2］（美）Chris Lewis著. 陈谊，翁贻方，杨怡等译. Cisco TCP/IP路由技术专业参考 ［M］. 北京：机械工业出版社，2001.

［3］（美）Paul T.Ammann著. 王臻等译. Cisco TCP/IP路由器连网技术 ［M］. 北京：机械工业出版社，2000.

［4］甘刚. 网络设备配置与管理 ［M］. 北京：清华大学出版社，2007.

［5］崔鑫，吕昌泰. 计算机网络实验指导 ［M］. 北京：清华大学出版社，2007.

［6］（美）Cisco Systems 公司 Cisco Networking Academy Program 著. 清华大学，北京大学，北京邮电大学，华南理工大学思科网络学院译. 思科网络技术学院教程（第一、二学期）（第三版）［M］. 北京：人民邮电出版社，2006.

［7］（美）Cisco Systems 公司 Cisco Networking Academy Program 著. 清华大学，北京大学，北京邮电大学，华南理工大学思科网络学院译. 思科网络技术学院教程（第三、四学期）（第三版）［M］. 北京：人民邮电出版社，2006.

［8］（美）Cisco Systems 公司 Cisco Networking Academy Program 著，清华大学，北京大学，北京邮电大学，华南理工大学思科网络学院译. CCNP思科网络技术学院教程（第五学期）高级路由 ［M］. 北京：人民邮电出版社，2001.

［9］锐捷网络. 网络互连与实现 ［M］. 北京：北京希望电子出版社，2007.

［10］锐捷网络. 实用网络技术配置指南（进阶篇）［M］. 北京：北京希望电子出版社，2005.